危险化学品事故应急处置指南

广东省安全生产科学技术研究院组织编写

章云龙 袁 智 许亦鸣 等编著

·北京·

内 容 简 介

为增强危险化学品安全管理和应急处置从业人员的专业技术能力，提升应对处置危险化学品事故准确性，针对76种重点监管和特别管控危险化学品，本书结合国家相关法律法规标准要求，提炼总结出储存和运输过程中主要安全设施与备用应急设施；根据危险化学品泄漏和火灾爆炸事故不同状态，结合前期处置危险化学品事故经验和教训，开发总结出危险化学品大、中、小三种泄漏状态的具体应急处置措施和方法流程、火灾爆炸现场处置应对措施，并给予技术人员选配灭火剂类型、个人防护装备、抢险装备参考建议。全书紧密结合现有工程技术处置措施，开发、总结了事故应急处置的实用处置方案，有效解决目前较多危险化学品的化学品安全技术说明书（MSDS）应急处置措施针对性与工程应用性均不强的问题。

本书可为危险化学品储存、运输、使用等单位提供危险化学品运输和储存环节符合法律法规和技术标准的参考安全技术措施，为开展危险化学品事故应急处置提供决策参考。

图书在版编目（CIP）数据

危险化学品事故应急处置指南/章云龙等编著．—北京：国防工业出版社，2023.2（2023.11重印）
ISBN 978-7-118-12761-4

Ⅰ.①危… Ⅱ.①章… Ⅲ.①化工产品-危险物品管理-事故处理-指南 Ⅳ.①TQ086.5-62

中国国家版本馆 CIP 数据核字（2023）第 003159 号

※

国防工业出版社出版发行
（北京市海淀区紫竹院南路23号　邮政编码100044）
北京虎彩文化传播有限公司印刷
新华书店经售

开本 787×1092　1/16　印张 26½　字数 460 千字
2023年11月第1版第2次印刷　印数 2001—3000 册　定价 99.00 元

（本书如有印装错误，我社负责调换）

国防书店：（010）88540777　　发行邮购：（010）88540776
发行传真：（010）88540717　　发行业务：（010）88540762

编 委 会

主 编：章云龙

副主编：袁 智　许亦鸣

参 编：张宏骋　冯少真　袁 威　赵远飞　姚永玲
　　　　李京祥　董 伟　熊沙林　王 品　文 勇
　　　　马保安　张文海　杨 勋　蔡俊豪　王能豪
　　　　董雄斌　魏 波　阳燕辉　倪行秀　张保平
　　　　左春生　程多歧　张小连　陈 浩　陈佳军

前 言

危险化学品具有"易燃易爆、有毒有害、涉及面广、发生突然、扩散迅速"的特点。近年来，我国危险化学品事故频发，造成财产损失、环境破坏甚至人员伤亡。例如2017年5月13日在河北省某橡胶厂发生的液氯泄漏事故，由于该厂未在第一时间采取有效应急处置措施，液氯长时间大量泄漏，致使现场员工及周边人员出现程度不一的中毒症状，事故造成2人死亡、25人入院治疗。又如2018年11月28日在河北省某化工厂发生的氯乙烯泄漏事故，同样由于没有在第一时间采取有效应急处置措施，导致泄漏的氯乙烯扩散到厂区外公路，遇明火发生燃爆，事故造成23人死亡、22人受伤。从上述两起事故可以看出，当发生危险化学品事故时，现场从业人员若能够迅速获取事故危险化学品的理化特性、安全措施、应急处置措施等信息，并据此采取合理、有效的应急处置措施，在一定程度上可以有效地控制事故发展，减少人员伤亡、财产损失以及对周边环境的影响。

目前，部分企业现有的化学品安全技术说明书（MSDS）关于危险化学品事故现场应急处置的说明较为笼统，操作性较差，对从业人员在实际操作中的指导性较低。为增强危险化学品相关从业人员的安全意识，规范从业人员的操作规程，本书整理了76种重点监管和特别管控危险化学品的理化特性、物料储存安全措施、物料运输安全措施和应急措施等信息，并编写成危险化学品安全条件及应急处置信息卡，供相关危险化学品生产经营企业、使用单位、消防人员、机关管理人员参考。相较于其他危险化学品应急处置说明书，本书的信息卡主要有以下特点：

①本书结合国家相关法律法规标准要求，针对76种重点监管和特别管控危险化学品，详细地给出了储存和运输过程中主要安全措施与备用应急设施；

②关于76种危险化学品泄漏事故的应急处置措施方面，本书对大、中、

小三种规模泄漏量的泄漏事故均总结了详细具体的应急处置措施，具有较强的针对性；

③关于 76 种危险化学品火灾爆炸事故应急处置措施方面，本书对灭火剂类型、个人防护装备、抢险装备及应急处置方法和流程皆给出了详细、具体的建议，对于事故处置具有较高的参考性。

本书可为危险化学品储存、运输、使用等单位提供危险化学品运输和储存环节符合法律法规和技术标准的参考安全技术措施，为开展危险化学品事故应急处置提供决策参考。希望本书可以给监管部门、相关单位从业人员在实际工作中提供帮助，为进一步提高危险化学品企业的安全管理水平发挥相应的作用。

由于时间仓促以及编写人员水平有限，书中疏漏和不足之处在所难免，敬请广大读者和同行批评指正。

作者

2022 年 7 月

目 录

第一章 危险化学品概述 … 1

第一节 危险化学品相关概念及范围 … 1
一、危险化学品相关概念 … 1
二、重点监管危险化学品范围 … 5
三、特别管控危险化学品范围 … 8

第二节 危险化学品分类 … 11

第二章 危险化学品事故应急处置 … 17

第一节 危险化学品事故定义 … 17
第二节 危险化学品事故分类 … 17
第三节 危险化学品事故特点 … 22
第四节 危险化学品事故后果 … 24
第五节 危险化学品事故成因 … 28
第六节 危险化学品事故救援原则 … 30
第七节 危险化学品事故救援程序 … 31
第八节 危险化学品泄漏事故应急处置 … 42
一、泄漏事故 … 42
二、泄漏源控制技术 … 46
三、泄漏物控制技术 … 53

第九节 危险化学品火灾爆炸事故应急处置 … 65
一、火灾爆炸事故概述 … 65
二、火灾爆炸事故处置原则 … 66

三、灭火方法与灭火剂的选择 …………………………………… 68

第三章　危险化学品安全条件及应急处置信息卡 …………………… 80

  第一节　信息卡主要内容 ………………………………………… 80
  第二节　信息卡使用指引 ………………………………………… 82
  第三节　危险化学品安全条件及应急处置信息卡目录索引 ………… 83
    1，3-丁二烯 …………………………………………………… 87
    1-丙烯、丙烯 ………………………………………………… 92
    氨 ……………………………………………………………… 96
    二甲胺 ………………………………………………………… 101
    二氧化硫 ……………………………………………………… 105
    氟化氢、氢氟酸 ……………………………………………… 109
    环氧乙烷 ……………………………………………………… 113
    甲醚 …………………………………………………………… 117
    甲烷、天然气 ………………………………………………… 121
    磷化氢 ………………………………………………………… 125
    硫化氢 ………………………………………………………… 129
    氯 ……………………………………………………………… 133
    氯乙烯 ………………………………………………………… 137
    氢 ……………………………………………………………… 141
    三氟化硼 ……………………………………………………… 145
    碳酰氯 ………………………………………………………… 149
    液化石油气 …………………………………………………… 153
    一甲胺 ………………………………………………………… 158
    一氯甲烷 ……………………………………………………… 162
    一氧化碳 ……………………………………………………… 166
    乙炔 …………………………………………………………… 169
    乙烷 …………………………………………………………… 173
    乙烯 …………………………………………………………… 177
    苯（含粗苯） ………………………………………………… 181
    苯胺 …………………………………………………………… 185
    苯乙烯 ………………………………………………………… 189

丙酮氰醇	194
丙烯腈	198
丙烯醛、2-丙烯醛	203
丙烯酸	208
二硫化碳	213
过氧化苯甲酸叔丁酯	218
过氧化甲乙酮	222
过氧乙酸	226
环氧丙烷	229
环氧氯丙烷	234
甲苯	240
甲苯二异氰酸酯	245
甲醇	249
甲基肼	254
甲基叔丁基醚	259
硫酸二甲酯	264
六氯环戊二烯	268
氯苯	272
氯甲基甲醚	277
氯甲酸三氯甲酯	282
汽油（含甲醇汽油、乙醇汽油）、石脑油	285
氰化氢、氢氰酸	289
三氯化磷	294
三氯甲烷	298
三氧化硫	302
四氯化钛	305
烯丙胺	309
硝化甘油	314
硝基苯	318
乙醇	322
乙醚	327
乙醛	332
乙酸乙烯酯	337

乙酸乙酯 ………………………………………………………… 342
异氰酸甲酯 ……………………………………………………… 347
原油 ……………………………………………………………… 352
2,2′-2 偶氮二异丁腈 …………………………………………… 357
2,2′-偶氮-二-（2,4-二甲基戊腈）……………………………… 360
N,N′-二亚硝基五亚甲基四胺 ………………………………… 363
苯酚 ……………………………………………………………… 366
高氯酸铵 ………………………………………………………… 370
过氧化（二）苯甲酰 …………………………………………… 373
氯酸钾 …………………………………………………………… 376
氯酸钠 …………………………………………………………… 379
氰化钾 …………………………………………………………… 382
氰化钠 …………………………………………………………… 385
硝化纤维素 ……………………………………………………… 388
硝基胍 …………………………………………………………… 391
硝酸铵 …………………………………………………………… 394
硝酸胍 …………………………………………………………… 397

第四章　危险化学品应急救援处置案例 …………………… 400

第一节　案例1：2021年阳江市"6·11"槽罐车天然气泄漏事故 …… 400
第二节　案例2：2021年惠州甬莞高速"4·6"2-丙醇槽罐车
　　　　泄漏事故 ……………………………………………… 401
第三节　案例3：2020年阳江市"6·20"LNG槽罐车着火事故 …… 403
第四节　案例4：2020年广惠高速石湾路段"4·26"苯酚槽罐车
　　　　泄漏事故 ……………………………………………… 404
第五节　案例5：2020年惠州市石化园区某企业PBL装置"4·17"
　　　　丁二烯火灾事故 ……………………………………… 407
第六节　案例6：2019年惠州市潮莞高速公路"12·30"硝酸槽
　　　　罐车侧翻泄漏事故 …………………………………… 409

参考文献 ………………………………………………………… 412

第一章 危险化学品概述

第一节 危险化学品相关概念及范围

一、危险化学品相关概念

1. 化学品

化学品是指由各种化学元素及由元素所组成的化合物及其混合物,无论是天然的还是人造的。可以说人类生存的地球和大气层中所有有形物质包括固体、液体和气体都是化学品。

2. 危险化学品

《危险化学品安全管理条例》(中华人民共和国国务院令第645号)和《危险化学品目录》(2015版)中对危险化学品的定义为:具有毒害、腐蚀、爆炸、燃烧、助燃等性质,对人体、设施、环境具有危害的剧毒化学品和其他化学品。

3. 重点监管的危险化学品

指列入《重点监管的危险化学品名录》的危险化学品以及在温度20℃和标准大气101.3kPa条件下属于以下类别的危险化学品:

①易燃气体类别1(爆炸下限≤13%或爆炸极限范围≥12%的气体);

②易燃液体类别1(闭杯闪点<23℃并初沸点≤35℃的液体);

③自燃液体类别1(与空气接触不到5min便燃烧的液体);

④自燃固体类别1(与空气接触不到5min便燃烧的固体);

⑤遇水放出易燃气体的物质类别1(在环境温度下与水剧烈反应所产生的气体通常显示自燃的倾向,或释放易燃气体的速度等于或大于每千克物质在任何1min内释放10L的任何物质或混合物);

⑥三光气等光气类化学品。

4. 特别管控危险化学品

指固有危险性高、发生事故的安全风险大、事故后果严重、流通量大，需要特别管控的危险化学品。

5. 危险目标

指因危险性质、数量可能引起事故的危险化学品所在场所或设施。

6. 危险和有害因素

可对人造成伤亡、影响人的身体健康甚至导致疾病的因素。

7. 危险程度

对人造成伤亡和对物造成突发性损坏的尺度。

8. 有害程度

影响人的身体健康，导致中毒、疾病或者对物造成慢性损坏的尺度。

9. 应急救援

指在发生事故时，采取的消除、减少事故危害和防止事故恶化，最大限度降低事故损失的措施。

10. 安全设施

在生产经营活动中用于预防、控制、减少与消除事故影响采用的设备、设施、装备及其他技术措施的总称。

11. 防火间距

防止着火建筑的辐射热在一定时间内引燃相邻建筑，且便于扑救的间隔距离。

12. LC50（半致死浓度）

以某种小动物为试验对象，吸入一段时间后半数致死的浓度，单位为 mg/m^3。

13. LD50（半数致死量）

以某种小动物为试验对象，口服半数致死的量或皮肤接触24h后半数致死的量，单位为 mg/kg。

14. 人员伤害分区

根据爆炸引起的人员伤亡概率的不同，将爆炸危险源由里向外依次划分为四个区域。

①死亡区：该区内的人员如缺少防护，将会出现严重伤害或死亡，其内径为零，外径记为 $R_{0.5}$，表示外圆周处人员冲击波作用导致肺出血而死亡的概率为50%。

②重伤区：该区内的人员如缺少防护，则绝大多数人员将遭受严重伤害，极少数人可能死亡或受轻伤，其内径为死亡半径 $R_{0.5}$，外径记为 $R_{e0.5}$，代表该处人员因冲击波左右而耳膜破裂的概率为50%，要求冲击波峰值超压为44000Pa。

③轻伤区：该区内的人员如缺少防护，则绝大多数人员将遭受轻微伤害，少数人将受重伤或平安无事，死亡的可能性极小。该区内径为 $R_{e0.5}$，外径为 $R_{e0.01}$，表示外边界处耳膜因冲击波作用而破裂的概率为1%，要求冲击波峰值超压为17000Pa。

④安全区：该区内的人员即使无防护，绝大多数人也不会受伤，死亡的概率几乎为零。该区内径为 $R_{e0.01}$，外径为无穷大。

15. TWA（时间加权平均容许浓度）

以时间为权数规定的8h工作日、40h工作周的平均容许接触浓度。

16. 火灾危险性分类

根据《建筑设计防火规范》（GB 50016—2014，2018年版），生产的火灾危险性和储存物品的火灾危险性应根据生产储存中使用或产生的物质性质及其数量等因素划分，均可分为甲、乙、丙、丁、戊类，详细分类见表1-1和表1-2。

表1-1 生产的火灾危险性分类表

生产的火灾危险性类别	使用或产生下列物质生产的火灾危险性特征
甲	1. 闪点<28℃的液体； 2. 爆炸下限<10%的气体； 3. 常温下能自行分解或在空气中氧化能导致迅速自燃或爆炸的物质； 4. 常温下受到水或空气中水蒸气的作用，能产生可燃气体并引起燃烧或爆炸的物质； 5. 遇酸、受热、撞击、摩擦、催化以及遇有机物或硫磺等易燃的无机物，极易引起燃烧或爆炸的强氧化剂； 6. 受撞击、摩擦或与氧化剂、有机物接触时能引起燃烧或爆炸的物质； 7. 在密闭设备内操作温度不小于物质本身自燃点的生产。

续表

生产的火灾危险性类别	使用或产生下列物质生产的火灾危险性特征
乙	1. 60℃>闪点≥28℃的液体； 2. 爆炸下限≥10%的气体； 3. 不属于甲类的氧化剂； 4. 不属于甲类的易燃固体； 5. 助燃气体； 6. 能与空气形成爆炸性混合物的浮游状态的粉尘、纤维、闪点≥60℃的液体雾滴。
丙	1. 闪点≥60℃的液体； 2. 可燃固体。
丁	1. 对不燃烧物质进行加工，并在高温或熔化状态下经常产生强辐射热、火花或火焰的生产； 2. 利用气体、液体、固体作为燃料或将气体、液体进行燃烧作其他用的各种生产； 3. 常温下使用或加工难燃烧物质的生产。
戊	常温下使用或加工不燃烧物质的生产。

表 1-2 储存物品的火灾危险性分类表

储存物品的火灾危险性类别	储存物品的火灾危险性特征
甲	1. 闪点<28℃的液体； 2. 爆炸下限<10%的气体，受到水或空气中水蒸气的作用能产生爆炸下限<10%气体的固体物质； 3. 常温下能自行分解或在空气中氧化能导致迅速自燃或爆炸的物质； 4. 常温下受到水或空气中水蒸气的作用能产生可燃气体并引起燃烧或爆炸的物质； 5. 遇酸、受热、撞击、摩擦以及遇有机物或硫磺等易燃的无机物，极易引起燃烧或爆炸的强氧化剂； 6. 受撞击、摩擦或与氧化剂、有机物接触时能引起燃烧或爆炸的物质。

续表

储存物品的 火灾危险性类别	储存物品的火灾危险性特征
乙	1. 60℃>闪点≥28℃的液体； 2. 爆炸下限≥10%的气体； 3. 不属于甲类的氧化剂； 4. 不属于甲类的易燃固体； 5. 助燃气体； 6. 常温下与空气接触能缓慢氧化，积热不散引起自燃的物品。
丙	1. 闪点≥60℃的液体； 2. 可燃固体。
丁	难燃烧物品。
戊	不燃烧物品。

二、重点监管危险化学品范围

原国家安全生产监督管理总局先后公布了两批重点监管危险化学品名录，第一批包括60种重点监管的危险化学品（详见表1-3），第二批包括14种重点监管的危险化学品（详见表1-4），两批目录共包括74种危险化学品。

表1-3 首批重点监管的危险化学品

序号	化学品名称	别名	CAS号
1	氯	液氯、氯气	7782-50-5
2	氨	液氨、氨气	7664-41-7
3	液化石油气		68476-85-7
4	硫化氢		7783-06-4
5	甲烷、天然气		74-82-8（甲烷）
6	原油		
7	汽油（含甲醇汽油、乙醇汽油）、石脑油		8006-61-9（汽油）

续表

序号	化学品名称	别名	CAS 号
8	氢	氢气	1333-74-0
9	苯（含粗苯）		71-43-2
10	碳酰氯	光气	75-44-5
11	二氧化硫		7446-09-5
12	一氧化碳		630-08-0
13	甲醇	木醇、木精	67-56-1
14	丙烯腈	氰基乙烯、乙烯基氰	107-13-1
15	环氧乙烷	氧化乙烯	75-21-8
16	乙炔	电石气	74-86-2
17	氟化氢、氢氟酸		7664-39-3
18	氯乙烯		75-01-4
19	甲苯	甲基苯、苯基甲烷	108-88-3
20	氰化氢、氢氰酸		74-90-8
21	乙烯		74-85-1
22	三氯化磷		7719-12-2
23	硝基苯		98-95-3
24	苯乙烯		100-42-5
25	环氧丙烷		75-56-9
26	一氯甲烷		74-87-3
27	1，3-丁二烯		106-99-0
28	硫酸二甲酯		77-78-1
29	氰化钠		143-33-9
30	1-丙烯、丙烯		115-07-1
31	苯胺		62-53-3
32	甲醚		115-10-6
33	丙烯醛、2-丙烯醛		107-02-8
34	氯苯		108-90-7

续表

序号	化学品名称	别名	CAS 号
35	乙酸乙烯酯		108-05-4
36	二甲胺		124-40-3
37	苯酚	石炭酸	108-95-2
38	四氯化钛		7550-45-0
39	甲苯二异氰酸酯	TDI	584-84-9
40	过氧乙酸	过乙酸、过醋酸	79-21-0
41	六氯环戊二烯		77-47-4
42	二硫化碳		75-15-0
43	乙烷		74-84-0
44	环氧氯丙烷	3-氯-1,2-环氧丙烷	106-89-8
45	丙酮氰醇	2-甲基-2-羟基丙腈	75-86-5
46	磷化氢	膦	7803-51-2
47	氯甲基甲醚		107-30-2
48	三氟化硼		7637-07-2
49	烯丙胺	3-氨基丙烯	107-11-9
50	异氰酸甲酯	甲基异氰酸酯	624-83-9
51	甲基叔丁基醚		1634-04-4
52	乙酸乙酯		141-78-6
53	丙烯酸		79-10-7
54	硝酸铵		6484-52-2
55	三氧化硫	硫酸酐	7446-11-9
56	三氯甲烷	氯仿	67-66-3
57	甲基肼		60-34-4
58	一甲胺		74-89-5
59	乙醛		75-07-0
60	氯甲酸三氯甲酯	双光气	503-38-8

注：CAS 号是指美国化学文摘服务社为化学物质制订的登记号。

表 1-4 第二批重点监管的危险化学品

序号	化学品名称	别名	CAS 号
1	氯酸钠		7775-9-9
2	氯酸钾		3811-4-9
3	过氧化甲乙酮		1338-23-4
4	过氧化（二）苯甲酰		94-36-0
5	硝化纤维素		9004-70-0
6	硝酸胍		506-93-4
7	高氯酸铵		7790-98-9
8	过氧化苯甲酸叔丁酯		614-45-9
9	N，N′-二亚硝基五亚甲基四胺		101-25-7
10	硝基胍		556-88-7
11	2，2′-偶氮二异丁腈		78-67-1
12	2，2′-偶氮-二-（2，4-二甲基戊腈）（即偶氮二异庚腈）		4419-11-8
13	硝化甘油		55-63-0
14	乙醚		60-29-7

三、特别管控危险化学品范围

应急管理部 2020 年公布了《特别管控危险化学品目录（第一版）》，目录包括 20 种危险化学品（详见表 1-5），其中 18 种危险化学品属于重点监管危险化学品，只有氰化钾、乙醇 2 种危险化学品不在重点监管危险化学品范围内。

表 1-5 特别管控危险化学品目录

序号	品名	别名	CAS 号	UN 号	主要危险性
一、爆炸性化学品					
1	硝酸铵[（钝化）改性硝酸铵除外]	硝铵	6484-52-2	0222 1942 2426	急剧加热会发生爆炸；与还原剂、有机物等混合可形成爆炸性混合物。

续表

序号	品名	别名	CAS 号	UN 号	主要危险性
2	硝化纤维素（包括属于易燃固体的硝化纤维素）	硝化棉	9004-70-0	0340 0341 0342 0343 2555 2556 2557	干燥时能自燃，遇高热、火星有燃烧爆炸的危险。
3	氯酸钾	白药粉	3811-04-9	1485	强氧化剂，与还原剂、有机物、易燃物质等混合可形成爆炸性混合物。
4	氯酸钠	氯酸鲁达、氯酸碱、白药钠	7775-09-9	1495	强氧化剂，与还原剂、有机物、易燃物质等混合可形成爆炸性混合物。
二、有毒化学品（包括有毒气体、挥发性有毒液体和固体剧毒化学品）					
1	氯	液氯、氯气	7782-50-5	1017	剧毒气体，吸入可致死。
2	氨	液氨、氨气	7664-41-7	1005	有毒气体，吸入可引起中毒性肺气肿；与空气能形成爆炸性混合物。
3	异氰酸甲酯	甲基异氰酸酯	624-83-9	2480	剧毒液体，吸入蒸气可致死；高度易燃液体，蒸气与空气能形成爆炸性混合物。
4	硫酸二甲酯	硫酸甲酯	77-78-1	1595	有毒液体，吸入蒸气可致死。
5	氰化钠	山奈	143-33-9	1689 3414	剧毒；遇酸产生剧毒、易燃的氰化氢气体。
6	氰化钾	山奈钾	151-50-8	1680 3413	剧毒；遇酸产生剧毒、易燃的氰化氢气体。
三、易燃气体					
1	液化石油气	LPG	68476-85-7	1075	易燃气体，与空气能形成爆炸性混合物。
2	液化天然气	LNG	8006-14-2	1972	易燃气体，与空气能形成爆炸性混合物。

续表

序号	品名	别名	CAS 号	UN 号	主要危险性
3	环氧乙烷	氧化乙烯	75-21-8	1040	易燃气体，与空气能形成爆炸性混合物，加热时剧烈分解，有着火和爆炸危险。
4	氯乙烯	乙烯基氯	75-01-4	1086	易燃气体，与空气能形成爆炸性混合物；火场温度下易发生危险的聚合反应。
5	二甲醚	甲醚	115-10-6	1033	易燃气体，与空气能形成爆炸性混合物。
四、易燃液体					
1	汽油（包括甲醇汽油、乙醇汽油）		86290-81-5	1203 3475	极易燃液体，蒸气与空气能形成爆炸性混合物。
2	1，2-环氧丙烷	氧化丙烯	75-56-9	1280	极易燃液体，蒸气与空气能形成爆炸性混合物。
3	二硫化碳		75-15-0	1131	极易燃液体，蒸气与空气能形成爆炸性混合物；有毒液体。
4	甲醇	木醇、木精	67-56-1	1230	高度易燃液体，蒸气与空气能形成爆炸性混合物；有毒液体。
5	乙醇	酒精	64-17-5	1170	高度易燃液体，蒸气与空气能形成爆炸性混合物。

注：1. 特别管控危险化学品是指固有危险性高、发生事故的安全风险大、事故后果严重、流通量大，需要特别管控的危险化学品。

2. 品名是指根据《化学命名原则》(1980) 确定的名称。

3. 别名是指除品名以外的其他名称，包括通用名、俗名等。

4. UN 号是指联合国发布的《关于危险货物运输的建议书》对危险货物制订的编号。

5. 主要危险性是指特别管控危险化学品最重要的危险特性。

6. 所列条目是指该条目的工业产品或者纯度高于工业产品的化学品。

7. 符合国家标准《化学试剂包装及标志》(GB 15346—2012) 的试剂类产品不适用本目录及特别管控措施。

8. 纳入《城镇燃气管理条例》管理范围的燃气不适用本目录及特别管控措施。国防科研单位生产的特别管控危险化学品不适用本目录。

9. 硝酸铵、氯酸钾的销售、购买审批管理环节按民用爆炸物品的有关规定进行管理。

10. 通过海运、空运、铁路、管道运输的特别管控危险化学品，应依照主管部门的规定执行。

第二节 危险化学品分类

目前，国际通用的化学品危险性分类标准有两个：一是联合国发布的《关于危险货物运输的建议书》，规定了9类危险货物的鉴别指标；二是联合国发布的《全球化学品统一分类和标签制度》（GHS），规定了26类危险化学品的鉴别指标和测定方法，这一指标已被国际社会普遍接受。我国的化学品危险性参照《化学品分类和标签规范》（GB 30000—2013）系列标准进行分类，该系列标准采纳了《全球化学品统一分类和标签制度》（第四版）中大部分内容，同时新增了"吸入危害"和"对臭氧层的危害"等规定，将危险化学品分为28类。《化学品分类和标签规范通则》（GB 30000.1—2013）代替了《化学品分类和危险性公示通则》（GB 13690—2009）。本书根据 GB 30000.1—2013 的分类，简要介绍各类化学品的特性。

1. 物理危险类

第一类、爆炸物

爆炸物质（或混合物）是能通过化学反应在内部产生一定速度、温度和压力的气体，且对周围环境具有破坏作用的一种固体或液体物质（或其混合物），烟火物质或混合物也属于爆炸物质。爆炸物主要包括爆炸物质和混合物、爆炸品、烟火制品等，根据爆炸物质所具有的危险特性，将爆炸物分为6项，常见的爆炸物有三硝基甲苯（TNT）、硝化甘油、叠氮钠、黑索今等。

第二类、易燃气体

易燃气体是一种在20℃和标准大气压（101.3kPa）时与空气混合有一定易燃范围的气体，也包括化学不稳定气体，详细分类见表1-6、表1-7。常见的易燃气体有氢气、甲烷、乙炔等。

表1-6 易燃气体的分类

类别	标准
1	在20℃和标准大气压（101.3kPa）时的气体： （1）在与空气的混合物中体积分数为13%或更少时可点燃的气体； （2）无论易燃下限如何，与空气混合，可燃范围至少为12个百分点的气体。
2	在20℃和标准大气压（101.3kPa）时，除类别1中的气体之外，与空气混合时有易燃范围的气体。

注：在有法规规定时，氨和甲基溴化物可以视为特例。气溶胶不应分类为易燃气体。

表 1-7　化学不稳定气体的分类

类别	标准
A	在 20℃和标准大气压（101.3kPa）时化学不稳定性的易燃气体。
B	在温度超过 20℃和/或气压高于 101.3kPa 时化学不稳定性的易燃气体。

第三类、气溶胶

喷雾器（系任何不可重新灌装的容器，该容器用金属、玻璃或塑料制成）内装压缩、液化或加压溶解的气体（包含或不包含液体、膏剂或粉末），并配有释放装置以使内装物喷射出来，在气体中形成悬浮的固态或液态微粒或形成泡沫、膏剂或粉末或者以液态或气态形式出现。如果气溶胶含有任何根据 GHS 分类为易燃物成分时，该气溶胶应分类为易燃物，包括易燃液体、易燃气体和易燃固体。

第四类、氧化性气体

氧化性气体一般通过提供氧气，比空气更能导致或促使其他物质燃烧的任何气体。

第五类、加压气体

加压气体是在 20℃下，压力不小于 200kPa（表压）下装入贮器的气体，或是液化气体或冷冻液化气体。加压气体包括压缩气体、液化气体、溶解气体、冷冻液化气体。加压气体分类见表 1-8。

表 1-8　加压气体分类

类别	标准
压缩气体	在-50℃加压封装时完全气态，包括所有临界温度不大于-50℃的气体。
液化气体	在高于-50℃的温度下加压封装时部分是液化的气体，它又分为： (1) 高压液化气体，临界温度为-50~65℃之间的气体； (2) 低压液化气体，临界温度高于 65℃的气体。
冷冻液化气体	封装时由于其温度低而部分是液体的气体。
溶解气体	加压封装时溶解于液相溶剂中的气体。

注：临界温度是指高于此温度无论压缩程度如何纯气体都不能被液化的温度。

气体具有可压缩性和膨胀性，装有各种压缩气体的钢瓶应根据气体的种类涂上不同的颜色以示标志，不同压缩气体钢瓶的规定漆色见表 1-9。

表 1-9　不同压缩气体钢瓶的规定漆色

钢瓶名称	钢瓶颜色	字样	字样颜色	横条颜色
氧气瓶	天蓝	氧	黑	
氢气瓶	深绿	氢	红	红
氮气瓶	黑	氮	黄	棕
压缩空气瓶	黑	压缩气体	白	
乙炔气瓶	白	乙炔	红	
二氧化碳气瓶	黑	二氧化碳	黄	

第六类、易燃液体

易燃液体是指闪点不大于 93℃ 的液体，这类液体极易挥发成为气体，遇点火源即可燃烧。

易燃液体以闪点作为评定火灾危险性的主要依据，闪点越低，危险性越大。根据闪点不同，一般将易燃液体分为 4 类，见表 1-10。

表 1-10　易燃液体分类

类别	标准
1	闪点<23℃且初沸点≤35℃
2	闪点<23℃且初沸点>35℃
3	60℃≥闪点≥23℃
4	93℃≥闪点>60℃

第七类、易燃固体

易燃固体是容易燃烧的固体，通过摩擦引燃或助燃的固体。易燃固体包括粉状、颗粒状或糊状物质的固体，其与点火源（如着火的火柴）短暂接触能容易被点燃且火焰迅速蔓延。

第八类、自反应物质和混合物

自反应物质和混合物是即使没有氧（空气）也容易发生激烈放热分解的热不稳定液态或固态物质或者混合物，不包含根据 GHS 分类为爆炸物、有机过氧化物或氧化性物质的混合物。

自反应物质和混合物如果在实验室试验中其组分容易起爆、迅速爆燃或在封闭条件下加热时显示剧烈效应，应视为具有爆炸性。

第九类、自燃液体

自燃液体是即使数量少也能在与空气接触后 5min 内着火的液体。

第十类、自燃固体

自燃固体是即使数量少也能在与空气接触后 5min 内着火的固体。

不同结构的自燃物质具有不同的自然特性。例如，黄磷性质活泼，极易氧化，燃点又特别低，一经暴露在空气中很快就产生自燃，但黄磷不和水发生化学反应，所以黄磷通常保存在水中。而二乙基锌、三乙基铝等有机金属化合物，不但在空气中能自燃，遇水还会剧烈分解，产生氢气，引起燃烧爆炸。因此，储存和运输时必须用充有惰性气体或特定的容器包装，燃烧时也不能用水扑救。

第十一类、自热物质和混合物

自热物质和混合物是除自燃液体或自燃固体外，与空气反应不需要能量供应就能够自热的固体或液体物质或混合物；此物质或混合物与自燃液体或自燃固体不同之处在于仅在大量（千克级）并经过长时间（数小时或数天）才会发生自燃。

物质或混合物的自热是一个过程，其中物质或混合物与空气中的氧气逐渐发生反应，产生热量。如果热产生的速度超过热损耗的速度，该物质或混合物的温度便会上升，经过一段时间，可能导致自发点火和燃烧。

第十二类、遇水放出易燃气体的物质和混合物

遇水放出易燃气体的物质或混合物是通过与水作用，容易具有自燃性或放出危险数量的易燃气体的固态或液态物质，如钠、钾、电石等。遇水放出易燃气体的物质除遇水反应外，遇到酸或氧化剂也能发生反应，而且比遇到水发生的反应更为强烈，危险性更大。因此，储存、运输和使用时，应注意防水、防潮、严禁火种接近，与其他性质相抵触的物质隔离存放。遇湿易燃物质起火，严禁用水、酸碱泡沫、化学泡沫扑救。

第十三类、氧化性液体

氧化性液体是本身未必可燃，但通常放出氧气可能引起或促使其他物质燃烧的液体。

第十四类、氧化性固体

氧化性固体是本身未必可燃，但通常因放出氧气可能引起或促使其他物质燃烧的固体，如氯酸铵、高锰酸钾等。

氧化性物质具有强烈的氧化性，按其不同的性质遇酸、碱、受潮、高热或与易燃、有机物、还原剂等性质接触的物质混存能发生分解，引起燃

烧和爆炸。

第十五类、有机过氧化物

有机过氧化物是含有过氧键结构（二价—O—O—）和可视为过氧化氢的一个或两个氢原子已被有机基团取代的衍生物的液态或固态有机物，还包括有机过氧化物配制物（混合物）。有机过氧化物是可发生放热自加速分解、热不稳定的物质或混合物，此外，其还具有易于爆炸分解、燃烧迅速、对撞击或摩擦敏感、与其他物质发生危险反应等性质。遇酸、碱、受潮、高热或与易燃物、有机物、还原剂等能发生分解，引起燃烧或爆炸。

第十六类、金属腐蚀物

金属腐蚀物是通过化学作用显著损伤甚至毁坏金属的物质或混合物。

2. 健康危害类

第十七类、急性毒性

急性毒性是指经口或经皮肤给予物质的单次剂量或在24h内给予的多次剂量，或者4h的吸入接触发生的急性有害影响。

第十八类、皮肤腐蚀/刺激

皮肤腐蚀是对皮肤造成不可逆损伤，即将受试物在皮肤上涂敷4h后，可观察到表皮和真皮坏死。典型的腐蚀反应的特征是溃疡、出血、有血的结痂，而且在观察期14天结束时，皮肤、完全脱发区域和结痂处由于漂白而褪色。

第十九类、严重眼损伤/眼刺激

严重眼损伤是将受试物滴入眼内表面，对眼睛产生组织损害或造成视力下降，且在滴眼21天内不能完全恢复。

眼刺激是将受试物滴入眼内表面，对眼睛产生变化，但在滴眼21天内可完全恢复。

第二十类、呼吸道或皮肤致敏

呼吸道过敏物是指吸入后会引起呼吸道过敏反应的物质。

皮肤过敏物是指皮肤接触后会引起过敏反应的物质。

第二十一类、生殖细胞致突变性

主要是指可引起人类生殖细胞突变并能遗传给后代的化学品。"突变"是指细胞中遗传物质的数量或结构发生永久性改变。

第二十二类、致癌性

致癌物是能诱发癌症或增加癌症发病率的化学物质或化学物质混合物。具有致癌危害的化学物质的分类是以该物质的固有性质为基础的，而不提供使用化学物质发生人类癌症的危险度。

第二十三类、生殖毒性

生殖毒性是指对成年男性或女性的性功能和生育力的有害作用。生殖毒性被分为两个主要部分：对生殖和生育能力的有害效应和对后代发育的有害效应。

第二十四类、特异性靶器官毒性——一次接触

由一次接触产生特异性的、非致死性靶器官系统毒性的物质。包括产生即时的和/或迟发的、可逆性和不可逆性功能损害的各种明显的健康效应。

第二十五类、特异性靶器官毒性-反复接触

在多次接触某些物质和混合物后，会产生特定的、非致命的目标器官毒性，包括可能损害机能的、可逆性和不可逆的、即时或延迟的明显的健康效应。

第二十六类、吸入危害

吸入是指液态或固态化学品通过口腔或鼻腔直接进入或者因呕吐间接进入气管和下呼吸系统。吸入毒性包括严重急性效应，如化学性肺炎、不同程度的肺损伤和吸入致死等。

3. 环境危害类

第二十七类、对水生环境的危害

对水生环境造成危害的物质分为急性水生毒性和慢性水生毒性。急性水生毒性是指物质具有对水中的生物体短时间接触时即可造成伤害的物质。慢性水生毒性是指物质在与生物生命周期相关的接触期对水生生物产生有害影响的潜在或实际的物质。

第二十八类、对臭氧层的危害

化学品是否危害臭氧层，由臭氧消耗潜能值（ODP）确定。臭氧消耗潜能值是指某种化合物的差量排放相对于同等质量的三氯氟甲烷而言对整个臭氧层的综合扰动的比值，反映于同等质量。

第二章 危险化学品事故应急处置

第一节 危险化学品事故定义

危险化学品事故是指一切由危险化学品造成的对人员和环境危害的事故。危险化学品事故后果通常表现为人员伤亡、财产损失和环境污染。

从消防应急救援的角度看，危险化学品事故是一类与危险化学品有关的单位，在生产、经营、储存、运输、使用和废弃危险化学品处置等过程中由于某些意外情况或人为破坏，发生危险化学品大量泄漏或伴随火灾爆炸，在较大范围内造成较为严重的环境污染，对国家和人民生命财产安全造成严重危害的事故。

界定是否属于危险化学品事故条件是指事故中产生危害的物质是否是危险化学品，这些危险化学品是否是事故发生前已经存在的。如是危险化学品造成事故和危害，则可以界定为危险化学品事故。某些特殊的事故类型，如矿山开采过程中发生的有毒有害气体中毒，爆炸事故不属于危险化学品事故。危险化学品事故具体界定有两个基本条件：

①危险化学品发生了意外的、人们不希望的变化，包括化学变化、物理变化以及与人身作用的生物化学变化和生物物理变化等；

②危险化学品的变化造成了人员伤亡、财产损失、环境破坏等事故后果，且往往伴随着次生或衍生事故的发生，如果不加以控制或控制措施不当，这些次生或衍生事故往往会导致更加严重的后果。

第二节 危险化学品事故分类

关于危险化学品事故分类，目前国内外尚无统一的划分标准。目前普遍认可分类方式有以下 3 种：

1. 按事故类别进行分类

（1）火灾事故

危险化学品中易燃气体、易燃液体、易燃固体、遇湿易燃物品等在一定条件下都可发生燃烧。易燃易爆的气体、液体、固体泄漏后，一旦遇到助燃物和点火源就会被点燃引发火灾。火灾对人的影响方式主要是暴露于热辐射所致的皮肤伤害，燃烧程度取决于热辐射强度和暴露时间。热辐射强度与热源的距离平方成反比。

危险化学品发生火灾时另一个需要注意的致命影响是燃烧过程中空气含氧量的耗尽和火灾产生的有毒烟气，会引起附近人员的中毒和窒息。

（2）爆炸事故

危险化学品爆炸事故包括爆炸品的爆炸，易燃气体、易燃液体蒸气爆炸，易燃固体、自燃物品、遇湿易燃物品的爆炸等。爆炸的主要特征是能够产生冲击波。冲击波的作用可因爆炸物质的性质和数量以及蒸气云封闭程度、周围环境而变化。爆炸的危害作用主要由冲击波的超高压引起，爆炸初始冲击波的压力可达 $100\sim200MPa$，以每秒几千米的速度在空气中传播。当冲击波大面积作用于建筑物时，波阵面上的压力在 $0.02\sim0.03MPa$ 内就能对大部分砖木结构的建筑造成严重破坏。在无掩蔽情况下，人员无法承受 $0.02MPa$ 的冲击波作用。

（3）中毒和窒息事故

危险化学品中毒和窒息事故主要指因吸入、食入或接触有毒有害化学品或化学品反应的产物，而导致人体中毒和窒息的事故，具体包括吸入中毒事故、接触中毒事故（中毒途径为皮肤、眼睛等）、误食中毒事故、其他中毒和窒息事故。

有毒物质对人的危害程度取决于毒物的性质、毒物的浓度、人员与毒物接触的时间等因素。

（4）灼伤事故

危险化学品灼伤事故主要指腐蚀性危险化学品意外与人接触，在短时间内即在人体被接触表面发生化学反应，造成皮肤组织明显破坏的事故。常见的腐蚀品主要是酸性腐蚀品、碱性腐蚀品。

化学品灼伤与物理灼伤（如火焰烧伤、高温固体或液体烫伤）原理不同，危害更大。物理灼伤是高温造成的伤害，致使人体立即感到强烈的疼痛，人体肌肤会本能地避开。化学品灼伤有一个化学反应过程，大部分开始并不会有疼痛感，经过几分钟、几小时甚至几天才表现出严重的伤害，并且伤害还会不断加深。

(5) 泄漏事故

危险化学品泄漏事故是指危险化学品在生产、储运、使用、销售和废弃处置过程中发生外泄造成的灾害事故。通常会造成财产损失和环境污染，如果泄漏后未能及时有效地得到控制，往往会引发火灾、爆炸、中毒事故。

(6) 其他危险化学品事故

其他危险化学品事故是指不能归入上述 5 类的危险化学品事故，主要是指危险化学品发生了人们不希望的意外事件，如危险化学品罐体倾倒、车辆倾覆等，但没有发生火灾、爆炸、中毒和窒息、灼伤、泄漏的事故。

2. 按事故严重程度分类

按照事故的严重程度和影响范围，将危险化学品事故分为特别重大事故、重大事故、较大事故、一般事故。

(1) 特别重大事故

指造成 30 人以上死亡、或 100 人以上中毒、或疏散转移 10 万人以上、或 1 亿元以上直接经济损失的事故。

(2) 重大事故

指造成 10~29 人死亡、或 50~100 人中毒、或 5000 万~10000 万元直接经济损失的事故。

(3) 较大事故

指造成 3~9 人死亡、或 30~50 人中毒、或直接经济损失较大的事故。

(4) 一般事故

指造成 3 人以下死亡、或 30 人以下中毒、有一定社会影响的事故。

3. 按危险化学品的类别分类

依据危险化学品的类别，可将危险化学品事故分为 8 类，即爆炸品事故，压缩气体和液化气体事故，易燃液体事故，易燃固体、自燃物品和遇湿易燃物品事故，氧化剂和有机过氧化物事故，毒害品事故，放射性物品事故，腐蚀品事故。

(1) 爆炸品事故

爆炸品事故指爆炸品在外界作用下（如受热、受摩擦、撞击）发生剧烈的化学反应，瞬时产生大量的气体和热量，使周围压力急剧上升发生爆炸，对周围人员、环境和设施等造成破坏的事故。

爆炸品事故一般具有以下特征：

①爆炸过程进行得很快，巨大的能量瞬间释放。爆炸品的爆炸反应速度很快，可在 10^{-4} s 或更短的时间内发生反应。

②爆炸造成爆炸点附近压力急剧升高，以冲击波的形式对周边造成破坏。爆炸品在爆炸的瞬间，迅速转变为气态，体积成百上千倍地增加，例如每千克硝化甘油爆炸后能产生 $0.716m^3$ 气体。

③爆炸通常会伴随放热过程，并发出或大或小的响声。爆炸品爆炸时放出大量的热量，温度可以达到4250℃，压力可达912MPa。

④爆炸通常会对周围介质或邻近物质造成破坏，产生衍生事故。

（2）压缩气体和液化气体事故

通常压缩气体与液化气体均盛装在密闭容器中，如果受到高温、日晒，气体极易膨胀产生很大的压力。当压力超过容器的耐压强度时，就会造成爆炸事故。

压缩气体和液化气体按其危险性分为易燃气体、有毒气体和不燃气体。易燃气体与空气形成的混合物容易发生燃烧或爆炸，因此它们也称为燃爆气体。有毒气体和不燃气体与人体接触容易造成中毒事故、灼伤事故、窒息事故等。

（3）易燃液体事故

易燃液体受热时体积膨胀、蒸气压增大，在密闭容器中储存时，如果易燃液体体积急剧膨胀，常常导致容器破裂，引起爆炸。

易燃液体还具有易燃性、挥发性、易流动性、摩擦带电性等特点，易形成火灾爆炸事故。

（4）易燃固体、自燃物品和遇湿易燃物品事故

易燃固体燃点低，对热、撞击、摩擦敏感，易被外部火源点燃，燃烧迅速，并可能散发出有毒烟雾或有毒气体。

自燃物品自燃点低（自燃点低于200℃），在空气中易发生氧化反应，放出热量而自行燃烧。

遇湿易燃物品遇水或受潮时会发生剧烈化学反应，放出大量易燃气体和热量。当热量达到可燃气体的自燃点或接触外来点火源时，会立即着火或爆炸。其特点是遇水、酸、碱、潮湿发生剧烈的化学反应，放出可燃气体和热量。

易燃固体、自燃物品和遇湿易燃物品易发生的事故主要是火灾爆炸事故，一些易燃固体与遇湿易燃物品还有较强的毒性和腐蚀性，容易发生中

毒和灼伤事故。

(5) 氧化剂和有机过氧化物事故

氧化剂和有机过氧化物处于高氧化态、具有强氧化性、易分解并放出氧和热量，容易形成火灾爆炸事故。某些氧化剂和有机过氧化物还有较强的毒性和腐蚀性，容易发生中毒和灼伤事故。

氧化剂和有机过氧化物与松软的粉末可燃物能组成爆炸性混合物，对热、震动或摩擦较敏感。有些氧化剂与易燃物、有机物、还原剂等接触，即能分解引起燃烧和爆炸。有些氧化剂本身不燃，但能导致可燃物的燃烧。少数氧化剂易自动分解，发生着火和爆炸。大多数氧化剂和强酸类液体易发生剧烈反应，放出剧毒气体。某些氧化剂在卷入火中时，也可放出剧毒气体。

(6) 毒害品事故

毒害品通过各种途径进入机体后，累积达一定的量，能与体液和器官组织发生生物化学作用或生物物理学作用，扰乱或破坏机体的正常生理功能，引起某些器官和系统暂时性或持久性的病理改变，甚至危及生命。其主要表现为对人和动物造成伤害。

(7) 放射性物品事故

在极高剂量的放射线作用下，会造成以下3种类型的放射伤害：

①对中枢神经和大脑系统的伤害。这种伤害主要表现为虚弱、倦怠、嗜睡、昏迷、震颤、痉挛，通常可在两天内死亡。

②对肠胃的伤害。这种伤害主要表现为恶心、呕吐、腹泻、虚弱和虚脱，症状消失后可出现急性昏迷，通常可在两周内死亡。

③对造血系统的伤害。这种伤害主要表现为恶心、呕吐、腹泻，但很快能好转，经过23周无症状之后，出现脱发、经常性流鼻血，再出现腹泻，极度憔悴，通常在2~6周后死亡。

(8) 腐蚀品事故

腐蚀品能灼伤人体组织，并对动物体、植物体、纤维制品、金属等造成较为严重的损坏。腐蚀品作用于人体可引起皮肤、眼睛的严重腐蚀和灼伤，造成溃疡糜烂，严重者会危及生命。

腐蚀作用可分为化学腐蚀和电化学腐蚀，单纯由化学作用而引起的腐蚀称为化学腐蚀；当金属与电解质溶液接触时，由电化学作用而引起的腐蚀称为电化学腐蚀。

第三节　危险化学品事故特点

危险化学品事故与其他事故相比有以下突出特点：

1. 易发性和突发性

由于危险化学品固有的易燃、易爆、腐蚀、毒害等特性，导致危险化学品事故易发。往往在没有明显先兆的情况下突然发生，在瞬间或短时间内就会造成重大人员伤亡和财产损失，而不需要一段时间的酝酿。

2. 严重性和长期性

（1）严重性

危险化学品事故往往会造成严重的人员伤亡和财产损失，特别是有毒气体大量意外泄漏的灾难性中毒事故，以及爆炸品或易燃易爆气体、液体的灾难性爆炸事故，事故造成的后果往往非常严重。一个罐体的爆炸会造成整个罐区的连环爆炸，一个罐区的爆炸可能殃及生产装置，进而造成全厂性爆炸。北京东方化工厂就发生过类似的大爆炸。一个化工厂由于生产工艺的连续性，装置布置紧密，会在短时间内发生厂毁人亡的恶性爆炸，如江苏射阳一化工厂就发生过这样的爆炸。

（2）长期性

事故发生后，泄漏的毒气或蒸气随风扩散，进而污染空气、地面、道路和生产、生活设施，短时间内危害范围可达数十甚至数百平方千米，被污染的空气所到之处都能造成不同程度的危害，如重庆天原化工厂氯气泄漏事故造成9人死亡，3人受伤，15万名群众被疏散。泄漏的有毒液体，没有或无法在短时间内得到有效控制，沿地面流淌，污染地面和水源，若流入河流，其污染和危害的范围更大。

事故造成的后果也往往在长时间内得不到恢复，具有事故危害的长期性。危险化学品事故发生后，人员严重中毒，常常会造成终身难以消除的后果；同时会对空气、地面、水源物体等造成污染，且这种污染能持续较长时间，少则几小时，多则数日、数月，这给事故的处理带来了很大难度，伤害持续时间长。

3. 延时性和累积性

危险化学品事故中毒的后果，有时在当时并没有明显地表现出来，而是在几小时甚至几天后严重起来。尤其是有些低毒或小剂量毒性物质，初次接触无任何不适反应，但多次或反复接触当量的毒性物品并积累到一定程度就会发生质的变化，最终出现危险化学品的慢性中毒。

4. 社会性

由于危险化学品事故具有突然性、持续时间长、受害范围广、急救和洗消困难的特点，为消除和控制事故产生的影响和危害，势必影响有关企业的生产、居民生活和交通等正常活动。尤其是一些国际性大城市，一旦发生特大危险化学品事故，必然会在国际上产生强烈反响，在政治、经济、文化交流等方面带来严重后果。

危险化学品事故的后果会对社会稳定造成严重的影响，常常给受害者、亲历者造成不亚于战争留下的创伤，在很长时间内都难以消除痛苦与恐怖。同时，一些危险化学品泄漏事故还可能对子孙后代造成严重的生理影响。如1976年7月意大利塞维索的一家化工厂爆炸，爆炸所产生的剧毒化学品二噁英向周围扩散。这次事故使许多人中毒，附近居民被迫迁走，半径1.5km范围内的植被被铲除深埋，数公顷的土地均被铲掉几厘米厚的表土层。但是由于二噁英具有致畸和致癌作用，多年后，当地居民的畸形儿出生率大为增加。

5. 救援困难，组织指挥任务艰巨

危险化学品事故发生后，救援行动将围绕切断（控制）事故源、控制污染区、抢救中毒人员、采样检测、组织污染区居民防护和撤离、对污染区实施洗消等任务展开，对参战救援人员安全防护等级要求高，参与救援的部门多，现场救援力量协调、组织指挥难度大，要求高。同时，为了有效地实施救援，还必须对参加救援的队伍实行统一的组织指挥，还要做好通信、交通、运输、急救、气象、生活、物资等各项保障，组织指挥难度大，稍有不慎极易造成严重后果。1997年5月4日，重庆市长寿化工总厂污水处理车间发生火灾后，由于未掌握污水处理池已于事故前排空以及池内仍有二甲苯等残液及其挥发的大量爆炸性气体混合物的情况，以致在扑灭回流槽火焰时，火焰经回流管道窜至污水处理池，使污水处理池爆炸，7名消防指战员和5名该厂技术人员当场死亡。同时，对危险化学品事故的处理及危害的消除是一项复杂的社会系统工程，洗消工作涉及的面积大、物体多、人员多，需要的洗消力量多，从各级党委、政府到各有关部门、单位（包括军、警）都得紧急动员起来，密切协同，才能有效地消除其后果。

从以上特点可以看出危险化学品事故类型多样、介质特殊、现场环境

复杂,致使危险化学品事故救援现场具有很多不确定因素,制约着指挥决策方案的快速形成,已有的方案、经验、措施、方法、手段往往不具备完全对应借鉴。因此,危险化学品事故应急处置与传统的灭火救援决策指挥在理念思维、处置原则、方法手段、控制措施等方面有较大区别。

第四节 危险化学品事故后果

1. 火灾爆炸事故的危害后果及影响

危险化学品的火灾、爆炸事故破坏性非常大。化工、石油化工企业生产过程中使用的原料、中间产品和最终产品多为易燃易爆物,一旦发生火灾、爆炸事故,会造成严重的后果。据有关部门不完全统计,2000—2002年火灾、爆炸事故占危险化学品事故的53%,伤亡人数占所有事故伤亡人数的50.1%。因此了解危险化学品的火灾、爆炸危害后果,对及时采取防范措施、搞好安全生产有很重要的意义。

火灾与爆炸都会造成生产设施的重大破坏和人员的伤亡,但两者的发生过程有显著不同。火灾是在起火后火势逐渐蔓延扩大,随着时间的延长,损失数额会迅速增加,损失大约与时间的平方呈正比例关系,如火灾时间延长1倍,损失可能增加4倍。因此,完善各项消防措施和消防设备、器材是非常重要的。当现场着火后,如果能够在开始的短时间内控制和扑灭火势,就能够将危害后果控制在较低水平。

爆炸发生过程与火灾完全不同,它是在瞬间发生,可在10^{-4}s或更短的时间内发生,猝不及防。在1s之内爆炸过程已经结束,设备损坏、厂房倒塌、人员伤亡等巨大损失在瞬间发生。爆炸发生所伴随的发热、发光、压力上升、真空和电离等现象同样具有很强的危害作用。危害的大小与爆炸物的数量和性质、爆炸时的条件及爆炸的位置等多种因素有关。例如,1989年8月29日,辽宁省本溪市某化工厂聚氯乙烯车间设备人孔和搅拌轴处大量泄漏,引起燃烧爆炸,造成死亡12人、重伤2人、轻伤3人的后果。

爆炸的危害后果主要有以下几种:

(1)冲击波

物质爆炸时产生的高温高压气体以极快的速度膨胀,像活塞一样挤压周围空气,把爆炸释放出的部分能量传递给压缩的空气层,空气受冲击而发生扰动，使其压力、密度等产生突变，这种扰动在空气中传播就称为冲击波。冲击波以极快速度向四周传播，在传播过程中，可以对周围的机械设备和建筑物造成严重破坏作用；对人员产生杀伤作用，引起听觉器官损伤，内脏器官出血，甚至死亡。

冲击波的危害作用主要由其波阵面的超高压引起。爆炸初始冲击波波阵面上的压力可达 100~200MPa，以每秒几千米的速度在空气中传播。当冲击波大面积作用于建筑物时，波阵面上的压力在 0.02~0.03MPa 内就能对大部分砖木结构的建筑物造成严重破坏。在无掩蔽的情况下，人员无法承受 0.02MPa 的冲击波超压作用。

（2）火灾

爆炸发生后，爆炸产生的高温气体的扩散在瞬间内发生，对一般可燃物来说，不足以造成起火燃烧，而且冲击波造成的爆炸风还有灭火作用。但是爆炸时产生的高温高压，建筑物内遗留的大量的热或残余火苗，能把从破坏的设备内部不断流出的可燃气体、易燃或可燃液体的蒸气点燃，也可能把其他易燃物点燃，从而引起火灾。

当盛装易燃物的容器、管道发生爆炸时，爆炸抛出的易燃物可发生大面积火灾，这种情况在油罐、液化气瓶爆炸后最易发生。

（3）直接危害

装置、设备、容器等发生爆炸后产生许多碎片，飞出后在相当大的范围内造成危害。碎片飞散的距离与爆炸威力有关，一般可飞出 100~500m。飞出的碎片可砸伤人、畜，击穿其他设备、容器等。

（4）人员中毒和环境污染

在实际生产过程中，许多危险化学品不仅是可燃的，而且是有毒的。在危险化学品发生爆炸时，会使大量有害物外泄，造成人员中毒和环境污染。例如，2005 年 11 月 13 日，中石油吉林石化公司双苯厂的爆炸事故中，造成 8 人死亡，60 多人发生苯的氨基、硝基化合物中毒；同时，含有有毒泄漏物的消防废水流入松花江，造成松花江水污染事故。

2. 泄漏事故对人的危害后果及影响

由于危险化学品具有毒性、刺激性、致癌性、致畸性、致突变性、腐蚀性、麻醉性、窒息性等特性，由危险化学品造成的人员急性危害事故每年都发生多起。

（1）对人体的刺激危害

①皮肤刺激。某些危险化学品泄漏事故中，泄漏物对人体皮肤有明显

的刺激作用，可引起皮肤干燥、粗糙、皲裂、疼痛，甚至引起皮炎。

②眼睛刺激。某些泄漏事故中，危险化学品的气体、固体粉末或液体蒸气对眼睛有很强的刺激作用，尤其一些刺激性气体，如氨气、氯气、二氧化硫等。这些刺激会引起眼睛怕光、流泪、充血、疼痛，甚至引起角膜混浊、视力模糊等。

③呼吸系统刺激。某些泄漏事故中，危险化学品的气体、固体粉末或液体蒸气对呼吸道有明显刺激作用，会导致咽喉辛辣感、咳嗽、流涕，严重时可引起气管炎、支气管炎，甚至发生中毒肺水肿，造成呼吸困难、气短、缺氧、泡沫痰等。

（2）致过敏反应

某些泄漏的危险化学品进入人体后可以作为抗原或半抗原刺激体内产生抗体。当它再次进入人体时，会引起体液性或细胞性的免疫反应，由此导致机体发生生理机能障碍或组织损伤，称为变态反应，又称过敏反应。能够引起过敏反应的危险化学品致敏源很多，如环氧树脂、胺类硬化剂、偶氮染料、煤焦油衍生物等。过敏反应根据反应发生的速度不同，可分为速发型和迟发型两类。速发型，在接触危险化学品致敏源后立即发病；迟发型，接触致敏源后 1~2 天后开始发病。

过敏反应发病表现也各有不同，有的表现为过敏性皮炎，皮肤出现皮疹、水疱等。有的为职业性哮喘，表现为咳嗽、呼吸困难、呼吸短促，尤其在夜间症状较重，引起这种反应的化学品常见的有甲苯、聚氨酯、甲醛等。

（3）致窒息

窒息是机体内缺氧或组织不能利用氧而致组织氧化过程不能正常进行的表现。危险化学品所导致的窒息可分为单纯窒息、血液窒息和细胞内窒息 3 种。

①单纯窒息。这种情况是由于周围大气中氧气被泄漏的气体（如氮气、乙烷、氢气或氦气等）所代替，而使氧气含量严重下降，以致不能维持生命的继续。通常空气中含氧为 21%，当空气中氧浓度下降到 17% 以下时，机体组织供氧不足，就会出现头晕、恶心、调节功能紊乱等症状。缺氧严重时会导致昏迷，甚至死亡。

②血液窒息。这种情况是由于泄漏的危险化学物质进入机体后，与血液中红细胞内的血红蛋白作用，改变了血红蛋白的性质，致使血红蛋白失去携氧能力。如一氧化碳吸入人体后，使血红蛋白变成碳氧血红蛋白；苯胺进入人体后，使血红蛋白变成高铁血红蛋白。这些变性血红蛋白失去携

氧能力，致使机体严重缺氧。

③细胞内窒息。这种情况是由于某些危险化学品进入机体后，能抑制细胞内某些酶的活性，如氰化物能抑制细胞色素氧化酶的活性，致使细胞不能利用氧。尽管血液中含有充足的氧，但细胞内的氧化过程不能正常进行，也会发生窒息症状。

（4）三致

医学上将致癌、致畸、致突变简称三致。

①致癌。某些化学物质进入人体后，可引起体内特定器官的细胞无节制地生长而形成恶性肿瘤，又称癌。如联苯胺所致膀胱癌、苯所致白血病等。

②致畸。接触某些化学品可对未出生的胎儿造成危害，干扰胎儿的正常发育。尤其在怀孕的前 3 个月，心、脑、胳膊和腿等重要器官正在发育，研究表明化学品可能干扰正常的细胞分裂过程而形成畸形。如麻醉性气体、汞、有机溶剂等，可致胎儿畸形。

③致突变。某些化学品对作业人员的遗传基因产生影响，可导致其后代发生异常。试验表明，80%～85%的致癌物同时具有致突变性。

（5）致麻醉作用

许多有机化学品有致麻醉作用，如乙醇、丙醇、丁酮、丙酮、乙炔、乙醚、异丙醚等都会致中枢神经抑制。若一次大量接触，可导致昏迷甚至死亡。

（6）致全身中毒

全身中毒是指化学品进入人体后，不仅对某个器官或某个系统产生危害，而且危害会扩展到全身，致使全身多系统或各系统都出现中毒现象。

（7）致尘肺

尘肺（规范名称为肺尘埃沉着症）是工人在作业场所吸入生产性粉尘沉积于肺组织，致使肺组织发生以纤维化为主的病变，导致患者的换气功能下降，出现呼吸困难、呼吸短促、咳嗽、全身缺氧等表现。这种作用是不可逆转的，一旦发病，即便脱离粉尘作业，其病情也会随时间的进展，越来越重。我国法定的职业性尘肺有 12 种，如硅肺（规范名称为硅沉着病）、煤工尘肺、水泥尘肺等。

3. 泄漏事故对环境的危害后果及影响

随着化学工业的迅速发展、化学品产量的不断增加，新化学品也不断涌现，人们在利用化学品的同时，危险化学品泄漏对环境的危害也在逐年增大。若不采取一定的措施或所采取的措施不当，危险化学品泄漏将造成严重的环境污染。

（1）危险化学品泄漏对大气的危害后果

由于大量硫氧化物和氮氧化物的排放，在空气中遇水蒸气形成酸雨。酸雨对动物、植物、人类等均会造成严重影响。

（2）危险化学品泄漏对土壤的危害后果

据国家环保局1995年对全国30个省、自治区和直辖市工业企业环境污染的统计结果，全国工业企业每年向陆地排放有害化学废物2242万t。由于大量化学废物进入土壤，致使土壤酸化、土壤碱化、土壤板结等。由此严重影响农作物的生长，致使农产品减产。

（3）危险化学品泄漏对水体的危害后果

大量危险化学品随污水排入水体，对水体可造成严重污染。随污染物的不同，造成的危害也会不同。

大量植物营养物的污染，含氨、磷及其他有机物的生活污水、工业废水排入水体，使水中养分过多，藻类大量繁殖，海水变红，称为"赤潮"。近几年在渤海、黄海等都曾有"赤潮"发生，造成水中溶解的氧急剧减少，严重影响鱼类的生存。

重金属、砷化合物、农药、酚类、氧化物等污染水体，可在水中生物体内富集，最终导致生物体死亡，破坏生态环境。石油类化合物污染水体，可导致鱼类、水生生物死亡，甚至发生水上火灾。

第五节　危险化学品事故成因

危险化学品事故可能发生在危险化学品生产、经营、储存、运输、使用和废弃处置等过程中，发生机理往往非常复杂，许多火灾、爆炸事故并不是简单地由泄漏的气体、液体引发的，而往往是由腐蚀或化学反应引发的，事故的原因往往很复杂，并具有相当的隐蔽性。一般而言，危险化学品事故通常由以下原因引起：

1. 自然原因

自然界的地震、海啸、火山爆发、台风、洪水、山体滑坡、泥石流、雷击以及太阳黑子的周期性爆发，引起的地球大气环流变化等自然灾害，都会对化工企业造成严重的影响和破坏，由此导致的停电、停水，使化学反应失控而导致的火灾、爆炸以及有毒有害物质外泄。1992年8月，美国得克萨斯州一个大型石化企业因遭受雷击，引起储罐连续爆炸，大量可燃物质外泄，仅火灾就持续了24h以上，损失惨重。1994年1月17日凌晨，美国洛杉矶西部约40km的圣费南多河谷发生6.6级大地震，地震发生后，整个地区发生100多起火灾，原因是地震造成地下煤气管道爆炸引起泄漏，整个城市到处是浓烟、烈火和燃烧后散发的气味。

2. 技术或管理原因

（1）勘测、设计方面存在缺陷

从地形、气象因素看，由于选址不当，将重要的化工设施建在居民密集区、地质断裂带、易滑坡地带、雷击区、大风地带等，从生产、储运方面看，易燃、易爆、有毒、腐蚀的化学品生产车间与仓库货储罐（槽）等在布局方面未严格执行有关安全技术规范、规定，间距不足，还有混装、混存、混运等现象；从工艺设计上看，易发生跑、冒、滴、漏的设施（设备）质量不符合要求，或处于上风（上方）位置，且离电源、火源、高温源距离不足，这些都将大大增大危险化学品事故发生概率。据美国化工事故原因分析报告称：属于储罐设计缺陷、阀门质量造成的事故，分别占事故总数的36%和17%。

（2）设备老化、带故障运转

化工生产、储存、运输过程中一般具有不同程度的压力、温度甚至高温、高压，产品、原料、中间体不少具有腐蚀性强等特点，容易导致管道、阀门、泵、塔、储罐等设备老化，若发现、抢修不及时就会造成严重后果。据有关资料介绍，1963—1981年，日本发生的110起较严重的危险化学品事故中，50%是由于设备老化、管道破裂或阀门被腐蚀造成的。

（3）操作不当

近年来，私营化工企业急剧增多，为了节约运营成本，许多化工企业人员素质不高，甚至未经过严格、系统培训。加之规章制度不落实，管理混乱，从而导致危险化学品事故频发。2004年4月20日，位于北京怀柔区的京都黄金冶炼厂，因两名当班工人违反规定，同时离岗用餐，导致20t含氰化物的液体泄漏，造成3人死亡、8人中毒的严重事故。

一些危险化学品运输单位不按规定申办准运手续，驾驶员、押运员未经专门培训，运输车辆达不到规定的技术标准，超限超载，混装混运，不按规定路线、时段运行，甚至违章驾驶等，都极易引发交通事故而导致化学品泄漏。

（4）人为破坏或战争

在战争中，交战双方往往会将对方的危险化学品生产、储存场所作为攻击和敌对破坏的目标，致使危险化学品泄漏。还有些被联合国裁军委员会称为"双用途毒剂"的化合物，如氢酸、光气、氯气、磷酰卤类等，和平时期是化工原料，战时即可迅速转化为军工生产而作为军用毒剂用于战争，这类化学物质一旦泄漏，其杀伤威力不低于使用化学武器。

3. 其他原因

不少危险化学品在生产、储存过程中，因某些预想不到的原因，如车祸、飞机失事、海啸事故、火灾殃及等而引发事故。

第六节　危险化学品事故救援原则

危险化学品事故应急救援的目标是通过有效的应急救援行动，尽可能地降低事故的后果，包括人员伤亡、财产损失和环境破坏等。其基本救援原则具体包括以下几个方面：

（1）坚持以人为本

①在危险化学品事故应急处置中应第一时间救援受伤人员，最大限度减少人员伤亡；

②贯彻先自救、再互救原则，进入事故现场参加侦检、救人、抢险等任务的人员必须佩戴合适的个体防护装备，保证自身安全；

③在不清楚事故现场情况时，应采取有限参与原则，避免不必要的人员伤亡。

（2）坚持环境保护

①处置危险化学品事故的同时，要防止发生次生、衍生环境污染事故；

②事故应急处置完毕要对事故污染区、污染装备和人员进行洗消；

③事故应急处置产生的废弃物、消防废水要回收处理。

（3）坚持统一指挥

危险化学品事故应急处置是一项涉及面广、专业性很强的工作，常常需要公安、消防、交通、应急、环保、卫生等部门密切配合，协同作战。形成统一的指挥，把各方面力量进行整合，有效地实施应急救援，是成功处置危险化学品事故的前提。

（4）坚持科学处置

进入事故现场应注意以下事项：

①应从上风、上坡处接近现场，严禁盲目进入；

②执行任务时严禁单兵作战，要根据实际情况，派遣协作人员和监护人，必要时用水枪、水炮掩护；

③处于不同区域的应急人员应配备不同级别的个体防护装备；

④事故处置应采取先进行有效控制、再进行处置原则。并尽可能做到以快制快，力争在最短的时间内将事故控制在较小的范围内。

（5）坚持依法依规

坚持遵守国家法律法规，坚持实事求是、客观公正、内容翔实、及时准确、把握重点的新闻发布原则。

第七节　危险化学品事故救援程序

1. 了解事故基本情况

应急救援人员到达事故现场后，不要盲目进入危险区，应首先询问知情人，了解事故的基本情况，为后续开展应急救援行动提供重要信息和依据。了解的信息包括以下内容：

①事故类型。了解具体发生了什么事故，是泄漏事故，还是火灾爆炸事故，以及事故发生的大概时间。

②事故引发物质。了解事故引发物质的名称、状态、数量、主要危险性等信息。

③事故的简要经过。了解发生事故的单位、装置或设备，事故发生、发展及演变过程等。

④已经采取的措施。了解事故发生后已经采取了哪些处置措施，效果如何。

⑤被困人员情况。了解有无人员受困，确定是否需要医疗部门援助。

⑥周围环境。了解周边单位、居民、地形、电源、火源、水源等情况。

⑦企业救援力量。了解企业自身的救援力量，以及处置事故还需要哪些救援力量。根据了解的事故基本情况，判断事故处置需要的救援力量，迅速调集各应急救援队伍到达事故现场。

2. 事故现场部署

根据了解的事故基本情况,判断事故处置需要的救援力量,迅速调集各应急救援队伍到事故现场。

①依据事故情况确定现场处置方案,调集救援力量,携带专用器材,分配救援任务,下达救援指令。

②根据需要配备适当的侦检器材,如可燃气体检测仪器、智能气体侦检仪等;配齐呼吸保护器具,保证进入危险区的人员人均一个;配备适当的防护服装,如抢险救援服、防护服、避火服等;调集必要的特种工具,如堵漏器具、破拆器具等;消防车辆的调集应根据危险化学品的火灾性质,如易燃气体事故应调用水罐消防车、干粉消防车、二氧化碳消防车;易燃液体事故应调用水罐消防车、泡沫消防车、干粉消防车;对于遇水燃烧或爆炸物质火灾,必须携带专用的灭火器材,如金属灭火器具,水、泡沫均不能用于灭火。

③消防车辆和人员到达现场时,不要盲目进入危险区,应先将力量部署在外围,尽量部署在上风或侧上风处,并在安全位置建立指挥部。消防车辆不应停靠在工艺管线或高压线下方,不要靠近危险建筑物,车头应朝向撤退方向,占据消防水源,充分利用地形、地物作掩护设置水枪阵地。

3. 现场侦查与检测

现场侦查与检测是危险化学品事故现场处置的重要环节。及时准确地查明事故现场的情况,是有效处置危险化学品事故的前提条件。

现场侦检的目的是探明事故情况、掌握危险化学品的种类、浓度及其分布。危险化学品的侦检一般在情况不明又十分紧迫时,以定性查明危险物的品种为主,只有准确知道危险物是什么物质,才能有效地对危险化学品事故进行处置。在确定如何救援时,则要重视定量分析的结果,准确定量才能使采取的现场处置措施更加可靠和完善。

(1) 现场侦检的内容

应根据不同灾情,派出若干个侦查小组,对事故现场进行侦查,每个小组一般由2人或3人组成,配备必要的防护器材和检测仪器。现场侦检主要完成以下任务:

①搜寻遇险人员。侦查是否有人员被困,被困人员的数量,被困人员是否已经中毒,被困人员是否有活动能力等。

②使用检测仪器测定事故物质、浓度、扩散范围。一般在情况不明又

十分紧迫时，以定性查明危险物的品种为主，对已明确的危险化学品，可以用可燃气体检测仪、智能气体检测仪等确定其浓度和扩散范围。

③测定风向、风速等气象数据。使用气象检测仪对风向、风速、湿度、温度等进行测定，常用的气象检测仪有测风仪、智能气象仪等。

④近距离侦查事故情况。对火灾、爆炸事故，要搞清燃烧部位、形式、范围以及对相邻地区的威胁程度等；对泄漏事故，要确定泄漏部位、裂口大小以及可能引发燃烧爆炸的各种危险源。

⑤现场及周边情况。弄清火源、电源或潜在火源分布及影响，周围人员分布情况，可能受到威胁的其他设施或危险源，水源情况，地形、地物或障碍情况，确定攻防路线、阵地。

(2) 常用的危险化学品侦检方法

在进行现场侦检前，需要进行必要的主观判断，可根据危险化学品的物理性质（如颜色、气味、状态和刺激性等），通过人体器官初步确定危险化学品的种类。这样有利于克服侦检的盲目性，便于选用正确的侦检方法和器材。常用的危险化学品侦检方法有以下5种：

①便携式检测仪侦检法。根据危险化学品事故现场侦检的准确、快速、灵敏和简便的要求，现场使用的侦检仪器也应具备便携性、可靠性、选择性和灵敏性、测量范围宽和安全性等特点。

便携性即轻便、防震、防冲击、耐候性；可靠性即响应时间短、能迅速读出测量数据、测量数据稳定；选择性和灵敏性即抗干扰能力强，能识别所测物质；测量范围宽和安全性即仪器内部能防止各种不安全因素。在事故现场使用的是智能型水质分析仪和有毒气体检测仪等。

②化学侦检法。利用化学品与化学试剂反应后，生成不同颜色、沉淀、荧光或产生电位变化等辨别化学品的方法，以及利用不同的化学反应过程，可以制成各种检测器材。

③根据盛装危险化学品容器的漆色和标志进行判断。盛装危险化学品的容器或气瓶一般要求涂有专门的漆色并写有物质名称字样及其字样颜色标志。

④根据危险化学品的物理性质判断。危险化学品的物理性质包括气味、颜色、沸点等。不同危险化学品的物理性质不同，在事故现场的表现也有所不同。危险化学品中的有毒物质多具有特殊气味，在其泄漏扩散区域都有可能嗅到其气味。例如，氰化物具有杏仁味；二氧化硫具有特殊的刺鼻味；氯为黄绿色具有异臭味的强烈刺激性气体；氨为无色有强烈臭味的刺

激性气体，燃烧时火焰稍带绿色；硫化氢为无色有臭鸡蛋气味的气体，浓度达到 $1.5mg/m^3$ 时就可以用嗅觉辨出，但是当硫化氢浓度为 $3000mg/m^3$ 时，由于嗅觉神经麻痹，反而嗅不出来。对于沸点低、挥发性大的物质，如光气、氯化氢、液氨等，泄漏后迅速汽化，在地面无明显的霜状物；而沸点低、蒸发潜热大的物质，如氢氰酸、液化石油气，泄漏在地面上则有明显的白霜状物。

许多化学品的形态、颜色等相同或相似，所以单靠感官检测是不够的，并且对于剧毒物质也不能用感官方法检测，只能依靠危险化学品的物理性质对事故现场进行初步的判断。

⑤根据人或动物中毒的症状判断。通过观察危险化学品引起人员和动物中毒或死亡的症状，以及引起植物的花、叶颜色变化和枯萎的方法，初步判断危险化学品的种类。危险化学品的毒害作用不同，人或动物的中毒症状也有所差异。例如，中毒者呼吸有苦杏仁味、皮肤黏膜鲜红、瞳孔散大，为全身中毒性毒物；中毒者的眼睛和呼吸道的刺激强烈、流泪、打喷嚏、流鼻涕，为刺激性毒物等。

（3）现场侦检的实施

为了准确和迅速地测定现场危险化学品的浓度及其分布，侦检小组人员在做好个人安全防护的前提下，应合理选择采样点和检测点以及采样频率和次数。各侦检小组至少应由3人组成，其中2人负责检测浓度，1人负责记录和标志。

危险化学品事故发生后，泄漏的化学品分布极不均匀，时空变化大，对周围环境、人员等环境要素的污染程度也各不相同。因此，应急检测时采样和检测点的选择对于准确判断污染物的浓度分布、污染范围与程度等极为重要。

采样点和检测点选择的基本要求是浓度高、密度大、检测干扰小。在选择采样点和检测点时应考虑以下因素：

①事故的类型（泄漏、火灾和爆炸等）、严重程度与影响范围；

②事故发生的地点（如是否为饮用水源地、水产养殖区等敏感水域）与人口分布情况（是否在市区等）；

③事故发生时的气象信息，如风向、风速及其变化情况。

污染物进入周围环境后，随着稀释、扩散、降解和沉降等自然作用以及应急处置后，其浓度会逐渐降低。为了掌握事故发生后的污染程度、范围及变化趋势，需要实时进行连续的跟踪监测，原则上主要根据现场污染状况确定采样频率和次数。

4. 建立控制区

应急人员到达现场后,通过侦检初步摸清事故情况后,接下来要做的就是建立控制区,为随后要采取的人员疏散和事故控制行动提供依据。

一般根据化学品泄漏的扩散情况、火焰辐射热、爆炸所涉及的范围建立控制区。对于泄漏事故,易燃气体、蒸气是以下风向25%的爆炸下限浓度为扩散区域的边界;有毒气体、蒸气是以立即致死浓度值(IDLH)作为泄漏发生后最初30min内的急性中毒区域的边界。

在取得了现场危险化学品浓度的检测结果后,应迅速根据现场情况,确定应急处置人员、洗消人员和指挥人员所处的区域(通常分别为热区、暖区和冷区),并明确不同区域人员承担的任务,这样有利于应急行动和有效控制设备进出,并且能够统计进出事故现场的人员。典型的事故现场的各区域划分如图2-1所示。

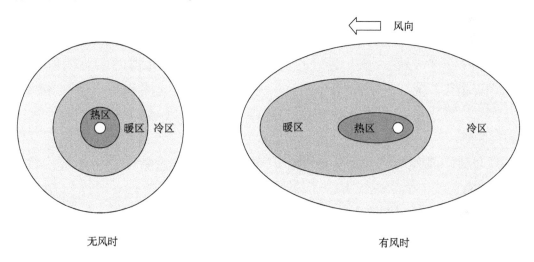

图2-1 控制区划分示意图

①热区:是最接近危险化学品现场的区域,以现场侦测危险化学品浓度值高于$\frac{1}{2}$IDLH值为其边界。只有受过正规训练和有特殊装备的应急处置人员才能够在这个区域作业。所有进入这个区域的人员必须在安全人员和指挥者的控制下工作,还应设定一个可以在紧急情况下得到后援人员帮助的紧急入口。该区在其他文献资料中也称为红区、排斥区或限制区。

②暖区:紧邻热区,是进行人员和设备洗消及对热区实施支援的区域,以现场侦测危险化学品浓度值高于时间加权平均阈限值(TWA)为其边界。

该区域设有进入热区的通道入口控制点，其功能是减少污染物的传播扩散。只有受过训练的净化人员和安全人员才可以在该区工作。净化工作非常重要，排除污染的方法必须与所污染的物质相匹配。该区在其他文献资料中也称为黄区、洗消区、除污区或限制进入区。

③冷区：紧邻暖区，现场侦测危险化学品浓度值低于时间加权平均阈限值。冷区内设有指挥所，并具有一些必要的控制事故的功能。该区域是安全的，只有应急人员和必要的专家才能在这个区域。该区在其他文献资料中也称为绿区、支援区或清洁区。

5. 人员疏散

发生危险化学品事故后，警戒区内的工作人员和无关人员将受到生命威胁。现场指挥员应根据事故发展情况，迅速做出是否需要人员疏散的指示。疏散工作的成败有时可能直接关系到整个事故处理的成败。

（1）避难方式

在欧洲的大部分国家，受灾区域的公众采取"就地"避难的方式已经成为重大事故应急的必经步骤。例如，在瑞典，当重复的短笛报警声响起之后，该区域的公众就会迅速、自觉地进入建筑物内，关闭所有的门窗和通风系统，并将收音机调至一个固定的频道接收进一步的指示。美国的大部分州则采取截然相反的避难方式，通常是指挥公众从危险区域中撤离。

"就地"避难方式只可以在紧急时刻为受灾人员提供一个相对直接暴露于受污染空气中而言的"清洁"的空间。每小时建筑物内、外空气中有毒物质的浓度比（渗透率）是衡量"就地"避难方式有效性的一个重要指标。

我国目前在避难方式的选择上没有明确的说法。试验表明，在泄漏源上风侧的建筑物，室内的有毒气体浓度约为室外有毒气体浓度的1/10；而在下风侧的建筑物，室内的有毒气体浓度约为室外有毒气体浓度的1/20。当建筑物的门窗用胶条密封时，在上、下风侧的建筑物内的有毒气体浓度较室外分别降低至1/30和1/50。显然，"就地"避难可以使建筑物内的浓度大大降低，从而降低人们遭受有毒物质伤害的程度。

美国国家化学研究中心认为，可根据如下因素来选择重大事故时应急避难方式：泄漏的化学物质的特性，公众的素质，当时的气象状况，应急资源，通信状况，允许疏散时间的长短。

确定进一步的应急避难方式是继续"就地"避难还是疏散时，要考虑许多因素，如危险区域状况、城市区域应急能力等。

（2）疏散方式

城市疏散能力是指在人员疏散过程中，城市交通系统在单位时间内向疏散目的地输送的人员的数量。一般来说，影响城市输送能力的主要因素有硬件条件和软件条件两大方面。硬件条件主要指道路和交通设施，软件条件主要指应急指挥系统、组织机构等。

市区道路中可用来疏散的交通工具主要是小汽车、公共汽车、自行车和徒步行走。安全疏散所需汽车的数量与允许的疏散时间、有毒物质污染扩散的范围、此区域内的人口密度、车的运载能力以及道路的通行能力等因素有关。

无论采用哪一种疏散方式，在疏散的区域内建议设有移动救助车和救护车，这些车辆应在疏散区域内进行巡逻。移动救助车内应配置个体防护设备、供氧设备等，以救助老弱病残及身体素质较差的人员。

（3）紧急疏散地的选择

重大事故发生后，采取的疏散行为必须考虑疏散地设置与疏散人员的安置问题。发生重大事故时，尤其当事故后疏散人员不能立即返回且疏散涉及人员较多时，必须选择适当的疏散地且能将疏散人员进行有效的安置。

一般来说，疏散地的设置应注意以下三点：

①疏散地的设置应围绕危险区呈离散分布，以使危险区域内的疏散人员可以就近迅速地抵达接收站，且危险源的下风向不适宜。

②疏散地的设置应距离危险区域有一定的距离，如果事故持续时间较长，要考虑风向有可能会有所改变而涉及疏散地。

③考虑行政界的具体划分，即尽可能将危险区与安置地设在同一区、市或省内。疏散地的选择应能为疏散人员提供一些最基本的条件，如宽阔、容纳人员数量多的学校、工厂、企事业单位等。在安置时间较长（多于一天）的情况下，应建立专门的后勤支援与保障系统。

在疏散地应设有安置机构，负责疏散人员的接收和安置工作，每个安置地疏散人员数量及他们所在的危险区范围，应预先编好预案。疏散人员到达疏散地后，要对疏散人员进行登记，并对受伤人员进行救治。

疏散地的选择总的原则是应处于事发时的上风向处，且在灾害影响（毒气扩散）范围外，能容纳所需要疏散的人口。因此，疏散地一般是能够保护人员避免因大火引起的辐射热伤害、能够避开化学有毒气体伤害的空地。

（4）安全保障

紧急疏散地的安全保障工作由疏散地的公安部门和保安负责，在全面应急时，当地警方有指挥疏散和在疏散区执法的任务，如防止抢劫等。对事故受害者亲属的援助或对疏散人员的帮助等社会服务，应该在当地政府的直接指挥下进行，并且对应急救援活动的各个方面进行全面的监督和管理。

6. 现场控制

为了减少危险化学品事故对生命和环境的危害，在事故发生的初期必须采取一些简单有效的控制措施和遏制行动，通过对危险化学品的有效回收和处置将其对环境或生命的危害降至最低，防止事故扩大，保证有效完成恢复和处理行动。

1. 火灾事故现场应急处置要点

①所需的火灾应急救援处置技术和专家；
②确定火灾扑救的基本方法；
③确定火灾可能导致的后果（含火灾与爆炸伴随发生的可能性）；
④确定火灾可能导致的后果对周围区域的可能影响规模和程度；
⑤火灾可能导致后果的主要控制措施（控制火灾蔓延、人员疏散、医疗救护等）；
⑥可能需要调动的应急救援力量（公安消防队伍、企业消防队伍等）。

2. 爆炸事故现场应急处置要点

①所需的爆炸应急救援处置技术和专家；
②确定爆炸可能导致的后果（如火灾、二次爆炸等）；
③确定爆炸可能导致后果的主要控制措施（再次爆炸控制手段、工程抢险、人员疏散、医疗救护等）；
④可能需要调动的应急救援力量（公安消防队伍、企业消防队伍等）。

3. 泄漏事故现场应急处置要点

①所需的泄漏应急救援处置技术和专家；
②确定泄漏源的周围环境（环境功能区、人口密度等）；
③确定是否已有泄漏物质进入大气、附近水源、下水道等场所；
④明确周围区域存在的重大危险源分布情况；
⑤确定泄漏时间或预计持续时间；
⑥实际或估算的泄漏量；
⑦气象信息；
⑧泄漏扩散趋势预测；
⑨明确泄漏可能导致的后果（泄漏是否可能引起火灾、爆炸、中毒等

后果);

⑩明确泄漏危及周围环境的可能性;

⑪确定泄漏可能导致后果的主要控制措施(堵漏、工程抢险、人员疏散、医疗救护等);

⑫可能需要调动的应急救援力量(消防特勤部队、企业救援队伍、防化兵部队等)。

7. 受伤人员现场救护、救治

在事故现场,化学品对人体可能造成的伤害有中毒、窒息、冻伤、化学灼伤、烧伤等。及时施救受伤害人员,可最大限度地减少人员伤亡。抢救中毒人员时,应使用防毒、救生等工具,并及时疏散染毒区周围的人员,处置要点如下:

①隔离泄漏污染区,限制人员出入;

②组成疏散小组,进入泄漏危险区域,组织群众沿上风或侧上风方向的指定路线疏散;

③组成救生小组,携带救生器材迅速进入危险区域,采取正确救助方式(佩戴救生面罩、使用固定夹具等),将所有遇险人员转移至安全区域,脱去其染毒衣物;

④对救出人员进行登记、标识和现场救助;

⑤将需要救治人员送交医疗急救部门救治。

8. 应急人员个体防护

在危险化学品事故应急处置过程中,应急人员必须在第一时间控制危险源、抢救遇险人员,做好应急人员的个体防护成为保护应急人员生命安全与健康的关键措施。首先应根据危险化学品事故的特点、事故中涉及危险化学品的危险性评估事故对不同区域应急人员的危害性,确定不同区域应急人员需要的个体防护等级,再调集可利用的个体防护装备,为承担不同任务的应急人员配备合适的个体防护装备。

我国消防系统根据化学品的毒性或者燃烧时产生的气体的毒性及划定的危险区域确定相应的防护等级,见表2-1。2008年公安部发布了行业标准《消防员化学防护服装》(XF 770—2008),规定了消防员化学防护服装的定义、型号、设计要求、技术要求、试验方法、检测规则、标志等,并将消防员化学防护服装分为两级,见表2-2。在处置泄漏、未着火的危险化学品事故时,可以按照表2-1、表2-2选择一级、二级防护装备,三级防护装备采用简易防化服、配合简易滤毒罐、面罩或口罩、毛巾等防护器材。在处置危险化学品火灾事故时，防护标准见表2-3。

表2-1 个体防护等级

毒性等级	重度危险区	中度危险区	轻度危险区
剧毒	一级	一级	二级
高毒	一级	一级	二级
中毒	一级	二级	二级
低毒	二级	三级	三级
微毒	二级	三级	三级

表2-2 消防员化学防护服装

级别	形式	防化服	配合使用器材	颜色
一级化学防护服装	全密封连体式结构	由带大视窗的连体头罩、化学防护服、正压式消防空气呼吸器背囊、化学防护靴、化学防护手套等组成	同正压式消防空气呼吸器、冷却装备、消防员呼救器及通信器材等设备配合使用	黄色
二级化学防护服装	连体式结构，且保证完全覆盖使用者，也可采用一级防护服的结构	一般由化学防护头罩、化学防护服、化学防护手套构成	与外置式正压式消防空气呼吸器配合使用	红色

表2-3 火灾时的防护标准

级别	形式	防化服	防护面具
一级	全密封连体式结构	内置式重型防火服	正压式空气呼吸器或全防型滤毒罐
二级	连体式结构，且保证完全覆盖使用者，也可采用一级防护服的结构	隔热服	正压式空气呼吸器或全防型滤毒罐
三级	呼吸	战斗服	建议滤毒罐、面罩或口罩、毛巾等防护器材

9. 现场清理和洗消

事故现场清理是为了防止进一步危害的过程，在现场危险分析的基础上，应对现场可能发生的进一步危害和破坏采取的及时的行动，使二次伤害的可能性尽可能小。这类工作包括防止有毒有害气体的生成或蔓延、释放，防止易燃易爆物质或气体的生成与燃烧爆炸，防止由火灾引起的爆炸等。

许多危险化学品事故现场很容易发生衍生事故，故应严加防护，以保证所有在场人员的安全及保护现场免遭进一步破坏。当存在严重的衍生事故风险时，应准备好随时可用的消防装置，并尽快转移危险物质，同时严格制止任何可能引起事态恶化的行为。即使是使用抢救设备等都应在肯定绝对安全的情况下才可使用。应尽快查明现场是否有危险品存在并采取相应措施。这类危险品包括放射性物质、爆炸物、腐蚀性液体或气体、液体或固体有毒物质、细菌培养物质等。

洗消是使用物理和化学方法减少和防止污染物从涉及危险化学品事故的人员或设备上蔓延扩散的过程。参与危险化学品事故应急响应的人员应进行全面、专业的洗消，直到经确认完全洗消为止。

洗消的目的是避免污染传播。如果怀疑被污染，就应对人员、设备进行洗消。因此，应急响应人员应掌握预先制订的洗消程序，尽可能将污染降到最低，避免与其接触，控制污染物的扩散，妥善处置污染物。

为避免人员和设备受到污染，应针对洗消的各个阶段制订详细的程序并予以执行。根据现场危险化学品的类型、危害程度、应急人员受到危害的可能性等信息，确定洗消程度。如果防护器材受到污染，应针对相应的化学物质采用合适的洗消方法。洗消作业应在抵达现场后立即开始，且应提供足够的洗消点和人员，直到事故指挥人员确认不再需要洗消时才能结束。

在每次危险化学品事故中，参与行动的应急人员、设备和一般公众都有可能受到污染。污染物不仅对被污染的人员造成威胁，而且对随后与被污染的人员和设备接触的其他人员同样存在威胁。为了保证应急人员、一般公众和环境的健康与安全，整个洗消过程应当在洗消走廊完成，事故现场的洗消一般在事故得到完全控制后进行。在制订洗消预案时，应对可能遇到的情况有恰当的判断，并评估洗消程序的可能效果。

尽管洗消主要在进入现场后进行，但作为整个事故预案和危害评估程序的组成部分，在事故发生前就应确定洗消的方法和程序。只有在根据现场的危险情况，确定了正确合理的洗消程序、方法，建立洗消点后，才可进入热区。但确实需要紧急救援，又有可行的应急洗消措施的情况除外。

第八节　危险化学品泄漏事故应急处置

一、泄漏事故

危险化学品泄漏事故是指盛装危险化学品的容器、管道或装置，在各种内外因素的作用下，其密闭性受到不同程度的破坏，导致危险化学品非正常向外泄放、渗漏的现象。危险化学品泄漏事故区别于正常的跑、冒、滴、漏现象，其直接原因是在密闭体中形成了泄漏通道和泄漏体内外存在压力差。

1. 泄漏事故后果分析

化学品固有的危险性决定了其泄漏后的表现，决定化学品表现的首要因素是化学品的状态和基本性质，其次是环境条件。按照状态，化学品通常分为气体（包括压缩气体）、液体（包括常温常压液体、液化气体、低温液体）和固体。决定化学品表现的基本性质包括温度、压力、易燃性、毒性、挥发性、相对密度等。

一旦发生化学品泄漏事故，其不同的性质决定了不同的事故后果。

（1）气体

气体泄漏后将扩散到周围环境，并随风扩散。可燃气体泄漏后与空气混合达到燃烧或爆炸极限，遇到引火源就会发生燃烧或爆炸。发火时间是影响泄漏后果的关键因素，如果可燃气体泄漏后立即发火，则影响范围较小；如果可燃气体泄漏后与周围空气混合形成可燃云团，遇到引火源发生爆燃或爆炸（滞后发火），则破坏范围较大。有毒气体泄漏后形成云团在空气中扩散，直接影响现场人员并可能波及居民区。扩散区域内的人、牲畜、植物都将受到有毒气体的侵害，并可能带来严重的人员伤亡和环境污染。在水中溶解的气体将对水生生物和水源造成威胁。气体的扩散区域以及浓度的大小取决于下列因素：

①泄漏量。一般来说，泄漏量越大，危害区域就越广，造成的后果也就越严重。

②气象条件。如温度、光照强度、风向、风速等。地形或建筑物将影

响风向及大气稳定度，风速和风向通常是变化的，变化的风将增大危害区域及事故的复杂性。

③相对密度。比空气轻的气体泄出后将向上漂移并扩散；比空气重的气体泄出后将向地面漂移，维持较高的浓度，聚集在低凹处并取代空气。

④泄漏源高度。泄漏点的高低位置，气体的密度是高于、低于还是等于空气的密度，对污染物的地面浓度将产生很大的影响。

⑤溶解度。气体在水中的溶解度决定了其在水中的表现，如果溶解度小于等于10%，泄入水中的气体会立即蒸发；如果溶解度大于10%，泄入水中的气体立即蒸发并溶解。

（2）液体

工业化学品大多数是液体。液体泄漏到陆地上，将流向附近的低凹区域或沿斜坡向下流动，可能流入下水道、排洪沟等限制性空间，也可能流入水体。在水路运输中发生泄漏，液体可能直接泄入水体。液体泄漏后可能污染泥土、地下水、地表水和大气。可燃液体蒸气与空气混合并达到燃烧或爆炸极限，遇到引火源就会发生池火。有毒蒸气随风扩散，会对扩散区域内的人员造成伤害。水中泄漏物还将对水中生物和水源造成威胁。

常温常压液体泄漏后聚集在防液堤内或地势低洼处形成液池，液体由于表面的对流而缓慢蒸发。液化气体泄漏后，有些在泄漏时将瞬时蒸发，没来得及蒸发的液体将形成液池，吸收周围的热量继续蒸发。液体瞬时蒸发的比例取决于物质的性质及环境温度，有些泄漏物可能在泄漏过程中全部蒸发，其表现类似于气体。低温液体泄漏后将形成液池，吸收周围热量而蒸发，其蒸发量低于液化气体、高于常温常压液体。影响液体泄漏后果的基本性质有下列几个：

①泄漏量。泄漏量的多少是决定泄漏后果严重程度的主要因素，而泄漏量又与泄漏时间有关。

②蒸气压。蒸气压越高，液体物质越易挥发。蒸气压大于 3kPa，液体将快速蒸发；蒸气压大于等于 0.3kPa 而小于等于 3kPa，液体会蒸发；蒸气压小于 0.3kPa，液体基本不会蒸发。

③闪点。闪点越低，物质的火灾危害越大。如果环境温度高于闪点，那么物质一经火源的作用就会引起闪燃。

④沸点。如果水温高于化学品的沸点，进入水中的化学品将迅速挥发进入大气。如果水温低于化学品的沸点，挥发也将发生，只是速率较慢。

⑤溶解度。溶解度决定了液体在水中是否溶解以及溶解速率。溶解度大于5%，液体将在水中快速溶解；溶解度大于1%而小于等于5%，液体会在水中溶解；溶解度小于等于1%，液体在水中基本不溶解。

⑥相对密度。液体相对水的密度决定了其在水中是下沉还是漂浮。当相对密度大于1时，物质将下沉；当相对密度小于1时，物质将漂浮在水面上；当相对密度接近1时，物质可通过水柱扩散。

（3）固体

与气体和液体不同的是，固体泄漏到陆地上一般不会扩散很远，通常会形成一堆，但有几类物质的表现具有特殊性。例如，固体粉末，大量泄漏时，能形成有害尘云，飘浮在空中，具有潜在的燃烧、爆炸和毒性危害；冷冻固体，当达到熔点时会熔化，其表现会像液体；可升华固体，当达到升华点时会升华，往往会像气体一样扩散；水溶性固体，泄漏时遇到下雨天，将表现出液体的特性。固体泄漏到水体，将对水中生物和水源造成威胁，影响其后果的基本性质有：

①溶解度。固体在水中的溶解度决定了其在水中是否溶解以及溶解速率。溶解度大于99%，固体将在水中快速溶解；溶解度大于等于10%而小于等于99%，固体会在水中溶解；溶解度小于10%，固体在水中基本不溶解。

②相对密度。固体相对水的密度决定了其在水中是下沉还是漂浮。当相对密度大于1时，固体在水中将下沉；当相对密度小于1时，固体将漂浮在水面上。

2. 泄漏事故处置原则

发生危险化学品泄漏事故，应遵循以下原则：

（1）先咨询情况、再行动原则

赶到泄漏事故现场的应急人员第一任务是了解事故基本情况，切忌盲目闯入实施救援，造成不必要的伤亡。首先挑选业务熟练、身体素质好、有较丰富实践经验的人员，组成精干的先遣小组，配备适当的个体防护装备、器材（不明情况下，配备一级防护装备），从上风、上坡处接近现场，查明泄漏源的位置、泄漏物质的种类、周围地理环境等情况，报现场指挥部，指挥部综合各方面情况，调集有关专家，对泄漏扩散的趋势、泄漏可能导致的后果、泄漏危及周围环境的可能性进行判断，确定需要采取的应急处置技术，以及实施这些技术需要调动的应急救援力量，如消防特勤部队、企业救援队伍、防化兵部队等。

（2）应急人员防护原则

由于危险化学品具有易燃易爆、毒性、腐蚀性等危险性，因此应急人员必须进行适当的防护，防止危险化学品对自身造成伤害。通常根据泄漏事故的特点、引发物质的危险性，担任不同职责的应急人员可采取不同的防护措施。

（3）火源控制原则

当泄漏的危险化学品是易燃、可燃品时，在泄漏可能影响的范围内，首先要绝对禁止使用各种明火。特别是在夜间或视线不清的情况下，不要使用火柴、打火机等进行照明。其次是立即停止泄漏区周围一切可以产生明火或火花的作业；严禁启闭任何电气设备或设施；严禁处理人员将非防爆移动通信设备、无线寻呼机以及摄像机、闪光灯带入泄漏区；处理人员必须穿防静电工作服、不带铁钉的鞋，使用防爆工具；对交通实行局部戒严，严格控制机动车进入泄漏区，如果有铁路穿过泄漏区，应在两侧适当地段设立标志，与铁路部门联系，禁止列车通行。并根据下风向易燃气体、蒸气检测结果，随时调整火源控制范围。

（4）谨慎用水原则

水作为最常用、易得、经济的灭火剂常用于泄漏事故，用来冷却泄漏源、处理泄漏物、保护抢险人员。在处置泄漏事故前应通过应急电话联系权威的应急机构，取得水反应性、储运条件、环境污染等信息后，再决定是否能用水处理。尤其在处理遇水反应物质和液化气体泄漏时，要特别注意。

①遇水反应物质。遇水反应物质能与水发生反应，有的生成易燃气体，有的生成腐蚀性气体，有的生成有毒气体，有的发生危险反应。如果用水处理遇水反应物质的泄漏事故，可能会使事态变得更加严重、复杂，给公众带来更大的危险，所以一般禁止用水处理。

②液化气体。处置液化气体泄漏时，切忌直接向泄漏部位直接射水，在条件允许的情况下，可采取向已泄漏的气体喷射雾状水的方法，驱赶或稀释已泄漏的气体。因为液化气体向环境中的泄放量与包装容器内的压力成正比，也就是与液化气体的温度有关。为了排出气体，液体必须汽化，而汽化是一个吸热过程，如果没有足够的外部热源，随着液体汽化，包装容器内的温度会降低，容器内的压力也会下降，泄漏量会越来越小。20℃时水的导热系数是空气的23倍，如果直接向泄漏部位射水，相当于提供了外部热源，液体会继续汽化，气体会源源不断地排入环境。有的物质（如

液氯）与水反应生成腐蚀性物质，如果用水处理，腐蚀将导致更严重的泄漏。

（5）确保人员安全原则

处置泄漏事故的危险性大，难度也大，处置前要周密计划、精心组织，处置过程中要科学指挥、严密实施，确保参与事故处置人员的人身安全。

①应从上风、上坡处接近现场，严禁盲目进入。

②应急指挥部应设在上风处，救援物资应放于上风处，防止事故发生变化危及指挥部和救援物资的安全。

③根据接触危险化学品的可能性，不同人员需配备必要、有效的个人防护器具。

④实施应急处置行动时，严禁单独行动，要有监护人，必要时可用水枪掩护。

二、泄漏源控制技术

泄漏源控制技术是指通过适当的措施控制危险化学品的泄放，这是应急处理的关键。只有成功地控制泄漏源，才能有效地控制泄漏。特别是气体泄漏，应急人员唯一能做的是止住泄漏。

如果泄漏发生在工艺设备或管线上，可根据生产情况及事故情况分别采取停车、局部打循环、改走副线、降压堵漏等措施控制泄漏源。如果泄漏发生在储存容器上或运输途中，可根据事故情况及影响范围采取外加包装、倒罐、堵漏等措施控制泄漏源。能否成功地控制泄漏源，取决于接近泄漏点的危险程度、泄漏孔的大小及形状、泄漏点处实际或潜在的压力、泄漏物质的特性。

1. 外加包装

最常见的外加包装是把小容器装入大容量的容器中。外加包装是处置容器泄漏最常用的方法，特别是运输途中发生的容器泄漏。在欧美等发达国家，运输危险化学品容器的车上都配备大号的外包装空容器，以便应对各种原因导致的容器泄漏。

当容器发生泄漏时，应尽可能将泄漏部位调整向上，并移至安全区域，再转移物料或采取适当方法修补。若容器损坏较严重，既无法转移，又无法修补时，可将容器套装入事先准备的大容器中或就地将物料转移到安全容器。

外加包装用的大容量容器应与处置的危险化学品相容，并符合有关部门的技术要求。

2. 工艺措施

工艺措施是有效处置化工、石油化工企业泄漏事故的技术手段。一般在制订应急预案时已予以考虑。发生泄漏事故时，必须由技术人员和熟练的操作工人具体实施。工艺措施主要包括关阀断料、火炬放空、紧急停车等。

（1）关阀断料

关阀断料是指通过关闭输送物料管道阀门，断绝物料源、制止泄漏的措施。关阀断料是处置工艺设备、管道泄漏最常用的方法。

当工艺设备、管道发生泄漏时，如果泄漏部位上游有可以关闭的阀门，且阀门尚未损小，应首先关闭有关阀门，泄漏自然会停止。

（2）火炬放空

火炬放空是指通过相连的火炬放空总管将部分或全部物料烧掉，防止燃烧、爆炸发生的方法。火炬放空是石油化工企业应对紧急情况常采用的方法。

（3）紧急停车

如果泄漏危及整个装置，视具体情况可以采取紧急停车措施，如停止反应，把物料退出装置区，送至罐区或火炬。

3. 堵漏

管道、阀门或容器壁发生泄漏，无法通过工艺措施控制泄漏源时，可根据泄漏部位、泄漏情况采取适当的堵漏方法封堵泄漏口，控制危险化学品的泄漏。

堵漏操作技术性强、危险性高，常常在带压状态下进行。实施前务必做好风险评估，努力做到万无一失。首先要对现场环境、泄漏介质、泄漏部位进行勘测，由专家、技术人员和岗位有经验的工人根据勘测情况共同研究制定堵漏方案，并由技术人员和熟练的操作工人严格按照堵漏方案具体实施。实施堵漏操作时，要以泄漏点为中心，在四周设置水幕、喷雾水枪或利用现场蒸汽管的蒸汽等对泄漏扩散的气体进行稀释或驱散，保护抢险人员。

常用的堵漏方法有调整法、机械紧固法、焊接法、黏接法、强压注胶法等。实际应用时，应根据泄漏发生的部位（如阀门、法兰、管道、设备等）、泄漏孔的大小及形状、泄漏点处实际或潜在的压力、泄漏物质的性质和现有装备,选择最安全、最有效的方法。

（1）调整法

这是一种通过调整操作、调整密封件的预紧力度或调整个别部件的相对位置来消除泄漏的方法。常用的调整法有关闭法、紧固法和调位法等。关闭法是对于关闭体不严导致管道内物料泄漏的情况采用的方法；紧固法是通过增加密封件的预紧力实现消漏的目的,如紧固法兰的螺丝,进一步压紧垫片、填料或阀门的密封面等；调位法是通过调整零部件间的相对位置来控制或减少非破坏性的渗漏,如调整法兰、机械密封等的间隙和位置。

（2）机械紧固法

这是一种对于泄漏部位采取机械方法构成新的密封层来堵住泄漏的方法,常用于设备、管道、容器的堵漏。常用的机械紧固法主要有卡箍法、塞楔法和气垫止漏法。

①卡箍法。卡箍法是将密封垫压在管道的泄漏口处,再套上卡箍,上紧卡箍上的螺栓而达到止漏的方法,适用于中低压介质的堵漏。堵漏工具由卡箍、密封垫和紧固螺栓组成。密封垫材料有橡胶、聚四氟乙烯、石墨等,卡箍材料有碳钢、不锈钢、铸铁等,应根据泄漏介质的具体情况选用卡箍材料和密封垫材料。

②塞楔法。塞楔法是利用韧性大的金属、木质、塑料等材料制成的圆锥体楔或斜挤塞入泄漏孔、裂缝、洞内而止漏的方法,适用于常压或低压设备发生本体小孔、裂缝的泄漏。塞楔材料主要有木材、塑料、铝、铜、低碳钢、不锈钢等,塞楔的形式有圆锥塞、圆柱塞、楔式塞等,应根据漏口形状和泄漏介质的性质来确定。

③气垫止漏法。气垫止漏法是通过特殊处理的、具有良好可塑性的充气袋（筒）在带压气体作用下膨胀,直接封堵泄漏处,从而控制危险化学品泄漏的方法,适用于低压设备、容器、管道本体孔洞、裂缝、管道断口的泄漏。一般来说,泄漏的介质为液体,温度不超过85~95℃。根据充气垫和泄漏口的相对位置,气垫止漏法分为气垫外堵法和气垫内堵法。

气垫外堵法。气垫外堵法是先将密封垫压在泄漏口处,再利用固定带将充气袋牢固地捆绑在泄漏的设备上,最后通过充气源（如气瓶或脚踏气泵）给气袋充气,气袋鼓起,对密封垫产生压力,从而将泄漏口堵住。气垫的充气压力一般不超过0.6MPa。

气垫内堵法。气垫内堵法是将充气袋塞入泄漏口,然后充气使之鼓胀,而将漏口堵塞住。气垫内堵法适用于堵塞地下的排水管道、断裂的管道断口等，要求泄漏介质的压力低于 1.0MPa。

(3) 焊接法

这是一种利用热能使熔化的金属将裂纹连成整体焊接接头或在可焊金属的泄漏缺陷上加焊一个封闭板来堵住泄漏部位的方法。根据处理方法不同，焊接法分为逆向焊接法和引流焊接法。

①逆向焊接法。逆向焊接法是利用逆向焊接过程中焊缝和焊缝附近的受热金属均受到很大的热应力作用的规律，使泄漏裂纹在低温区金属的压应力作用下发生局部收严而止住泄漏，焊接过程中只焊已收严无泄漏的部分，并且采取收严一段焊接一段、焊接一段又会收严一段，如此反复进行，直到全部焊合。

②引流焊接法。引流焊接法是利用金属的可焊性、将装闸板阀的引流器焊在泄漏部位上，泄漏介质由引流通道及闸板阀引出事故危险区域以外，待引流器全部焊牢后，关闭闸板阀，切断泄漏介质，达到密封的目的。

焊接法是一种技术性极强的工作，除了要求焊接人员取证上岗之外，还要求随机调整焊条、焊接电流、电弧长度、焊接层数、焊缝强化以及焊接手法来确保焊接质量。带压焊接过程中，常常会遇到平焊、立焊、仰焊及兼有 3 种焊接方法的复杂焊接位置及严格的焊接要求，焊接人员应根据具体情况对不同方法兼而用之。

(4) 黏接法

黏接法是一种直接或间接地利用黏接剂堵住泄漏部位的方法。这种方法适用于不宜动火且其他方法难以奏效的部位堵漏，不同的黏接剂适用于不同的温度、压力和介质，但是一般不适用于高温高压的环境。

黏接法包括填塞黏接法、顶压黏接法、紧固黏接法、磁力压固黏接法、引流黏接法、T 形螺栓黏接法。

①填塞黏接法。依靠人手产生的外力，将事先调配好的某种胶黏剂压在泄漏部位上，形成填塞效应，强行止住泄漏，并借助此种胶黏剂能与泄漏介质共存，形成平衡相的特殊性能，完成固化过程，达到堵漏的目的。

②顶压黏接法。利用大于泄漏介质压力的外力机构，首先迫使泄漏止住，然后对泄漏区域按黏接技术的要求进行必要的处理，如除锈、去污、打毛、脱脂等工序，再利用胶黏剂的特性将外力机构的止漏部件牢固地粘在泄漏部位上，待胶黏剂固化后，撤出外力机构，达到重新密封的目的。

③紧固黏接法。借助某种特制的卡具所产生的大于泄漏介质压力的紧固力，迫使泄漏停止，再利用胶黏剂或堵漏胶进行修补加固，达到堵漏的

目的。特制的卡具是根据泄漏部位的形状来设计制作的。

紧固黏接法进行堵漏作业结束后，其紧固机构是不能拆除的，必须靠其产生的紧固力来维持止住泄漏的密封比压，胶黏剂或堵漏胶只能起密封修补加固的作用。这是与顶压黏接法最大的不同之处。

④磁力压固黏接法。借助永磁材料产生的强大吸力使涂有胶黏剂或堵漏胶的非磁性材料与泄漏部位黏合而堵漏的方法。这种方法适用于处理温度小于150℃、压力小于2.0MPa的磁性材料上发生的泄漏。

该法的核心是磁铁的性能。目前我国已将铷铁硼强磁材料应用到带压密封技术中，取得了较好的效果。应注意：使用该法时存在磁场，会影响周边仪器、仪表及其他需要防磁的设备。

⑤引流黏接法。利用胶黏剂的特性，首先将具有极好降压、排放泄漏介质作用的引流器粘在泄漏点上，待胶黏剂充分固化后，封堵引流孔，实现密封的目的。该法的核心是引流器，引流器的形状必须根据泄漏缺陷的部位来确定，引流通道必须保证足够的泄流尺寸。引流黏接法用于处理温度小于300℃，压力小于1.0MPa，且具备操作空间的泄漏。

首先根据泄漏点的情况设计制作引流器，引流器的制作材料可以根据化学事故泄漏介质的物化参数、温度、压力等选用金属、塑料、木材、橡胶等，做好后的引流器应与泄漏部位有较好的吻合性。按黏接技术要求对泄漏表面进行处理，根据泄漏介质的物化参数选择快速固化胶黏剂或堵漏胶，并按比例调配好，涂于引流器的黏接表面，迅速与泄漏点黏合，这时泄漏介质就会沿着引流通道及引流螺孔排出作业面以外，而且不会在引流器内腔产生较大的压力，待胶黏剂或堵漏胶充分固化后，再用结构胶黏剂或堵漏胶及玻璃布对引流器进行加固，待加固胶黏剂或堵漏胶充分固化后，用螺钉封闭引流螺孔，完成带压密封作业。

⑥T形螺栓黏接法。在胶黏剂的配合下，利用T形螺栓的独特功能，使其自身固定在泄漏孔洞的内外壁面上，并通过螺栓的紧固力实现密封的目的。T形螺栓黏接法只能用于孔洞大、压力低的介质（如水、空气、煤气等）输送管道或容器出现的泄漏。

T形螺栓黏接法的操作方法有内贴式和外贴式两种。

a. 内贴式。内贴式适用于长孔及椭圆孔的带压密封作业。作业时首先清理泄漏缺陷周围的铁锈、油污等，最好露出金属光泽，根据泄漏介质参数选择好胶黏剂或堵漏胶，按泄漏孔洞选择合适的T形螺栓形式，制作一块密封垫板及两块顶压钢板，T形螺栓、密封垫板、顶压钢板应当能顺利进入到泄漏孔洞内,并能有效地盖住泄漏缺陷,四周的密封边缘有效宽度应大于 10mm。安装时,如果密封垫板、顶压钢板套在 T 形螺栓上难以装进泄漏孔洞内,可利用 T 形螺栓杆上的小孔,在小孔上安装铁丝,先穿顶压钢板,再穿密封垫板,然后向泄漏孔洞内安放,并轻轻收紧铁丝,摆好顶压钢板和密封垫板的位置(有效密封位置应事先做个记号),安装第二块顶压钢板,同时将泄漏缺陷处用事先调配好的胶黏剂或堵漏胶泥填充,拧紧螺母,直到泄漏停止。

b. 外贴式。外贴式适用于不规则的圆形孔洞。首先根据泄漏孔洞的大小设计制作 T 形螺栓,其前部活络横铁的长度应大于泄漏孔洞的最大直径或泄漏孔洞的断面最大几何尺寸,T 形螺栓规格应大于 M8;按泄漏孔洞的大小制作一橡胶密封垫片(或石墨圈)及顶压钢板,两者的尺寸应绝对大于泄漏孔洞。按黏接技术要求处理泄漏孔洞周围表面。按泄漏介质物化参数选择胶黏剂或堵漏胶,并按比例调配好,将胶黏剂或堵漏胶分别涂于泄漏孔洞四周及橡胶垫片的一侧,在 T 形螺栓杆的小孔上安装细铁丝,以防 T 形螺栓掉入泄漏容器或管道内,把 T 形螺栓插入到泄漏孔洞内,横位拉住,迅速将涂有胶泥的垫片和顶压钢板一起穿入 T 形螺栓上,拧紧螺母,这时顶压钢板、橡胶垫片就会紧紧地压在泄漏孔洞上,直到泄漏停止,之后再用胶黏剂或堵漏胶泥、玻璃布进行加固密封。

(5)强压注胶法

强压注胶法是先在泄漏部位建造一个封闭的空腔或利用泄漏部位上原有的空腔,然后再利用专门的注胶工具,把耐高温又具有受压变形的密封剂注入泄漏部位与夹具所形成的密封空腔内并使之充满,从而在泄漏部位形成密封层,在注胶压力远远大于泄漏介质压力的条件下,泄漏被强迫止住,密封剂在短时间内迅速固化,形成一个坚硬的新的密封结构,将漏口堵住,达到重新密封的目的。这种方法适用于本体泄漏、连接面泄漏、关闭件泄漏等几乎所有的泄漏,适用温度为 -200~800℃,适用压力为 0~32MPa。

①注入工具。注入工具是强压注胶法堵漏的关键手段,市场上可见手动、风动、液压传动等多种注入工具,常用的是手动液压油泵和手动螺旋推进器。其附件包括压力表、高压软管、注胶枪、夹具、接头等。注胶枪的动力来自油泵和推进器,不同的操作压力需要不同的推力,选择时要留有充分的余地。

②密封剂料。密封剂料种类多样,用途各异。可根据使用场合、介质

和操作条件选择不同配方的密封剂料。常用的密封剂料都是固化性、弹性很好的物质，常用合成橡胶作为基体母料，与催化剂、固化剂、添加剂和固体填充物等调配制成。使用时，密封剂料先在注入点处得到热量软化，进入空腔后开始固化，随之硬化成型。

密封剂料一般有热固性和非热固性两大类，品种齐全，基本上可以满足不同情况的要求。

4. 倒罐

倒罐是指通过人工、泵或加压的方法从泄漏或损坏的容器中转移出液体、气体或某些固体的过程。倒罐过程中所用的泵、管线、接头以及盛装容器应与危险化学品相匹配。当倒罐过程中有发生火灾或爆炸危险时，要注意电气设备的可靠性。

在无法实施堵漏且不及时采取措施随时可能有爆炸、燃烧或人员中毒危险的情况下，或虽已采取了简单堵漏措施但事故设备无法移离事故现场时，实施倒罐可以消除泄漏源，控制险情。储运设备发生泄漏时，常常采用该法控制泄漏源。

倒罐技术工艺复杂，对技术人员的要求很高，要根据现场情况，选择合适的倒罐方法，并充分论证方法的可行性、安全性。实施倒罐时，要遵循已制订的方案，切忌为了加快倒罐速度，采取蒸气、加热带加热等措施，对生产设备实施倒罐时，要注意事故设备内的压力不能低于 0.1MPa，否则事故设备内出现负压，空气会倒灌入内，形成爆炸性混合气体。

5. 转移

当液化气体、液体槽车发生泄漏，堵漏方法不奏效又不能倒罐时，可将槽车转移到安全地点处置。首先应在事故点周围的安全区域修建围堤或处置池，然后将罐内的液体导入围堤或处置池内，再根据危险化学品的性质采用相应的处置方法。如泄漏的物质呈酸性，可先将中和药剂（碱性物质）溶解于处置池中，再将事故设备移入，进而中和泄漏的酸性物质。

6. 点燃

点燃是针对高蒸气压液体或液化气体采取的一种安全处置方法。当泄漏无法有效控制、泄漏物的扩散将会引起更严重的灾害后果时，可采取点燃措施使泄漏出的易燃气体或蒸气在外来引火物的作用下形成稳定燃烧，控制、降低或消除泄漏毒气的毒害程度和范围，避免易燃和有毒气体扩散后达到爆炸极限而引发燃烧爆炸事故。

实施点燃前必须做好充分的准备工作，首先要确认危险区域内的人员已经撤离，其次担任掩护和冷却等任务的喷雾水枪手要到达指定位置，检测泄漏周边地区已无高浓度混合可燃气体后，使用安全的点火工具操作。

常用的点燃方法有铺设导火索（绳）点燃、使用长杆点燃、抛射火种点燃、使用电打火器点燃。应根据泄漏发生的部位、易燃气体扩散范围等情况选择合适的点火方法。操作人员要做好个人安全防护、保证人身安全。

三、泄漏物控制技术

泄漏物控制的主要目的是避免泄放的危险化学品引起火灾、爆炸以及对环境造成污染，带来次生灾害。泄漏物控制应与泄漏源控制同时进行。采取何种措施控制泄漏物，取决于泄漏后化学品的表现。对于气体泄漏物，可以采取喷雾状水、释放性气体等措施，降低泄漏物的浓度或燃爆危害。喷雾状水的同时，筑堤收容产生的大量废水，防止污染水体。对于液体泄漏物，可以采取适当的措施如筑堤、挖沟槽等阻止其流动。若液体易挥发，可以使用覆盖和低温冷却技术，减少泄漏物的挥发，若泄漏物可燃，还可以消除其燃烧、爆炸隐患。最后需将限制住的液体清除，彻底消除污染。与液体和气体相比，陆地上固体泄漏物的控制要容易得多，只要根据物质的特性采取适当方法收集起来即可。泄漏物控制技术分为陆地泄漏物围堵技术、水体泄漏物拦截技术、蒸气/尘云抑制技术、泄漏物处理技术、泄漏物转移技术。

1. 陆地泄漏物围堵技术

（1）修筑围堤

修筑围堤是控制陆地上的液体泄漏物最常用的方法。

围堤通常使用混凝土、泥土和其他障碍物临时或永久建成。常用的围堤有环形堤、直线形堤、V形堤等。通常根据泄漏物流动情况修筑围堤拦截泄漏物。如果泄漏发生在平地上，则在泄漏点周围修筑环形堤；如果泄漏发生在斜坡上，则在泄漏物流动的下方修筑V形堤。围堤也用来改变泄漏物的流动方向，将泄漏物导流到安全区域再处置。

利用围堤拦截泄漏物的关键除了泄漏物本身的特性外，就是确定修筑围堤的地点，它既要离泄漏点足够远，保证有足够的时间在泄漏物到达前修好围堤，又要避免离泄漏点太远，使污染区域扩大，带来更大的损失。

修筑围堤所用的工具也是根据泄漏的具体情况选择。小到铁锹、铲子，大到推土机都是修筑围堤常用的工具。如果泄漏物是易燃物，操作时要特别注意，避免发生火灾。

储罐区一般都建有围堰，当发生泄漏事故时，要及时关闭雨水排口，防止泄漏物沿雨水系统外流。如果泄漏物排入雨水、污水排放系统，应及时采取封堵措施，导入应急池，防止泄漏物排出厂外，对地表水造成污染。

（2）挖掘沟槽

挖掘沟槽也是控制陆地上的液体泄漏物最常用的方法。

通常也是根据泄漏物流动情况挖掘沟槽收容泄漏物。如果泄漏物沿一个方向流动，则在其流动的下方挖掘沟槽；如果泄漏物是四散而流，则围绕着泄漏区域挖掘环形沟槽。沟槽也用来改变泄漏物的流动方向，将泄漏物导流到安全区域再处置。

挖掘沟槽收容泄漏物的关键和修筑围堤一样，除了泄漏物本身的特性，也要确定沟槽的地点，它既要离泄漏点足够远，保证有足够的时间在泄漏物到达前挖好沟槽，又要避免离泄漏点太远，使污染区域扩大，带来更大的损失。

挖掘沟槽可用的工具也很多，如铁锹、铲子、挖土机都可以用。如果泄漏物是易燃物，操作时要特别注意，避免发生火灾。

（3）使用土壤密封剂

使用土壤密封剂的目的是避免液体泄漏物渗入土壤中污染泥土和地下水。一般泄漏发生后，应迅速在泄漏物要经过的地方使用土壤密封剂，防止泄漏物渗入土壤中。土壤密封剂既可以单独使用，也可以和围堤或沟槽配合使用；既可以直接撒在地面上，也可以带压注入地面下。

直接用在地面上的土壤密封剂分为反应性密封剂、不反应性密封剂和表面活性密封剂 3 类。

常用的反应性密封剂有环氧树脂、脲/甲醛和尿烷，这类密封剂要求在现场临时制成，能在恶劣的气候下较容易地成膜，但有一个温度使用范围。

常用的不反应性密封剂有沥青、橡胶、聚苯乙烯和聚氯乙烯，温度同样是影响这类密封剂使用的一个重要因素。

表面活性密封剂通常是防护剂如硅和氯碱化合物系列，已研制出的有织品类、纸类、皮革类及砖石围砌类，最常用的是聚丙烯酸酯的氟衍生物。

土壤密封剂带压注入地面下的过程称为灌浆。灌浆料由天然材料或化学物质组成。常用的天然材料有沙子、灰、膨润土及淤泥等，常用的化学物质有丙烯酰胺、尿素塑料、尿素甲醛树脂、木素、硅酸盐类物质等。通常天然材料适用于粗质泥土，化学物质适用于较细质的泥土。

所有类型的土壤密封剂都受气温及降雨等自然条件的影响。土壤表层及底层的泥土组分决定了密封剂是否能有效地发挥作用。操作必须由受过培训的专业技术人员完成，使用的土壤密封剂必须与泄漏物相容。

2. 水体泄漏物拦截技术

（1）修筑水坝

修筑水坝是控制小河流上的水体泄漏物最常用的拦截方法。

水坝通常使用混凝土、泥土和其他障碍物临时或永久建成。通常在泄漏点下游的某一点横穿河床修筑水坝拦截泄漏物，拦截点的水深不能超过10m。坝的高度因泄漏物的性质不同而不同。对于溶于水的泄漏物，修筑的水坝必须能收容整个水体；对于在水中下沉而又不溶于水的泄漏物，只要能把泄漏物限制在坝根就可以，未被污染的水则从坝顶溢流通过；对于不溶于水的漂浮性泄漏物，以一边河床为基点修筑大半截坝，坝上横穿河床放置管子将出液端提升至与进液端相当的高度，这样泄漏物被拦截，未被污染的水则从河床底部流过。

在修筑水坝拦截水溶性泄漏物时，一般可视现场情况采取上下游同时作业的方法：一方面组织人手沿河修筑拦河坝，阻止污染的河水下泄；另一方面在上游新开一条河道，让上游来的清洁水改走新河道，绕过事故污染地带，减轻拦河坝的压力。

修筑水坝受许多因素的影响，如河流宽度、水深、水的流速、材料等，特别是客观地理条件，有时限制了水坝的使用。

（2）挖掘沟槽

挖掘沟槽是控制泄漏到水体的不溶性沉块最常用的方法。通常只能在水深不大于15m的区域挖掘沟槽。风、波浪、水流都对挖掘作业有影响，有时甚至使挖掘作业无法进行，从而限制了此法的使用。

在水体中挖掘沟槽必须使用挖土机械如陆用挖土机、掘土机及水力式挖土机和抽力式挖土机。挖掘什么样的沟槽，则取决于泄漏物的流动。如果泄漏物沿一个方向流动，则在其下游挖掘沟槽；如果泄漏物是四散而流，则最好挖掘环形沟槽。

（3）设置表面水栅

设置表面水栅是收容水体的不溶性漂浮物较常用的方法。

通常充满吸附材料的表面水栅设置在水体的下游或下风向处，当泄漏物流至或被风吹至时将其捕获。当泄漏区域比较大时，可以用小船拖曳多个首尾相接的水栅或用钩子钩在一起，组成一个大栅栏拦截泄漏物。为了提高收容效率，一般设置多层水栅。

使用表面水栅收容泄漏物的效率取决于污染液流、风及波浪。如果液流流速大于 1n mile/h、浪高大于 1m，使用表面水栅无效。使用表面水栅的关键是栅栏材质必须与泄漏物相容。

(4) 设置密封水栅

设置密封水栅可用来收容水体的溶性泄漏物，也可以用来控制因挖掘作业而引起的浑浊。密封水栅结构与表面水栅相同，但能将整个水体限制在栅栏区域。

密封水栅只适用于底部为平面、液流流速不大于 2n mile/h、水深不超过 8m 的场合。密封水栅栅栏的材质必须与泄漏物相容。

3. 蒸气/尘云抑制技术

(1) 覆盖

覆盖是临时控制泄漏物蒸气和粉尘危害最常用的方法，即用合适的材料覆盖泄漏物，暂时减少蒸气或粉尘带来的大气危害。常用的覆盖材料有合成膜、泡沫、水等。

①合成膜覆盖。合成膜覆盖适用于所有固体和液体的陆地泄漏，也适用于水中的不溶性沉淀物。常用的合成膜材料有聚氯乙烯、聚丙烯、氯化聚乙烯、异丁烯橡胶等。这些材料可用作泄漏物收容池、处理池的衬里；可用来盖住固体泄漏物，避免其微粒再次扩散；可用来覆盖围堤或沟槽内的易挥发性液体泄漏物，减小其蒸气危害；可放置在水体泄漏物的上方，避免其流动或扩散。

合成膜覆盖在陆地泄漏中使用时，只适用于小泄漏，前提是应急人员能安全到达现场。对于大的泄漏区域，应急人员无法直接靠近，很难使用合成膜覆盖。在水体中应用时，只适用于不通航区域或浅水区。使用的合成膜材料必须与泄漏物相容。

②泡沫覆盖。使用泡沫覆盖来阻止泄漏物的挥发，降低泄漏物对大气的危害和泄漏物的燃烧性。泡沫覆盖必须和其他的收容措施（如围堤、沟槽等）配合使用。泡沫覆盖只适用于陆地泄漏物。

泡沫主要是作为灭火剂发展起来的。实际应用时，要根据泄漏物的特性选择合适的泡沫，选用的泡沫必须与泄漏物相容。常用的普通泡沫只适用于无极性和基本上呈中性的物质；对于低沸点、与水发生反应和具有强腐蚀性、放射性或爆炸性的物质，必须使用专用泡沫；对于极性物质，只能使用属于硅酸盐类的抗醇泡沫。目前，还没有一种泡沫可以抑制所有类型的易挥发性危险化学品蒸气。只有少数几种抗溶泡沫可以有限地用于多数类型的危险品，但它们也是对一些材料有效，而对另一些几乎不起作用。此外，泡沫的效率与许多因素有关，包括泡沫类型、泡沫 25% 的排出时间、泡沫的使用效率和泡沫覆盖的深度。

对于所有类型的泡沫，使用时建议每隔 30~60min 再覆盖一次，以便有效地抑制泄漏物的挥发。如果需要，这个过程可能一直持续到泄漏物处理完毕。

③水覆盖。对于密度比水大或溶于水但并不与水反应的物质，水覆盖能有效地抑制泄漏物的挥发，还可以将泄漏物导流至适宜的地方进行处理。但水覆盖仅限用在小泄漏场合，而且现场已备有围堤或沟槽收容变稀了的泄漏物。

对于碱金属或其他能与水反应的物质，严禁用水覆盖，以免发生爆炸或产生可燃气体。

（2）低温冷却

低温冷却是将冷冻剂散布于整个泄漏物的表面上，减少有害泄漏物的挥发。在许多情况下，冷冻剂不仅能降低有害泄漏物的蒸气压，而且能通过冷冻将泄漏物固定住。

影响低温冷却效果的因素有冷冻剂的供应、泄漏物的物理特性及环境因素。冷冻剂的供应将直接影响冷却效果。喷洒出的冷冻剂不可避免地要向可能的扩散区域分散，并且速度很快。整体挥发速率的降低与冷却效果成正比。

泄漏物的物理特性如当时温度下泄漏物的黏度、蒸气压及挥发率，对冷却效果的影响与其他影响因素相比很小，通常可以忽略不计。

环境因素如雨、风、洪水等将干扰、破坏形成的惰性气体膜，严重影响冷却效果。常用的冷冻剂有二氧化碳、液氮和冰。选用何种冷冻剂取决于冷冻剂对泄漏物的冷却效果和环境因素。应用低温冷却时必须考虑冷冻剂对随后采取的处理措施的影响。

①二氧化碳。二氧化碳冷却剂有液态和固态两种形式。液态二氧化碳通常装于钢瓶中或装于带冷冻系统的大槽罐中，冷冻系统用来将槽罐内蒸发的二氧化碳再液化。固态二氧化碳又称"干冰"，是块状固体，因为不能储存于密闭容器中，所以在运输中损耗很大。

液态二氧化碳应用时，先使用膨胀喷嘴将其转化为固态二氧化碳，再用雪片鼓风机将固态二氧化碳播撒至泄漏物表面。干冰应用时，先对其进行破碎，然后用雪片播撒器将破碎好的干冰播撒至泄漏物表面。播撒设备必须选用能耐低温的特殊材质。与液氮相比，液态二氧化碳有以下几大优点：

　　a. 因为二氧化碳槽罐装备了气体循环冷冻系统，所以是无损耗储存；

　　b. 二氧化碳罐是单层壁罐，液氮罐是中间带真空绝缘夹套的双层壁罐，这使得二氧化碳罐的制造成本低，在运输中抗外力性能更优；

　　c. 二氧化碳更易播撒。

　　二氧化碳虽然无毒，但是大量使用，可使大气中缺氧，从而对人产生危害，随着二氧化碳浓度的增大，危害就逐步加大。二氧化碳溶于水后，水中 pH 值降低，会对水中生物产生危害。

　　②液氮。液氮温度比干冰低得多，几乎所有的易挥发性有害物（氢除外）在液氮温度下皆能被冷冻，且蒸气压降至无害水平。液氮也不像二氧化碳那样，对水中生物的生存环境产生危害。

　　要将液氮有效地应用起来是很困难的。若用喷嘴喷射，则液氮一离开喷嘴就会全部挥发为气态。若将液氮直接倾倒在泄漏物表面上，则局部形成冰面，冰面上的液氮立即沸腾挥发，冷冻力的损耗很大。因此，液氮的冷冻效果大大低于二氧化碳，尤其是固态二氧化碳。液氮在使用过程中产生的沸腾挥发，有导致爆炸的潜在危害。

　　③湿冰。在某些有害物的泄漏处理中，湿冰也可用作冷冻剂。湿冰的主要优点是成本低、易于制备、易播撒。主要缺点是湿冰不是挥发而是融化成水，从而增加了需要处理的污染物的量。

4. 泄漏物处理技术

　　（1）通风

　　通风是去除有害气体和蒸气的有效方法，通风应当谨慎使用，不要用于固体粉末，并且对于沸点大于等于350℃的物质通常不使用。通风有时候可能会增加以下危险：

　　①粉末物质由于通风而扩散；

　　②局部通风可能造成液体泄漏物的快速蒸发，如果没有足够的新鲜空气补充，蒸气浓度将增大；

　　③由于高于爆炸上限的浓度将降低，使大气中危险化学品浓度处于爆炸极限之内。

　　（2）蒸发

　　当泄漏发生在不能到达的区域，泄漏量比较小，其他的处理措施又不能使用时，可考虑使用就地蒸发。

就地蒸发使用的能源是太阳能。对于能产生易燃或有毒气体的泄漏区，必须进行连续监测报警，以确定处理过程中有害气体的浓度。

环境参数如大气温度、风速、风向等会影响蒸发速率，对于水体泄漏物，影响因素还有水温和泄漏物在水中所占的体积分数。

使用蒸发法时，要时刻注意防止有害气体扩散至居民区。

（3）喷水雾

喷水雾是控制有害气体和蒸气最有效的方法。对于溶于水的气体和蒸气，可喷雾状水吸收有害物，降低有害物的浓度；对于不溶于水的气体和蒸气，也可以喷水雾驱赶，通过雾状水使空气形成湍流，加大大气中有害物的扩散速度，使其尽快稀释至无危害的浓度，从而保护泄漏区内人员和泄漏区域附近的居民免受有害气体和蒸气的致命伤害。喷水雾还可用于冷却破裂的容器和冲洗泄漏污染区内的泄漏物。

使用此法时，将产生大量的被污染水。为了避免污染水流入附近的河流、下水道等区域，喷水雾的同时必须修筑围堤或挖掘沟槽收容产生的大量污水。污水必须予以处理或作适当处置。如果气体与水反应，且反应后生成的产物比自身危害更大，则不能用此法。

（4）吸收

吸收是材料通过润湿吸纳液体的过程。吸收通常与吸收剂体积膨胀相伴随。吸收是处理陆地上的少量液体泄漏物最常用的方法。很多材料可用作吸收剂，如蛭石、灰粉、珍珠岩、粒状黏土、破碎的石灰石等。选择时应重点考虑吸收剂与泄漏物间的反应性和吸收速率。

应注意被吸收的液体可能在机械或热的作用下重新释放出来。当吸收材料被污染后，它们将表现出被吸收液体的危险性，必须按危险废物处置。

（5）吸附

吸附是被吸附物（一般是液体）与固体吸附剂表面相互作用的过程。吸附过程会产生吸附热。所有的陆地泄漏和某些有机物的水中泄漏都可用吸附法处理。在大多数情况下，仅用吸附法处理不溶性、漂浮在水面上的泄漏物。吸附法处理泄漏物的关键是选择合适的吸附剂。常用的吸附剂有炭材料、天然有机吸附剂、天然无机吸附剂、合成吸附剂。

①炭材料。炭材料具有比表面积大、孔结构发达等优点，还具有耐热性、耐腐蚀性、耐辐射性、无毒害、不会造成二次污染、可再生重复使用等优异性质。炭材料是从水中除去不溶性漂浮物（有机物、某些无机物）

最有效的吸附剂。目前,应用的炭材料主要有活性炭、膨胀石墨、碳分子筛、碳纳米纤维、碳纳米管等。

现有的研究成果表明,炭材料不仅对水中溶解的有机物(如苯类化合物、酚类化合物、石油及石油产品等)具有较强的吸附能力,而且对于用生物法及其他方法难以去除的有机物,如色度、异臭异味、表面活性物质、除草剂、农药、合成洗涤剂、合成染料胺类化合物以及许多人工合成的有机化合物都有较好的去除效果。

②天然有机吸附剂。天然有机吸附剂由天然产品如木纤维、玉米秆、稻草、木屑、树皮、花生皮等纤维素和橡胶组成。这些材料要求具有憎水性。

天然有机吸附剂可以从水中除去油类和与油相似的有机物。

天然有机吸附剂具有价廉、无毒、易得等优点,但再生困难又成为一大缺陷。天然有机吸附剂的使用受环境条件如刮风、降雨、降雪、水流流速、波浪等的影响。在这些条件下,不能使用粒状吸附剂。粒状吸附剂只能用来处理陆地泄漏和相对无干扰的水中不溶性漂浮物。

③天然无机吸附剂。天然无机吸附剂是由天然无机材料制成的,常用的天然无机材料有黏土、珍珠岩、蛭石、膨胀页岩和天然沸石。根据制作材料分为矿物吸附剂(如珍珠岩)和黏土类吸附剂(如沸石)。

矿物吸附剂可用来吸附各种类型的烃、酸及其衍生物、醇、醛、酮、酯和硝基化合物;黏土类吸附剂能吸附分子或离子,并且能有选择地吸附不同大小的分子或不同极性的离子。黏土类吸附剂只适用于陆地泄漏物,对于水体泄漏物,只能清除酸。

由天然无机材料制成的吸附剂主要是粒状的,其使用受刮风、降雨、降雪等自然条件的影响。

④合成吸附剂。合成吸附剂是专门为纯的有机液体研制的,由各种有机聚合物如多脲、聚丙烯、多网眼树脂、沸石分子筛和无晶形硅酸盐制成。能再生是合成吸附剂的一大优点。

合成吸附剂能有效地清除陆地泄漏物和水体的不溶性漂浮物。对于有极性且在水中能溶解或能与水互溶的物质,不能使用合成吸附剂来清除。不能用合成吸附剂吸附无机液体。

常用的合成吸附剂有聚氨酯、聚丙烯和大孔型树脂。

聚氨酯能吸附并清除漂浮的有害物,但不能用来吸附处理大泄漏或高毒性泄漏物。聚氨酯可在现场破碎成薄膜或片、带使用。

聚丙烯能吸附无极性液体或溶液，但不能用来吸附处理大泄漏或高毒性泄漏物。聚丙烯应用范围比聚氨酯小。使用时片状聚丙烯吸附力损耗小。

最常用的两种大孔型树脂是聚苯乙烯和聚甲基丙烯酸甲酯。这些树脂能与离子类化合物发生反应，不仅具有吸附特性，还表现出离子交换特性。需要注意的是，不能采用加热解析法把吸附物从有机树脂吸附剂中分离，因为有机树脂受热将发生键断裂和氧化。

(6) 固化/稳定化

固化/稳定化就是通过加入能与泄漏物发生化学反应的固化剂或稳定剂使泄漏物转化成稳定形式，以便于处理、运输和处置。有的泄漏物变成稳定形式后，由原来的有害变成了无害，可原地堆放不需进一步处理；有的泄漏物变成稳定形式后仍然有害，必须运至废物处理场所进一步处理或在专用废弃场所掩埋。常用的固化剂有水泥、凝胶和石灰。

①水泥。水泥是一种无机胶结材料，能将沙、石等牢固地凝结在一起。水泥固化处理泄漏物就是利用水泥的这一特性，把泄漏物、水泥、添加剂一起搅拌混合，形成坚固的水泥固化体。通常使用普通硅酸盐水泥固化泄漏物。

对于含高浓度重金属的场合，使用水泥固化非常有效。由于水泥具有较高的pH值，使得泄漏物中的重金属离子在碱性条件下，生成难溶于水的氢氧化物或碳酸盐等。某些重金属离子还可以固定在水泥基体的晶格中，从而可以有效地防止重金属的浸出。但镁盐、锑盐、锌盐、铜盐和盐增加固化时间，使强度降低，特别是高浓度硫酸盐对水泥有不利的影响，对于高浓度硫酸盐一般应使用低铝水泥。

有些泄漏物用水泥固化前必须进行预处理：酸性废液应先中和；一般固体含量越高，所需的水泥越少，但能通过674目筛网的不溶物不符合要求；对于相对不溶的金属氢氧化物，固化前必须防止溶性金属从固体产物中析出；高浓度（1%~5%）溶性或不溶性有机物可能对固化过程产生不利影响，固化前应加入黏土（如膨润土）吸收有机物；含氰化物时，在固化前要求预处理，以获得对化物的最佳破坏。

另外，若含有0.5%~5%的氨，将在水泥上产生氮气，必须小心处理。此时要求处理人员佩戴氨气滤毒罐式呼吸器。

水泥固化的优点是：有的泄漏物变成稳定形式后，由原来的有害变成了无害，可原地堆放不需进一步处理。

水泥固化的缺点是：大多数固化过程需要大量水泥，必须有进入现场的通道,有的泄漏物变成稳定形式后仍然有害,必须运至废物处理场所进一步处理或在专用废弃场所掩埋。

②凝胶。凝胶是一种特殊的分散体系,其中胶体颗粒或高聚物分子相互连接,搭成架子,形成空间网状结构,液体或气体充满在结构空中。凝胶通过胶凝作用使泄漏物形成固体凝胶体,从而使泄漏物固化。如果形成的凝胶体仍是有害物,需进一步处置。

选择凝胶时,最重要的问题是凝胶必须与泄漏物相容。使用凝胶的缺点是:风、沉淀和温度变化将影响其应用并影响胶凝时间;凝胶的材料是有害物,必须作适当处置或回收使用;使用时应加倍小心,防止接触皮肤和吸入。

③石灰。石灰固化是以石灰为固化剂,以粉煤灰、水泥窑灰为填料,将泄漏物进行固化的处理方法。石灰固化的原理是:基于水泥窑灰和粉煤灰中含有活性氧化铝和二氧化硅,能与石灰和水反应,经凝结、硬化后形成具有一定强度的固化体。

石灰固化的优点是:添加剂本身就是待处理的废物,可实现废物再利用,且来源广价格低。

石灰固化的缺点是:形成的大块产物需转移,石灰本身对皮肤和肺有腐蚀性,且固化的泄漏物不稳定,需要进一步处理。

(7) 中和

中和是向泄漏物中加入酸性或碱性物质形成中性盐的过程。用于中和处置的固体物质通常会对泄漏物产生围堵效果。中和的反应产物是水和盐,有时是二氧化碳气体。中和反应常常是剧烈的,由于放热和生成气体产生沸腾和飞溅,所以应急人员必须穿防酸碱的防护服、戴防烟雾呼吸器。可以通过降低反应温度和稀释反应物来控制飞溅。现场应用中和法要求最终pH值控制在6~9之间,反应期间必须监测pH值变化。

只有酸性有害物和碱性有害物才能用中和法处理。对于泄入水体的酸和碱或泄入水体后能生成酸和碱的物质,也可考虑用中和法处理。

对于陆地泄漏物,如果反应能控制,常常用强酸或强碱中和,这样比较经济。处理碱性泄漏物,常用的是盐酸、硫酸;处理酸性泄漏物,常用的是碳酸氢钠水溶液、碳酸钠水溶液、氢氧化钠水溶液,有时也用石灰、固体碳酸钠、苏打灰。氯泄漏也可以用碳酸氢钠水溶液、碳酸钠水溶液、氢氧化钠水溶液处理。

对于水体泄漏物,建议使用弱酸或弱碱中和,如果中和过程中可能产生金属离子，则必须用沉淀剂清除。常用的弱酸有醋酸、磷酸二氢钠，有时可用气态二氧化碳。磷酸二氢钠几乎能用于所有的碱泄漏。当氨泄入水中时，可以用气态二氧化碳来处理。常用的弱碱有碳酸氢钠、碳酸钠和碳酸钙。碳酸氢钠是缓冲盐，即使过量，反应后的 pH 值只有 8.3。碳酸钠溶于水后，碱性和氢氧化钠一样强，若过量，pH 值可达 11.4。碳酸钙与酸的反应速度虽然比钠盐慢，但因其不向环境加入任何毒性元素，反应后的最终 pH 值总是低于 9.4 而被广泛采用。如果非常弱的酸和非常弱的碱泄入水体，pH 值能维持在 6~9 之间，建议不使用中和法处理。

现场使用中和法处理泄漏物受下列因素限制：泄漏物的量，中和反应的剧烈程度，反应生成潜在的有毒气体的可能性，溶液的最终 pH 值能否控制在要求范围内。

（8）沉淀

沉淀是一个物理化学过程，通过加入沉淀剂使溶液中的物质变成固体不溶物而析出。常用的沉淀剂有氢氧化物和硫化物。

常用的氢氧化物有氢氧化钠、氢氧化钙和石灰，可用来处理陆地泄漏物。处理产生的泥浆必须作适当处置，不过沉淀产生的金属氢氧化物泥浆很难脱水，一般不用来处理水体泄漏物。如果生成的沉淀物能从水流中移走，也可以处理水体泄漏物。

常用的硫化物是硫化钠。对于重金属化合物的泄漏，硫化钠是一种有效的沉淀剂。对于铬酸盐、锰酸盐、钒酸盐这样的阴离子，因为能生成有毒的硫化氢，所以不能用硫化钠处理。

一般是硫化钠和氢氧化钠配合使用。每升含 18g 氢氧化钠和 85g 硫化钠的混合水溶液在室温下能长期储存，可用来沉淀泄漏物。

（9）生物处理

生物处理是一个生物化学转化过程，通过微生物、酶对有害物的分解使泄漏物生物降解，适用于陆地有机泄漏物和水体表面的有机泄漏物。

生物处理受泄漏物固有特性和环境因素的影响，只有满足下列条件的泄漏物才可以考虑用生物降解法处理：泄漏物是不含重金属的有机化合物；泄漏物既不是气体也不是高毒物，不需要立即清除；泄漏物可以生物降解。

具有复杂化学结构的化合物（如芳香族化合物和卤代脂肪族化合物）会阻碍生物降解，高浓度、高分子量和低溶解性的有机物也会阻碍生物降解。

使用生物处理法的最佳环境条件是：pH 值是 7.0~8.5，温度是 15~

35℃，氮和磷的营养水平，泥土的重量湿度是40%。

有时，泄漏物有可能破坏天然微生物群，为了使用生物处理法，必须排除灭菌因素，例如用中和法和稀释法都可能灭菌。有时，尽管天然微生物已被破坏，但可以加入特制的微生物致突变菌种，使生物处理法仍能用。在使用生物处理法之前，必须清除泄漏物中的块状物。

▼ 5. 泄漏物转移技术

转移技术是将被有害物污染的泥土、沉淀物或水转移到别处的一种方法。常用的泄漏物转移技术有抽取、挖掘、真空抽吸、撇取、清淤。

（1）抽取

对于陆地上的少量液体泄漏，最常用的方法是用泵将泄漏物抽入槽车或其他容器内。对于水中的固体和液体泄漏物，同样可采取抽取技术，而且非常方便、有效。对于水中的不溶性漂浮物，抽取是最常用的方法。如果泵能快速布置好，即能清除任何未溶解的溶性漂浮物。抽取也被用来清除不溶性沉积物，潜水者使用手提式装置确定沉积物的位置，然后抽入岸上或船上的容器中。

抽取使用的主要设备是泵。当使用真空泵时，要清除的有害物液位垂直高度（压头）不能超过11m。多级离心或变容泵在任何液位下都能用。需要注意的是，抽取所用的泵、管线、接头、盛装容器等与有害物必须相容。有时要求使用特殊的耐腐蚀、防爆泵。

（2）挖掘

挖掘，即用挖土机、铁锹等工具将被污染的泥土及泄漏物清除。一般根据泄漏物的类型和泄漏区域的大小确定选用何种工具。参与挖掘的人员必须配备合适的防护设备。挖掘出的污染泥土要运至许可污染物堆放的地点，然后采取固化、封装、溶剂萃取和干燥、生物处理等技术作适当处置。

挖掘适用于清除因液体和固体的陆地泄漏而带来的泥土污染。挖掘前，必须确定污染区域，建立严格的安全操作程序。如果污染物已从泄漏现场渗漏出去，则将挖掘作为清除手段是无效的。下列情况可选挖掘技术清除：含有低毒泄漏物的小泄漏区，泄漏物对饮用水的供应区有极大危害，仅用泵抽不能完全清除污染物，长期处理费用太高。

由于大量污染泥土的运输、处理费用很高，所以现实中罕见使用挖掘技术清除污染物。

（3）真空抽吸

真空抽吸用于清除陆地上的固体微粒和细尘粒。有的泄漏物只有真空抽吸才能将其收集起来。真空抽吸设备配备有多级过滤系统，能滤去抽取的空气中所含的粒状物及粉尘。

这种方法的优点在于不会导致物质体积增大。使用时应注意真空抽吸设备的材质必须与泄漏物相容。排出的空气应根据需要过滤或净化。是否采用真空抽吸法由危险化学品的性质决定。

（4）撇取

撇取是清除水面上的液体漂浮物最常用的方法。大多数撇取器是专为收集油类液体而设计的，含有塑料部件，塑料材质与许多有害物不相容。当用撇取器清除易燃泄漏物时，撇取器所用电机及其他电气设备必须是防爆型的。

（5）清淤

清淤即清除水底的淤泥，是除去水底不溶性沉淀使用的方法。清淤前，必须准确确定要清淤的区域及深度，将泄漏物对水栖生物和底栖生物的危害控制到最小。有时为了确定和标记出污染区，需要潜入水中作业。

选用何种设备和清理方法取决于下列情况：要清淤的沉淀物的类型及量，清淤现场的自然和水文特征，设备易得性。

大多数清淤设备受波浪和水流的影响。清淤要求水域最大波高不能超过 0.3~1m，最大水流流速不能超过 3~5n mile/h。清淤设备必须由专业人员操作。

第九节　危险化学品火灾爆炸事故应急处置

一、火灾爆炸事故概述

改革开放以来，我国化学工业发展迅速，生产规模不断扩大，危险化学品品种也不断增多，在危险化学品生产、使用、储存、运输、经营等诸环节中火灾、爆炸事故时有发生，个别事故造成了巨大的人员伤亡、财产损失和重大环境污染。

根据火灾、爆炸的成灾机理，发生火灾、爆炸均是由于化学品本身的燃烧或爆炸特性引起的。一方面，物质本身具有燃烧或爆炸的性质，如果达到引发条件，一旦控制不当，就会发生燃烧或爆炸事故；另一方面，物质虽然本身不具备燃烧或爆炸性质，但与其他物质接触时，也能够发生燃烧或爆炸事故，如不燃性的强氧化剂。因此，了解化学品的火灾与爆炸危害，正确处理化学品火灾与爆炸事故，对搞好危险化学品应急救援工作具有重要的意义。

二、火灾爆炸事故处置原则

危险化学品易发生火灾、爆炸事故，但不同化学品在不同情况下发生火灾、爆炸时，其扑救方法差异很大，若处置不当，不仅不能有效地扑灭火灾，反而会使灾情进一步扩大。此外，由于化学品本身及其燃烧产物大多具有较强的毒害性和腐蚀性，极易造成人员中毒、灼伤。因此，扑救危险化学品火灾是一项极其重要且非常危险的工作。

1. 处置原则

（1）先咨询情况、后处理的原则

应迅速查明燃烧或爆炸范围、燃烧或发生爆炸的引发物质及其周围物品的品名和主要危险特性，火势蔓延的主要途径，燃烧或爆炸的危险化学品及燃烧或爆炸产物是否有毒。

（2）先控制、后灭火的原则

危险化学品火灾有火势蔓延快和燃烧面积大的特点，应采取统一指挥、以快制快，堵截火势、防止蔓延，重点突破、排除险情，分割包围、速战速决的灭火战术。

发生爆炸时，迅速判断和查明再次发生爆炸的可能性和危险性，紧紧抓住爆炸后和再次发生爆炸之前的有利时机，采取一切可能的措施，全力制止再次爆炸的发生。

在扑救大型储罐火灾时，往往首先冷却周围罐和着火罐，保持着火罐稳定燃烧，待泄漏源得以控制后一举灭火。如果泄漏源不能控制，则采用控制燃烧的方式保持着火罐稳定燃烧。

（3）先救人、后救物的原则

坚持"以人为本"的原则。当发生火灾（爆炸）事故时，先救人后抢救重要物品，救人时要坚持先自救、后互救的原则。

（4）重防护、忌蛮干的原则

进行火情侦查、火灾扑救、火场疏散的人员应有针对性地采取自我防护措施，佩戴防护面具，穿专用防护服等。

扑救人员应位于上风或侧风位置，切忌在下风侧进行灭火。

（5）统一指挥、进退有序的原则

事故救援人员要听从现场指挥员的统一指挥、统一调动，坚守岗位，履行职责，密切配合，积极参与处置工作。要严格遵守纪律，不得擅自行动，防止出现现场混乱，严防各类事故的发生。

对有可能发生爆炸、爆裂、喷溅等特别危险需紧急撤退的情况，应按照统一的撤退信号和撤退方法及时撤退。撤退信号应格外醒目，能使现场所有人员都看到或听到，并应经常演练。

（6）清查隐患、不留死角的原则

火灾扑灭后，仍然要派人监护现场，消灭余火。对于可燃气体没有完全清除的火灾，应注意保留火种，直到介质完全烧完。对于在限制性空间发生的火灾，要加强通风，防止可燃、易燃气体积聚，引发二次火灾、爆炸。对于遇湿易燃物品和具有自热、自燃性质的物品，要清除彻底，避免后患。

火灾单位应当保护现场，接受事故调查，协助消防部门调查火灾原因，核定火灾损失，查明火灾责任；未经消防部门的同意，不得擅自清理火灾现场。

2. 火灾爆炸事故处置注意事项

（1）进入现场的注意事项

①现场应急人员应正确佩戴和使用个人安全防护用品、用具；
②消防人员必须在上风向或侧风向操作，选择地点必须方便撤退；
③通过浓烟、火焰地带或向前推进时，应用水枪跟进掩护；
④加强火场的通信联络，同时必须监视风向和风力；
⑤铺设水带时要考虑如发生爆炸和事故扩大时的防护或撤退；
⑥要组织好水源，保证火场不间断地供水；
⑦禁止无关人员进入。

（2）个体防护

①进入火场人员必须穿防火隔热服、佩戴防毒面具；
②必须用移动式消防水枪保护现场抢救人员或关闭火场附近气源闸阀的人员；
③如有必要身上还应绑上耐火救生绳，以防万一。

（3）火灾扑救

①首先尽可能切断通往多处火灾部位的物料源，控制泄漏源；
②主火场由消防队集中力量主攻，控制火源；
③喷水冷却容器，可能的话将容器从火场移至空旷处；
④处在火场中的容器突然发出异常声音或发生异常现象，必须马上

撤离；

⑤发生气体火灾，在不能切断泄漏源的情况下，不能熄灭泄漏处的火焰。

（4）不同化学品的火灾控制

正确选择最适合的灭火剂和灭火方法。火势较大时，应先堵截火势蔓延，控制燃烧范围，然后再逐步扑灭火焰。

三、灭火方法与灭火剂的选择

1. 灭火方法

我国现有灭火剂种类较多，一般分为5大类几十个品种，包括水系灭火剂、泡沫灭火剂、干粉灭火剂、气体灭火剂和金属火灾的特种灭火剂。使用时应根据火场燃烧物质的性质、状态、燃烧时间、燃烧强度和风向风力等因素正确地选择灭火剂，并与相应的消防设施配套使用，才能发挥最大的灭火效能，避免因盲目使用灭火剂而造成适得其反的结果，将火灾损失降到最低水平。

（1）火灾分类

火灾是在时间和空间上失去控制地燃烧所造成的灾害。不同的物质具有不同的物理特性和化学特性，燃烧也具有各自的特点。根据物质燃烧的特性，国家标准《火灾分类》（GB/T 4968—2008）将火灾分类由原来的4类更改为6类。

①A类火灾：固体物质火灾。这种物质通常具有有机物性质，一般在燃烧时能产生灼热的余烬。如木材、棉、毛、麻、纸张火灾等。

②B类火灾：液体或可熔化的固体物质火灾。如汽油、煤油、柴油、原油、甲醇、乙醇、沥青、石蜡火灾等。

③C类火灾：气体火灾。如煤气、天然气、甲烷、乙烷、丙烷、氢气火灾等。

④D类火灾：金属火灾。如钾、钠、镁、钛、锆、锂、铝镁合金火灾等。

⑤E类火灾：带电火灾。如物体带电燃烧的火灾。

⑥F类火灾：烹饪器具内的烹饪物（如动植物油脂）火灾。

（2）灭火原理

灭火就是破坏燃烧条件，使燃烧反应终止的过程，其基本原理可归纳为冷却、窒息、隔离和化学抑制4个方面。

①冷却。对一般可燃物来说，能够持续燃烧的条件之一就是它们在火焰或热的作用下达到了各自的着火温度。因此，将可燃物冷却到其燃点或闪点以下，燃烧反应就会中止。水的灭火机理主要是冷却作用。

②窒息。通过降低燃烧物周围的氧气浓度可以起到灭火的作用。各种可燃物的燃烧都必须在其最低氧气浓度以上进行，否则燃烧不能持续有效地进行，因此通过降低燃烧物周围的氧气浓度可以起到灭火的作用。通常使用的二氧化碳、氮气、水蒸气等的灭火机理主要是窒息作用。

③隔离。把可燃物与引火源或氧气隔离开来，燃烧反应就会自动中止。火灾发生时，关闭有关阀门，切断流向着火区的可燃气体和液体的通道；打开有关阀门，使已经发生燃烧的容器或受到火势威胁的容器中的液体可燃物通过管道导至安全区域，都是隔离灭火的措施。

④化学抑制。灭火剂与链式反应的中间体自由基反应，从而使燃烧的链式反应中断，使燃烧不能持续进行。常用的干粉灭火剂、卤代烷灭火剂的主要灭火机理就是化学抑制作用。

（3）灭火方法

灭火方法有多种多样，应根据发生火灾的情况，有的放矢进行扑救。灭火方法主要有以下几种：

①冷却法是降低燃烧物的温度，使温度低于燃烧物的燃点，火自然就会熄灭。用水直接喷洒在燃烧物上，以降低燃烧物的热量，把温度降低到该物质的燃点以下；用水喷洒在火源附近的建筑物或其他物体、容器上，使它们不受火焰辐射的威胁，避免起火或爆炸。

②窒息法是阻止空气流入燃烧区或用不燃物质冲淡空气，使燃烧物得不到足够的氧气而熄灭的灭火方法。具体方法有：用沙土、水泥、湿麻袋、湿棉被等不燃或难燃物质覆盖燃烧物，喷洒雾状水、干粉、泡沫等灭火剂覆盖燃烧物，用水蒸气或氮气、二氧化碳等惰性气体灌注发生火灾的容器、设备，密闭起火建筑、设备和孔洞，把不燃的气体或不燃液体（如二氧化碳、氮气、四氯化碳等）喷洒到燃烧物区域内或燃烧物上。

③隔离法是将正在燃烧的物质与周围未燃烧的可燃物质隔离或移开，中断可燃物质的供给，使燃烧因缺少可燃物而停止。具体方法有：把火源附近的可燃、易燃、易爆和助燃物品搬走；关闭可燃气体、液体管道的阀门，以减少和阻止可燃物质进入燃烧区；设法阻拦流散的易燃、可燃液体；拆除与火源相毗连的易燃建筑物，形成防止火势蔓延的空间地带。

④抑制灭火法是使灭火剂参与燃烧的连锁反应，使燃烧过程中产生的游

离基消失，形成稳定分子或低活性的游离基，从而使燃烧反应停止。具体方法有：灭火时，把灭火剂干粉、"1211"（二氟一氯一溴甲烷）、"1200"（二氟二溴甲烷）等足够量准确地喷射在燃烧区，使灭火剂参与和中断燃烧反应；同时要采取必要的冷却降温措施，以防止复燃。

2. 灭火剂的选择

灭火剂是指能够有效地破坏燃烧条件，即物质燃烧的 3 个要素（可燃物、助燃物和着火源），终止燃烧的物质。

根据灭火机理，灭火剂大体可分为物理灭火剂和化学灭火剂两大类。物理灭火剂主要是通过减少空气中的氧气浓度来达到灭火目的，化学灭火剂则是通过减少自由基的浓度而起灭火作用。

物理灭火剂不参与燃烧反应，它在灭火过程中起到窒息、冷却和隔离火焰的作用，在降低燃烧混合物温度的同时，稀释氧气，隔离可燃物，从而达到灭火的效果。物理灭火剂包括水、泡沫、二氧化碳、氮气、氩气及其他惰性气体。

化学灭火剂在燃烧过程中通过切断活性自由基（主要指氢自由基和氧自由基）的连锁反应而抑制燃烧。化学灭火剂包括卤代烷灭火剂、干粉灭火剂等。

（1）水及水系灭火剂

①水。水是最便利的灭火剂，具有吸热、冷却和稀释效果，它主要依靠冷却、窒息及降低氧气浓度进行灭火，常用于 A 类火灾的扑灭。

水在常温下具有较低的黏度、较高的热稳定性和较高的表面张力，但在蒸发时会吸收大量热量，能使燃烧物质的温度降低到燃点以下。水的热容量大，1kg 水温度升高 1℃需要 4.1868kJ 的热量，1kg 100℃的水汽化成水蒸气则需要吸收 2.2567kJ 的热量；同时，水汽化时，体积增大 1700 多倍，水蒸气稀释了可燃气体和助燃气体的浓度，并能阻止空气中的氧通向燃烧物，阻止空气进入燃烧区，从而大大降低氧的含量。

水可以用来扑救建筑物和一般物质的火灾，稀释或冲淡某些液体或气体，降低燃烧强度；浸湿未燃烧的物质，使之难以燃烧；还能吸收某些气体、蒸气和烟雾，有助于灭火，水能使某些燃烧物质的化学分解反应趋于缓和，并能降低某些易燃易爆物品（如黑色火药、硝化棉等）的爆炸和着火性能。

当水喷淋呈雾状时，形成的水滴和雾滴的比表面积将大大增加，增强了水与火之间的热交换作用，遇热能迅速汽化，吸收大量热量，以降低燃烧物的温度和隔绝火源，从而强化了其冷却和窒息作用。另外，对一些易溶于水的可燃、易燃液体还可起稀释作用，能吸收和溶解某些气体、蒸气和烟雾，如二氧化硫、氧化氮、氨等，对扑灭气体火灾、粉尘状的物质引起的火灾和吸收燃烧物产生的有毒气体都能起一定的作用。采用强射流产生的水雾可使可燃、易燃液体产生乳化作用，使液体表面迅速冷却、可燃蒸气产生速度下降而达到灭火的目的。

由于水与某些危险化学品会发生化学反应或加重事故后果，因此用水作为灭火剂进行灭火也有禁用范围，不适用水灭火的情况如下：

a. 不溶于水或密度小于水的易燃液体引起的火灾，若用水扑救，则水会沉在液体下层，被加热后会引起爆沸，形成可燃液体的飞溅和溢流，使火势扩大。密度大于水的可燃液体，如二硫化碳可以用喷雾水扑救，或用水封阻火势的蔓延。

b. 遇水产生剧烈燃烧物的火灾，如金属钾、钠、碳化钙等，不能用水，而应用沙土灭火。

c. 硫酸、盐酸和硝酸引发的火灾，不能用水流冲击，因为强大的水流能使酸飞溅，流出后遇可燃物质，有引起爆炸的危险。另外，酸溅在人身上，还会灼伤人。

d. 电气火灾未切断电源前不能用水扑救，因为水是良导体，容易造成触电。

e. 高温状态下化工设备的火灾不能用水扑救，以防高温设备遇冷水后骤冷，引起变形或爆裂。

②水系灭火剂。水系灭火剂是通过改变水的物理特性、喷洒状态而达到提高灭火的效能。细水雾、超细水雾灭火技术就是大幅增加水的比表面积，利用 $40\sim200\mu m$ 粒径的水雾在火场中完全蒸发，起到冷却效果好、吸热效率高的作用。采用化学方法，通过在水中加入少量添加剂，改变水的物理化学性质，提高水在物体表面的黏附性，提高水的利用率，加快灭火速度，主要用于 A 类火灾的扑灭。

水系灭火剂主要包括：

a. 强化水，增添碱金属盐或有机金属盐，提高抗复燃性能；

b. 乳化水，增添乳化剂，混合后以雾状喷射，可灭闪点较高的油品火，一般用于清理油品泄漏；

c. 润湿水，增添具有湿润效果的表面活性剂，降低水的表面张力，适用于扑救木材垛、棉花包、纸库、粉煤堆等火灾；

d. 滑溜水，增添减阻剂，减少水在水带输送过程中的阻力，提高输水距离和射程；

e. 黏性水，增添增稠剂，提高水的黏度，增强水在燃烧物表面的附着力，还能减少灭火剂的流失。

因此，发生火灾时，需选用水系灭火剂时，一定要先查看其简要使用说明，正确选用灭火剂。

(2) 泡沫灭火剂

泡沫灭火剂指能与水相融，并且可以通过化学反应或机械方法产生灭火泡沫的灭火剂，适用于 A 类、B 类和 F 类火灾的扑灭。

泡沫灭火剂的灭火主要是水的冷却和泡沫隔绝空气的窒息作用：

a. 泡沫的相对密度一般为 0.01~0.2，远小于一般的可燃、易燃液体，因此可以浮在液体的表面，形成保护层，使燃烧物与空气隔断，达到窒息灭火的目的；

b. 泡沫层封闭了燃烧物表面，可以遮断火焰的热辐射，阻止燃烧物本身和附近可燃物质的蒸发；

c. 泡沫析出的液体可对燃烧表面进行冷却；

d. 泡沫受热蒸发产生的水蒸气能够降低氧的浓度。

目前，常用的泡沫灭火剂主要有蛋白、氟蛋白、成膜氟蛋白、水成膜和 A 类泡沫灭火剂等。

①蛋白泡沫灭火剂（P）。蛋白泡沫灭火剂是以动物或植物性蛋白质的水解浓缩液为基料，加入适当的稳定剂、防腐剂和防冻剂等添加剂的起泡性液体。其主要成分是水和水解蛋白，按与水的混合比例分有 6% 和 3% 两种。

蛋白泡沫灭火剂主要用于扑救各种非水溶性可燃液体，如各种石油产品、油脂等 B 类火灾，也可用于扑救木材、橡胶等 A 类火灾。由于其具有良好的稳定性，因而被广泛用于油罐灭火中。此外，蛋白泡沫灭火剂的析液时间长，可以较长时间密封油面，常将其喷在未着火的油罐上防止火灾的蔓延。使用蛋白泡沫灭火剂扑灭原油、重油储罐火灾时，要注意可能引起的油沫沸溢或喷溅。

蛋白泡沫灭火剂与其他几种泡沫灭火剂相比，其主要优点是抗烧性能好、价格低廉。其主要缺点是流动性差、灭火速度慢和有异味、储存期短、易引起二次环境污染。

②氟蛋白泡沫灭火剂（FP）。向蛋白泡沫灭火剂中添加少许氟碳表面活性剂即成为氟蛋白泡沫灭火剂。氟蛋白泡沫灭火剂原料易得、价格低廉，

添加的氟碳表面活性剂改善了蛋白泡沫的流动性和疏泄能力，其中含有的二价金属离子增强了泡沫的阻热和储存稳定性，是目前国内使用最多的泡沫灭火剂。

氟蛋白泡沫灭火剂主要用于扑救各种非水溶性可燃液体和一般可燃固体火灾，被广泛用于扑救非水溶性可燃液体的大型储罐、散装仓库、生产装置、油码头的火灾及飞机火灾。在扑救大面积油类火灾中，氟蛋白泡沫与干粉灭火剂联用则效果更好。

氟蛋白泡沫灭火剂在灭火原理方面与蛋白泡沫灭火剂基本相同，但由于氟碳表面活性剂的加入，使其与普通蛋白泡沫灭火剂相比具有发泡性能好、易于流动、疏油能力强及与干粉相容性好等优点，其灭火效率大大优于普通蛋白泡沫灭火剂。它存在的缺点也是有异味、储存期短，易引起二次环境污染。

③成膜氟蛋白泡沫灭火剂（FFFP）。在氟蛋白泡沫的基础上通过加入氟碳表面活性剂和碳氢表面活性剂的复配物，进一步降低泡沫液的表面张力，使其在可燃液体上的扩散系数为正值，从而泡沫灭火剂可以迅速在燃烧液体表面上覆盖一层水膜，可以有效地阻止可燃液体蒸气向外挥发，其灭火速度也得到了进一步提高。这种泡沫灭火剂目前在一些欧洲国家有很广泛的使用，特别是在英国几乎全部采用这种灭火剂。

成膜氟蛋白泡沫灭火剂与氟蛋白泡沫灭火剂相比最大的优点是封闭性能好，抗复燃性强。其缺点也是受蛋白泡沫基料的影响大，储存期比较短。

④水成膜泡沫灭火剂（AFFF）。水成膜泡沫灭火剂是由成膜剂、发泡剂、泡沫稳定剂、抗烧剂、抗冻剂、助溶剂、防腐剂等组成，又称"轻水"泡沫灭火剂。

这种泡沫灭火剂与成膜氟蛋白泡沫灭火剂相似，在烃类表面具有极好的铺展性，能够在油面上形成一张"毯子"。在扑灭火灾时能在油类表面析出一层薄薄的水膜，靠泡沫和水膜的双重作用灭火，除了具有成膜氟蛋白泡沫灭火剂的在油面上流动性好，灭火迅速，封闭性能好，不易复燃等特点外，还有一个优点就是储存时间长。正是由于它的这些优点，自20世纪60年代末研发以来，水成膜泡沫灭火剂在世界各地得到了推广应用。后来又通过向其中加入一些高分子聚合物，阻止了极性溶剂吸收泡沫中的水分，可以减少极性溶剂对泡沫的破坏作用，使灭火剂泡沫能较长时间停留在极性溶剂燃料表面，最终达到扑灭极性溶剂（如醇、醚、酯、酮、胺等）的作用。

水成膜泡沫灭火剂可在各种低、中倍数泡沫产生设备中使用，主要用于 A 类、B 类火灾的扑灭，广泛用于大型油田、油库、炼油厂、船舶、码头、机库、高层建筑等的固定灭火装置，也可用于移动式或手提式灭火器等灭火设备，可与干粉灭火剂联用。

另外，抗溶水成膜泡沫灭火剂由于对极性溶剂有很强的抑制蒸发能力，形成的隔热胶膜稳定、坚韧、连续，能有效防止对泡沫的损坏，主要用于 A 类和 B 类火灾的扑灭，除可扑救醇、酯、醚、酮、醛、胺、有机酸等水溶性可燃、易燃液体火灾外，亦可扑救石油及石油产品等非水溶性物质的火灾，是一种多功能型泡沫灭火剂。

⑤A 类泡沫灭火剂。A 类泡沫灭火剂由西方国家在 20 世纪 80 年代研发成功，并很快在美国、澳大利亚、加拿大、法国、日本等国家迅速推广。

A 类泡沫灭火剂主要由发泡剂、渗透剂、阻燃剂、降凝剂、稳泡剂、增稠剂等组成，是一种配方型超浓缩产品，泡沫液渗透性好、电导率低、表面张力低，析液时间长、泡沫的稳定性高，该泡沫液能节约大量消防用水，具有较强吸热效能，能在可燃物的表面形成一层防辐射热的保护层。它还具有无毒、无污染性，能生物降解，属于绿色环保型灭火剂，是 21 世纪各国重点开发研究的新型泡沫灭火剂。

压缩空气泡沫系统（CAFS）是 A 类泡沫灭火技术的基础，新型 A 类泡沫灭火剂与 CAFS 技术的完美结合相对于传统意义上的 A 类泡沫灭火剂有着极大的优势。其主要优势如下：

a. 发泡倍数的可调性，消防人员在使用过程中可以根据不同的燃烧物、燃烧状态调整泡沫混合液中混入压缩空气的体积，从而产生由湿到干等不同类型的泡沫，最大限度地提高扑灭火灾的能力。

b. 析液时间的可控性，消防人员在灭火的同时可选择将析液时间较长、垂直表面附着力较强的泡沫覆盖在火灾周围的设施，以达到防火的目的。

c. 无毒、无污染性。由于新型 A 类泡沫灭火剂不但具有高效扑灭 A 类和 B 类火灾，而且更有很好的防火作用，因此一旦发生火灾，能有效保护其周围的建筑物。其主要适用于城市建筑消防、森林防火、石油化工企业、大型化工厂、化工材料产品仓库等。

（3）干粉灭火剂

干粉灭火剂一般分为 BC 干粉灭火剂、ABC 干粉和 D 类火灾专用干粉。在常温下，干粉是稳定的，当温度较高时，其中的活性成分分解为挥发成分，提高其灭火作用。为了保持良好的灭火性能，一般规定干粉灭火剂的储存温度不超过49℃。BC干粉灭火剂是由碳酸氢钠（92%）、活性白土（4%）、云母粉和防结块添加剂（4%）组成。ABC干粉灭火剂是由磷酸二氢钠（75%）和硫酸（20%）以及催化剂、防结块剂（3%）、活性白土（1.85%）、氧化铁黄（0.15%）组成。

超细干粉灭火剂是指90%粒径不大于20μm的固体粉末灭火剂。按其灭火性能分为BC超细干粉灭火剂和ABC超细干粉灭火剂两类，是目前国内外已使用的灭火剂中灭火浓度低、灭火速度快、效能高的品种之一。超细干粉灭火剂对大气臭氧层耗减潜能值（ODP）为零，温室效应潜能值（GWP）为零，对保护物无腐蚀，无毒无害，灭火后残留物易清理。

①干粉灭火剂的灭火原理。干粉灭火剂通常储存在灭火器或灭火设备中。除扑救金属火灾的专用干粉化学灭火剂外，干粉灭火剂主要通过在加压气体（二氧化碳或氮气）的作用下，将干粉从喷嘴喷出，形成一股雾状粉流，射向燃烧区。当喷出的粉雾与火焰接触、混合时，发生一系列的物理化学反应：

a. 干粉中的无机盐挥发性分解物，与燃烧过程中所产生的自由基或活性基团发生化学抑制和副催化作用，使燃烧的链反应中断而灭火；

b. 干粉的粉末落在可燃物表面外，发生化学反应，并在高温作用下形成一层玻璃状覆盖层，从而隔绝氧，进而窒息火灾；

c. 干粉中的碳酸氢钠受高温作用发生分解，其化学反应方程式为

$$2NaHCO_3 \longrightarrow Na_2CO_3 + H_2O + CO_2$$

该反应是吸热反应，反应放出大量的二氧化碳和水，水受热变成水蒸气并吸收大量的热能，起到一定的冷却和稀释可燃气体的作用。

②干粉灭火剂的适用范围。干粉灭火剂主要用于扑灭各种固体火灾（A类），非水溶性及水溶性可燃、易燃液体的火灾（B类），天然气和石油气等可燃气体火灾（C类），一般带电设备的火灾（E类）和动植物油脂火灾（F类）。干粉灭火剂本身是无毒的，但由于它是干燥、易于流动的细微粉末，喷出后形成粉雾，因此在室内使用不恰当时也可能对人的健康产生不良影响，如人在吸收了干粉颗粒后会引起呼吸系统发炎。将不同类型的干粉掺混在一起后，可能产生化学反应，产生二氧化碳气体并结块，有时还可能引起爆炸。另外，干粉的抗复燃能力较差。因此，对于不同物质发生的火灾，应选用适当的干粉灭火剂。

（4）气体灭火剂

在19世纪末期，气体灭火剂由西方发达国家开始使用，由于气体灭火

剂施放后对防护仪器设备无污染、无损害等，其防护对象也逐步扩展到各种不同的领域，气体灭火剂适用于扑灭A、B、C、E和F类火灾。

气体灭火剂种类较多，但得以广泛应用的仅有惰性气体灭火剂（如二氧化碳、烟烙尽灭火剂等）和卤代烷及其替代型灭火剂（如七氟丙烷、六氟丙烷、三氟甲烷和三氟碘甲烷）。

①惰性气体灭火剂。惰性气体灭火剂包括二氧化碳、烟烙尽灭火剂等。惰性气体的加入可以降低燃烧时的温度，起到冷却作用，另外，加入惰性气体，可使氧气浓度降低，起到窒息作用。

a. 二氧化碳灭火剂。二氧化碳灭火剂在通常状态下是无色无味的气体，相对密度为1.529，比空气重，价格低廉，获取、制备容易。在燃烧区内用二氧化碳稀释空气，可以减少空气的含氧量，从而降低燃烧强度。当二氧化碳在空气中的浓度达到30%~35%时，就能使火焰熄灭。因此早期的气体灭火剂主要采用二氧化碳。

由于在20世纪90年代后期，在没有完全能够替代卤代烷灭火剂的替代物出现前，二氧化碳灭火剂因具有不破坏大气臭氧层的特点，因此，被作为传统技术在各种不同防护场所重新得到普遍的应用，产品向多元化方向发展，系统的各种功能都趋于完善，工程设计运用灵活。

二氧化碳灭火器的灭火原理。二氧化碳主要依靠窒息作用和部分冷却作用灭火。二氧化碳具有较高的密度，约为空气的1.5倍。在常压下，液态的二氧化碳会立即汽化，一般1kg的液态二氧化碳可产生约$0.5m^3$的气体。因而，灭火时，二氧化碳气体可以排除空气而包围在燃烧物体的表面或分布于较密闭的空间中，降低可燃物周围或防护空间内的氧浓度，产生窒息作用而灭火。

二氧化碳灭火剂是以液态二氧化碳充装在灭火器内，当打开灭火器阀门时，液态二氧化碳就沿着虹吸管上升到喷嘴处，迅速蒸发成气体，体积扩大约500倍，同时吸收大量的热量，使喷筒内温度急剧下降，当降至-78.5℃时，一部分二氧化碳就凝结成雪片状固体。它喷到可燃物上时，能使燃烧物温度降低，并隔绝空气和降低空气中含氧量，从而使火熄灭。当燃烧区域空气含氧量低于12%，或者二氧化碳的浓度达到30%~35%时，绝大多数的燃烧都会熄灭。

二氧化碳灭火器的适用范围。由于二氧化碳不导电，不含水分，灭火后很快散逸，不留痕迹，不污损仪器设备，所以它适用于扑灭各种易燃液体火灾，特别适用于扑灭600V以下的电气设备、精密仪器、贵重生产设备、图书档案等火灾以及一些不能用水扑灭的火灾。

二氧化碳不能扑灭金属（如锂、钠、钾、镁、铝、锑、钛、镉、铂、钚等）及其氧化物、有机过氧化物、氧化剂（如氯酸盐、硝酸盐、高锰酸盐、亚硝酸盐、重铬酸盐等）的火灾，也不能用于扑灭如硝化棉、赛璐珞、火药等本身含氧的化学品的火灾。因为当二氧化碳从灭火器中喷出时，温度降低，使环境空气中的水蒸气凝集成小水滴，上述物质遇水发生化学反应，释放大量的热量，抵制了冷却作用，同时放出氧气，使二氧化碳的窒息作用受到影响。

二氧化碳灭火器的使用方法。在使用二氧化碳灭火器时，应首先将灭火器放稳在起火地点的地面，拔出保险销，一只手握住喇叭筒根部的手柄，另一只手紧握启闭阀的压把。对没有喷射软管的二氧化碳灭火器，应把喇叭筒往上扳 70°~90°使用时，不能直接用手抓住喇叭筒外壁或金属连接管，以防手被冻伤。在室外使用二氧化碳灭火器时，应选择上风方向喷射；在室内窄小空间使用时，灭火后操作者应迅速离开，以防窒息。二氧化碳灭火，主要是窒息作用，对有阴燃的物质则难以扑灭，应在火焰熄灭后，继续喷射二氧化碳，使空气中的含氧量降低。

b. 烟烙尽灭火剂。烟烙尽是一种气体灭火剂，主要由 52% 的氮气、40% 的氩气和 8% 的二氧化碳组成，美国商标名称为 INERGEN，是由美国安素公司（ANSUL）生产的一种新的气体灭火剂，它主要通过降低起火区域的氧浓度来灭火。由于烟烙尽是由大气中的基本气体组成的，因而对大气层没有耗损，在灭火时也不会参与化学反应，且灭火后没有残留物，故不污染环境。此外它还有较好的电绝缘性。由于其平时是以气态形式储存，所以喷放时，不会形成浓雾或造成视野不清，使人员在火灾时能清楚地分辨逃生方向，而且对人体基本无害。

但是该灭火剂的灭火浓度较高，通常须达到 37.5% 以上，最大浓度为 42.8%，因而灭火剂的消耗量比哈龙 1301 灭火剂要多，应用过程中其灭火时间也长于 1301 灭火剂。此外，与其他灭火系统相比，这种系统的成本较高，设计使用时应当综合考虑其性价比。

②卤代烷及其替代型灭火剂。卤代烷（哈龙）灭火剂具有电绝缘性好、化学性能稳定、灭火速度快、毒性和腐蚀性小、释放后不留残渣痕迹或者残渣少等优点，并且具有良好的储存性能和灭火效能，可用于扑救可燃固体表面火灾（A 类）、甲乙丙类液体火灾（B 类）、可燃气体火灾（C 类）、电气火灾（E 类）等。由于某些卤代烷灭火剂与大气层的臭氧发生反应，

致使臭氧层出现空洞，使生存环境恶化。人们近来关注甚多的一个专题就是为了保护大气臭氧层，限制和淘汰哈龙灭火剂，研究开发哈龙替代物。

我国政府于 1991 年 6 月加入《关于消耗臭氧层物质的蒙特利尔议定书》，国务院在 1993 年 1 月批准实施了《中国逐步淘汰消耗臭氧层物质国家方案》，将在 2010 年 1 月 1 日实现消耗臭氧层物质（简称 ODS）的生产和消费的同步淘汰。哈龙替代产品的研制工作也在世界范围内得到广泛的开展。但是迄今为止，尚未找到一种能在灭火性能和适用范围上可完全取代哈龙的替代型灭火剂。

哈龙替代物（包括气体类、液化气类）在国际上可划分为 4 大类：

a. HBFC——氢溴氟代烷；

b. HCFC——氢氟代烷类；

c. HFC236——六氟丙烷（FE36）、HFC227——七氟丙烷（FM200）、FIC——氟碘代烷类；

d. IG——惰性气体类，包括 IG01、IG55、IG541。

国际社会相继开发了多种不同的替代哈龙的灭火剂，其中被列为国际标准草案 ISO14520 的替代物有 14 种，综合各种替代物的环保性能及经济分析，七氟丙烷灭火剂是最具推广价值的，且其已在我国及国际社会得到广泛应用，该灭火剂属于含氢氟烃类灭火剂，由美国大湖公司研发，具有灭火浓度低、灭火效率高、对大气无污染等优点。

七氟丙烷灭火剂（HFC227ea，美国商标名称为 FM-200）是一种无色、几乎无味、不导电的气体，其化学分子式为 CF_3CHFCF_3，分子量为 170，密度大约为空气的 6 倍，采用高压液化储存。灭火机理为抑制化学链反应，其灭火原理及灭火效率与哈龙 1301 相类似，对于 A 类和 B 类火灾均能起到良好的灭火作用。七氟丙烷灭火剂不会破坏大气层，在大气中的残留时间也比较短，其环保性能明显优于哈龙 1301，其毒性较低，对人体产生不良影响的体积浓度临界值为 9%，并允许在浓度为 10.5% 的情况下使用 1min。七氟丙烷的设计灭火浓度为 7%，因此，正常情况下对人体不会产生不良影响，可用于经常有人活动的场所。

七氟丙烷灭火剂适用于扑灭 A、B、C 类火灾。但七氟丙烷灭火剂不适用于如下材料所发生的火灾：

a. 无空气仍能迅速氧化的化学物质的火灾，如硝酸纤维火药等；

b. 活泼金属的火灾，如钠、钾、镁、钛和铀等；

c. 金属氧化物、强氧化剂、能自燃的物质的火灾；

d. 能自行分解的化学物质的火灾，如联胺。

(5) 气溶胶灭火剂

气溶胶是液体或固体微粒悬浮于气体分散介质中，直径在 0.5~1μm 之间的一种液体或固体微粒。它分为冷气溶胶和热气溶胶，反应温度高于 300℃ 的称为热气溶胶，反之是冷气溶胶。

①气溶胶灭火剂的灭火机理。气溶胶灭火剂生成的气溶胶中，气体与固体产物的比约为 6:4，其中固体颗粒主要是金属氧化物、碳酸盐或碳酸氢盐、炭粒以及少量金属碳化物，气体产物主要是氮气、少量的二氧化碳和一氧化碳。一般认为，固体颗粒气溶胶同干粉灭火剂一样，是通过吸热分解的降温、气相和固相的化学抑制以及惰性气体使局部氧含量下降等机理发挥灭火作用。但大量的试验表明，气溶胶灭火剂中气溶胶产物的释放速度及固体颗粒尺寸显著影响灭火效率；气溶胶灭火剂在相对封闭的空间释放后，空间中氧含量降低很少。

a. 物理抑制作用。由于气溶胶的粒径小，比表面大，因此极易从火焰中吸收热量而使温度升高，达到一定温度后固体颗粒发生熔化而吸收大量热量；气溶胶粒子易扩散，能渗透到火焰较深的部位，且有效保留时间长，在较短的时间内吸收火源所放出的一部分热量，使火焰的温度降低。

b. 化学抑制作用。化学抑制分为均相和非均相化学抑制作用，均相化学抑制起主导作用。均相过程发生在气相，固体微粒分解出的钾元素，以蒸气或离子形式存在，能与火焰中的自由基进行多次链反应。非均相过程发生在固体微粒表面，由于它们相对于活性基团氢、羟、氧的尺寸要大得多，因而能产生一种"围墙"效应，活性基团与固体微粒相碰撞时被瞬时吸附并发生化学反应，活性基团的能量被消耗在这个"围墙"上，导致断链反应，固体微粒起到了负催化的作用。气溶胶中的低浓度氨气对火焰的作用与卤代烷灭火剂的作用相似，有化学抑制作用，被用于贫煤矿的防火和灭火，但其效率低于固体微粒。

②气溶胶灭火剂的应用。气溶胶灭火剂主要适用于扑灭 A、B、C 和 D 类火灾，同常规气体灭火系统相比，气溶胶灭火装备保护舱室、仓库及发动机室等相对封闭空间和石油化工产品的储罐、舰船、飞机、汽车、内燃机车、电缆沟、电缆井、管道夹层等封闭或半封闭空间，同时也适用于开放式空间。国际上安装气溶胶灭火系统的工业设施有核电站控制室、军事设施、舰船机舱、电信设备室及飞机发动机舱等。

第三章 危险化学品安全条件及应急处置信息卡

本章收集整理了 76 种重点监管和特别管控危险化学品的理化特性、物料储存安全措施、物料运输安全措施和应急设施等信息，并重新编写成危险化学品安全条件及应急处置信息卡。本信息卡可为危险化学品生产经营企业、使用单位、消防人员、机关管理人员开展危险化学品安全管理工作提供技术参考，也可以作为处置危险化学品事故速查手册使用，在一定程度上弥补了现有信息卡未涉及工程领域应急管理措施的缺陷。

本使用说明主要包括两部分：第一部分信息卡内容；第二部分如何使用本信息卡。信息卡内容部分包括理化特性、物料储存安全措施、物料运输安全措施和应急措施 4 项，其中应急措施针对危险化学品储存、运输过程中可能会发生的泄漏、火灾事故，给出了具体的应急处置措施建议。

第一节 信息卡主要内容

危险化学品安全条件及应急处置信息卡包括理化特性、物料储存安全措施、物料运输安全措施和应急措施 4 部分内容。

1. 理化特性

危险化学品理化特性主要包括以下 5 方面：

①物质的 UN 号、CAS 号、分子式、分子量、熔点、沸点、相对蒸气密度、临界压力、临界温度、饱和蒸气压力、闪点、爆炸极限、自燃温度、最大爆炸压力。

②外观及形态。物质的颜色、形状、气味、溶解性等。

③综合危险性分类。依据《化学品分类和标签规范通则》（GB 30000.1—2013），将危险化学品按照其危险性分为 28 类。

④火灾爆炸特性。火灾和爆炸的类型及特点。

⑤毒性特性。外源化学物在一定条件下损伤生物体的能力。

上述理化特性可以帮助从业人员了解危险化学品的理化性质和潜在危

害,为实际作业过程中选择正确的防护措施提供参考。

2. 物料储存安全措施

物料储存安全措施包括以下两方面:

(1) 储存方式和储存状态

储存方式(瓶装、灌装等)根据物料的理化性质确定,储存状态指物料的温度、压力、状态等。

(2) 正常储存状态下主要安全措施及备用应急设施

正常储存状态下主要安全措施包括物料储存罐的最大储存量、监测感应装置、管道设备要求、厂房要求、防护措施及安全措施等。备用应急设施主要包括个体防护装备,应急逃生工具、备用储藏罐等。

根据不同的危险化学品特性,给出对应的储存方式和安全措施建议,并提供了相关应急装备、设施操作说明,为相关危险化学品生产经营企业、使用单位在制订方案时提供相关指导。

3. 物料运输安全措施

物料运输安全措施包括以下两方面:

(1) 运输车辆和储存状态

运输车辆类型(罐车、厢车等)根据物料的理化性质和相关国家标准确定,储存状态指物料的温度、压力、状态等。

(2) 正常运输状态下主要安全措施及备用应急设施

正常运输状态下主要安全措施涵盖了安全警示标志、防爆装置、通风设施、监测装置等。备用应急设施主要包括个体防护装备、应急逃生工具、堵漏装备等。

影响运输过程安全因素很多,如路况变化、天气变化、运输人员状态等,全部给出了物料运输时应采取的安全措施,为危险化学品的安全运输提供重要参考。

4. 应急措施

应急措施包括以下 3 方面:

(1) 企业配备应急器材

包括个体防护装备、防爆通信装备、监测报警设备、急救箱或急救包、消设施或清洁剂、应急处置工具箱等。

(2) 未着火情况下泄漏(扩散)处置措施

对小量和中量泄漏、大量泄漏、接口处泄漏都做了相应处置措施的介绍，方便响应人员有针对性地进行应急操作。

（3）火灾爆炸处置措施

包括可以使用的灭火剂类型和禁止使用的灭火器类型、个人防护装备、抢险装备以及发生火灾爆炸事故时的应急处置方法和流程。

危险化学品的泄漏和爆炸对于公共安全、人身安全、生产及周边环境都会造成严重破坏。企业必须提前做好相应的预防及应对措施，配置完备的应急设施和装备，才能有效减少事故的发生或者减轻事故造成的破坏和损失。

第二节　信息卡使用指引

1. 查询基础数据及管理措施

相关从业人员或管理人员可通过目录索引在本章中找到对应的危险化学品页面，在该页面中找到其对应的储存方式和储存状态、运输方式和运输状态等信息，并结合上述信息采取相应的储存和运输管理措施，配备相应的安全措施、应急设施和器材。

2. 处置危险化学品泄漏

（1）确定事故物质

应急处置或紧急救援人员从危险货物安全卡、货运单、化学品安全标签、化学品二维码上找到物质名称、UN 号、CAS 号等信息，确定泄漏物质。

（2）选定参考处置方案

根据现场情况确定泄漏源头和泄漏量，通过本书目录查找化学品名称所在页面，并根据第四部分的"未着火情况下泄漏（扩散）处置措施"，选定具体的现场应急处置方案（仅作参考）。

3. 处置危险化学品火灾爆炸

（1）确定事故物质

从危险货物安全卡、货运单、化学品安全标签、化学品二维码上找到物质名称、UN 号、CAS 号等，确定火灾爆炸物质。

（2）选定参考处置方案

通过化学品名称在本书中找到其对应页面，根据第四部分的"火灾爆炸处置措施"，选择合适的灭火器类型、防护装备、抢险设备、应急设备，选定具体的现场应急处置方案（仅作参考）。

第三节 危险化学品安全条件及应急处置信息卡目录索引

本节介绍了76种危险化学品安全条件及应危处置措施，具体介绍的危险化学品按介绍顺序列表3-1中。

表3-1 危险化学品目录

序号	物质
气态物质（常温下）：	
1	1，3-丁二烯
2	1-丙烯、丙烯
3	氨
4	二甲胺
5	二氧化硫
6	氟化氢、氢氟酸
7	环氧乙烷
8	甲醚
9	甲烷、天然气
10	磷化氢
11	硫化氢
12	氯
13	氯乙烯
14	氢
15	三氟化硼
16	碳酰氯
17	液化石油气
18	一甲胺
19	一氯甲烷
20	一氧化碳

续表

序号	物质
21	乙炔
22	乙烷
23	乙烯
液态物质（常温下）：	
24	苯（含粗苯）
25	苯胺
26	苯乙烯
27	丙酮氰醇
28	丙烯腈
29	丙烯醛、2-丙烯醛
30	丙烯酸
31	二硫化碳
32	过氧化苯甲酸叔丁酯
33	过氧化甲乙酮
34	过氧乙酸
35	环氧丙烷
36	环氧氯丙烷
37	甲苯
38	甲苯二异氰酸酯
39	甲醇
40	甲基肼
41	甲基叔丁基醚
42	硫酸二甲酯
43	六氯环戊二烯
44	氯苯
45	氯甲基甲醚
46	氯甲酸三氯甲酯

续表

序号	物质
47	汽油（含甲醇汽油、乙醇汽油）、石脑油
48	氰化氢、氢氰酸
49	三氯化磷
50	三氯甲烷
51	三氧化硫
52	四氯化钛
53	烯丙胺
54	硝化甘油
55	硝基苯
56	乙醇
57	乙醚
58	乙醛
59	乙酸乙烯酯
60	乙酸乙酯
61	异氰酸甲酯
62	原油
固态物质（常温下）：	
63	2，2′-2 偶氮二异丁腈
64	2，2′-偶氮-二-（2，4-二甲基戊腈）
65	N，N′-二亚硝基五亚甲基四胺
66	苯酚
67	高氯酸铵
68	过氧化（二）苯甲酰
69	氯酸钾
70	氯酸钠
71	氰化钾
72	氰化钠

续表

序号	物质
73	硝化纤维素
74	硝基胍
75	硝酸铵
76	硝酸胍

说明：以下表格中，"无资料"表示该数据理论存在但未经试验测出或已测出但未掌握该数据资料；"无意义"表示该物质的性质不符合某理化特性的概念（该物质无此理化特性），如闪点的概念是针对可燃液体和粉尘的，故对于不燃物质和一般非液体则无意义。

1，3-丁二烯

1. 理化特性

UN 号：1010	CAS 号：106-99-0
分子式：C_4H_6	分子量：54.09
熔点：-108.9℃	沸点：-4.5℃
相对蒸气密度：1.87	临界压力：4.33MPa
临界温度：152.0℃	饱和蒸气压力：245.27kPa（21℃）
闪点：-76℃	爆炸极限：1.4%~16.3%（体积分数）
自燃温度：415℃	引燃温度：415℃
最大爆炸压力：/（无资料）	综合危险性质分类：2.1类易燃气体
外观及形态：无色气体，有芳香味，易液化。在有氧气存在下易聚合。工业品含有0.02%的对叔丁基邻苯二酚阻聚剂。不溶于水，易溶于醇或醚，溶于丙酮、苯、二氯乙烷等有机溶剂。	

火灾爆炸特性	1. 火灾危险性分类：甲类。
	2. 特殊火灾特性描述：易燃，与空气混合能形成爆炸性混合物。接触热、火星、火焰或氧化剂易燃烧爆炸。若遇高热，可发生聚合反应，放出大量热量而引起容器破裂和爆炸事故。气体比空气重，能在较低处扩散到相当远的地方，遇火源会着火回燃。
毒性特性	具有麻醉和刺激作用，重度中毒出现酒醉状态、呼吸困难、脉速过快等，后转入意识丧失和抽搐。脱离接触后，迅速恢复。皮肤直接接触可发生灼伤或冻伤。职业接触限值：时间加权平均容许浓度（PC-TWA）为$5mg/m^3$。

2. 物料储存安全措施

储存方式和储存状态	1. 储存方式：瓶装、立罐、卧罐。
	2. 储存状态：常温/正压/气态。
正常储存状态下主要安全措施及备用应急设施	1. 主要安全措施： （1）易自聚不稳定位置应采取防止自聚措施。 （2）设置氮封系统，防止空气进入储罐。 （3）储存周期在两周以下时，设置水喷淋冷却系统，使储罐外表面温度保持在30℃以下。 （4）储存周期在两周以上时，设置低温冷却循环系统并采取添加阻聚剂措施，使丁二烯储存温度保持在-1℃以下。 （5）安全阀出口管道连接氮气吹扫管道。 （6）储罐等压力容器和设备应设置安全阀、压力表、液位计、温度计，并应装有带压力、液位、温度远传记录和报警功能的安全装置。 （7）重点储罐需设置紧急切断装置。 （8）储存场所设置防雷、防静电装置。 （9）储存场所设置可燃气体泄漏检测报警仪。 （10）钢瓶应配备完好的瓶帽、防震圈，立放时采取防止钢瓶倾倒的措施。 （11）储存场所设置安全警示标志。
	2. 备用应急设施： （1）防爆型排风机。 （2）安全淋浴和洗眼设备。 （3）冷却喷淋装置。

3. 物料运输安全措施

运输车辆和物料状态	1. 运输车辆种类：罐车、厢车。
	2. 容器内物料状态：常温低温/正压/气态液态。
正常运输状态下主要安全措施及备用应急设施	1. 主要安全措施： （1）使用安全标志类设施：标志灯、危险化学品标志牌和标记、三角警示牌。 （2）使用卫星定位装置、阻火器、轮挡。

正常运输状态下主要安全措施及备用应急设施	*罐车运输时： （1）使用防波板。 （2）装卸系统： ①装卸口由三道相互独立或串联的装置组成：第一道紧急切断阀，第二道外部截止阀或等效装置，第三道是盲法兰或等效关闭装置； ②装卸口设置阀门箱或防碰撞护栏等保护装置，且应设置有密封盖或密封式集漏器； ③使用装卸阀门； ④充装时使用万向节管道充装系统，严防超装。 （3）使用倾覆保护装置（罐体顶部设有安全附件和装卸附件时，且应设积液收集装置）。 （4）使用紧急切断装置（紧急切断阀、远程控制系统、过流控制阀及易熔合金塞组成）。 （5）使用导静电装置。 （6）使用仪表：压力表、液位计、温度计。 *厢车气瓶运输时： （1）使用限充限流装置、紧急切断装置、压力表、阻火器、装卸阀门。 （2）使用倾覆保护装置、三角木垫。 2. 备用应急设施：灭火器具、反光背心、便携式照明设备、防护性手套、眼部防护装备（如护目镜）、应急逃生面具、堵漏工具。

4. 应急措施

企业配备应急器材	正压式空气呼吸器、防静电工作服、气体浓度检测仪、防爆手电筒、防爆对讲机、急救箱或急救包、吸附材料、洗消设施或清洗剂、应急处置工具箱。
未着火情况下泄漏（扩散）处置措施	1. 小量、中量泄漏时： （1）侦检警戒疏散。根据液体流动和蒸气扩散的影响区域及有毒有害气体检测浓度划定初始警戒区，无关人员从侧风、上风向撤离至安全区，泄漏隔离距离至少为100m。 （2）消除所有点火源（泄漏区附近禁止吸烟、消除所有明火、火花或火焰、严禁使用非防爆类工具）。

未着火情况下泄漏（扩散）处置措施	（3）围堵收集泄漏物。应急处理人员戴合适的呼吸面具，用沙土或其他不燃材料吸收或使用洁净的无火花工具收集吸收。防止泄漏物进入水体、下水道、地下室或密闭性空间。 （4）稀释防爆。利用水枪喷射雾状水或开花水流稀释，禁止用强直流水柱直接冲击容器及泄漏物，以防产生爆炸。 （5）堵漏。制订堵漏方案，在水枪掩护下利用专业工具进行堵漏。 （6）倒罐输转。事故现场不能有效堵漏的情况下，可采取防爆泵抽取等输转措施转移至专用收容器内，倒罐必须由操作经验丰富的专业技术人员进行，同时用水枪掩护。 （7）洗消收容。用防爆泵等器材对消防废水进行收容和地面洗消处理。 2. 大量泄漏时： （1）侦检警戒疏散。根据液体流动和蒸气扩散的影响区域及有毒有害气体检测浓度划定初始警戒区，无关人员从侧风、上风向撤离至安全区，下风向的初始疏散距离应至少为800m。 （2）消除所有点火源（泄漏区附近禁止吸烟、消除所有明火、火花或火焰、严禁使用非防爆类工具）。 （3）构筑围堤或挖坑收容。用抗溶性泡沫覆盖，减少蒸发。用防爆、耐腐蚀泵转移至槽车或专用收集器内。喷雾状水驱散蒸气、稀释液体泄漏物。防止泄漏物进入水体、下水道、地下室或密闭性空间。 （4）稀释防爆。利用水枪喷射雾状水或开花水流稀释，禁止用强直流水柱直接冲击容器及泄漏物，以防产生爆炸。 （5）堵漏。制订堵漏方案，在水枪掩护下利用专业工具进行堵漏。 （6）洗消收容。对泄漏处理人员及泄漏地面进行全面洗消。
火灾爆炸处置措施	1. 使用灭火剂类型： （1）可使用的类型：雾状水、抗溶性泡沫、二氧化碳、干粉、沙土。 （2）禁止使用的类型：直流水。 2. 个人防护装备：正压自给式空气呼吸器、防静电、防寒服、防护手套（高浓度下使用防毒面具、安全防护眼镜）。 3. 抢险装备：可燃气体检测仪、应急指挥车、泡沫消防车、化学洗消车抢险救援车、应急工具箱。

火灾爆炸处置措施	4. 应急处置方法、流程： *处置方法： （1）首先对储罐及周围环境进行检测，对着火情况进行侦查警戒，疏散无关人员和车辆，若出现阀门发出声响或罐体变色等爆裂征兆时，立即撤退至安全地带。 （2）切断火势蔓延途径，控制燃烧范围，使其稳定燃烧，防止爆炸。 （3）如果火势中有压力容器或有受到火焰辐射热威胁的压力容器，尽可能在水枪喷雾的掩护下疏散到安全地带，不能疏散的应部署足够水枪进行冷却保护。 *处置流程： （1）警戒疏散。 （2）围堤堵截。 （3）降温灭火。 （4）收容洗消。 *超出自身处置能力以外需要外部支援情况： （1）泄漏量、火势增大，需要响应升级。 （2）应急救援物资、器材消耗大，需要补充。 （3）发生爆炸。 （4）人员体力不支、数量不够。

1-丙烯、丙烯

1. 理化特性

UN 号：1077	CAS 号：115-07-1
分子式：C_3H_6	分子量：42.08
熔点：-185.25℃	沸点：-47.7℃
相对蒸气密度：1.5	临界压力：4.62MPa
临界温度：91.9℃	饱和蒸气压力：61158kPa（25℃）
闪点：-108℃	爆炸极限：1.0%~15.0%（体积分数）
自燃温度：455℃	引燃温度：455℃
最大爆炸压力：0.882MPa	综合危险性质分类：2.1 类易燃气体
外观及形态：无色气体，略带烃类特有的气味。微溶于水，溶于乙醇和乙醚。	
火灾爆炸特性	1. 火灾危险性分类：甲类。
	2. 特殊火灾特性描述：易燃，与空气混合能形成爆炸性混合物。遇热源和明火有燃烧爆炸的危险。与二氧化氮、四氧化二氮、氧化二氮等激烈化合，与其他氧化剂接触会剧烈反应。气体比空气重，能在较低处扩散到相当远的地方，遇火源会着火回燃。
毒性特性	主要经呼吸道侵入人体，有窒息及麻醉作用。个别人胃肠功能发生紊乱。直接接触液态产品可引起冻伤。

2. 物料储存安全措施

储存方式和储存状态	1. 储存方式：瓶装、球罐。
	2. 储存状态：常温/常压/气态。

正常储存状态下主要安全措施及备用应急设施	1. 主要安全措施： （1）储罐等压力容器和设备应设置安全阀、压力表、液位计、温度计，并应装有带压力、液位、温度远传记录和报警功能的安全装置。 （2）重点储罐需设置紧急切断装置。 （3）球罐设置注水设施。 （4）使用防雷、防静电装置。 （5）储存场所设置固定式可燃气体泄漏检测报警仪。 （6）设置安全警示标志。
	2. 备用应急设施： （1）防爆型排风机。 （2）安全淋浴和洗眼设备。

3. 物料运输安全措施

运输车辆和物料状态	1. 运输车辆种类：专用槽车、厢车。
	2. 容器内物料状态：常温/正压/气态。
正常运输状态下主要安全措施及备用应急设施	1. 主要安全措施： （1）使用安全标志类设施：标志灯、危险化学品标志牌和标记、三角警示牌。 （2）使用卫星定位装置、阻火器、轮挡。 *槽车运输时： （1）使用防波板。 （2）使用阻火器（火星熄灭器）。 （3）使用导静电拖线。 （4）充装时使用万向节管道充装系统，严防超装。 （5）要有遮阳措施，防止阳光直射。 *厢车气瓶运输时： （1）使用限充限流装置、紧急切断装置、安全泄压装置、压力表、阻火器、导静电装置、装卸阀门。 （2）使用倾覆保护装置、三角木垫。
	2. 备用应急设施：干粉灭火器、反光背心、防爆手电筒。

4. 应急措施

企业配备应急器材	正压式空气呼吸器、防静电工作服、气体浓度检测仪、防爆手电筒、防爆对讲机、急救箱或急救包、吸附材料、洗消设施或清洗剂、应急处置工具箱。
未着火情况下泄漏（扩散）处置措施	1. 储罐及其接管发生液相泄漏： （1）侦检警戒疏散。根据气体扩散的影响区域及气体检测浓度划定警戒区，无关人员从侧风、上风向撤离至安全区，泄漏隔离距离至少100m。如果为大量泄漏，下风向的初始疏散距离应至少为800m，具体以气体检测仪实际检测量为准。 （2）停止作业，关闭所有紧急切断阀，开启水雾喷淋系统，连接消防水枪，对泄漏出的丙烯进行驱散。 （3）堵漏。根据事故现场、管道或阀门等发生泄漏的部位、泄漏口形状及余压大小等情况，研制堵漏方案，采用不同方法实施。 （4）倒罐输转。实施倒罐作业，将储罐内的丙烯导入其他储罐内。
	2. 储罐及其接管发生气相泄漏： （1）侦检警戒疏散。根据气体扩散的影响区域及气体检测浓度划定警戒区，无关人员从侧风、上风向撤离至安全区，泄漏隔离距离至少100m。如果为大量泄漏，下风向的初始疏散距离应至少为800m。 （2）停止作业，切断与之相连的气源，开启水雾喷淋系统，根据现场情况，实施倒罐、抽空、放空等处理。
	3. 储罐第一道密封面发生泄漏： （1）侦检警戒疏散。根据气体扩散的影响区域及气体检测浓度划定警戒区，无关人员从侧风、上风向撤离至安全区，泄漏隔离距离至少100m。如果为大量泄漏，下风向的初始疏散距离应至少为800m。 （2）停止作业，关闭所有紧急切断阀，开启水雾喷淋系统，连接消防水枪，对泄漏出的丙烯进行驱散。 （3）堵漏。根据事故现场、管道或阀门等发生泄漏的部位、泄漏口形状及余压大小等情况，研制堵漏方案，采用不同方法实施。 （4）倒罐输转。实施倒罐作业，将储罐内的丙烯导入其他储罐内。

未着火情况下泄漏（扩散）处置措施	4. 与储罐相连的第一个阀门本体破损发生泄漏： （1）侦检警戒疏散。根据气体扩散的影响区域及气体检测浓度划定警戒区，无关人员从侧风、上风向撤离至安全区，泄漏隔离距离至少100m。如果为大量泄漏，下风向的初始疏散距离应至少为800m。 （2）停止作业，切断与之相连的气源，开启水雾喷淋系统，根据现场情况，实施倒罐、抽空、放空等处理。
火灾爆炸处置措施	1. 使用灭火剂类型： （1）可使用的类型：雾状水、泡沫、二氧化碳、干粉。 （2）禁止使用的类型：直流水。 2. 个人防护装备：正压自给式空气呼吸器、防静电、防寒服、防护手套（高浓度下使用防毒面具、安全防护眼镜）。 3. 抢险装备：气体浓度检测仪、堵漏器材、无人机、灭火机器人、应急指挥车、泡沫消防车、化学洗消车、抢险救援车、应急工具箱。 4. 应急处置方法、流程： ＊处置方法： （1）首先对储罐及周围环境进行检测，对着火情况进行侦查警戒，疏散无关人员和车辆，若出现阀门发出声响或罐体变色等爆裂征兆时，立即撤退至安全地带。 （2）切断火势蔓延途径，控制燃烧范围，使其稳定燃烧，防止爆炸。 （3）如果火势中有压力容器或有受到火焰辐射热威胁的压力容器，尽可能在水枪喷雾的掩护下疏散到安全地带，不能疏散的应部署足够水枪进行冷却保护。 ＊处置流程： （1）警戒疏散。 （2）围堤堵截。 （3）降温灭火。 （4）收容洗消。 ＊超出自身处置能力以外需要外部支援情况： （1）泄漏量、火势增大，需要响应升级。 （2）应急救援物资、器材消耗大，需要补充。 （3）发生爆炸。 （4）人员体力不支、数量不够。

氨

1. 理化特性

UN 号：1005	CAS 号：7664-41-7
分子式：NH_3	分子量：17.03
熔点：-77.7℃	沸点：-33.5℃
相对蒸气密度：0.7708	临界压力：11.40MPa
临界温度：132.5℃	饱和蒸气压力：1013kPa（26℃）
闪点：/（气体，无意义）	爆炸极限：15.7%~27.4%（体积分数）
自燃温度：630℃	引燃温度：651℃
最大爆炸压力：0.580MPa	综合危险性质分类：2.3 类有毒气体
外观及形态：常温常压下为无色气体，有强烈的刺激性气味。	
火灾爆炸特性	1. 火灾危险性分类：乙类。
	2. 特殊火灾特性描述：与空气混合能形成爆炸性混合物，遇明火、高热能引起燃烧爆炸。与氟、氯等能发生剧烈的化学反应。若遇高热，容器内压增大有开裂和爆炸的危险。
毒性特性	高毒，对眼、呼吸道黏膜有强烈刺激和腐蚀作用。急性氨中毒引起眼和呼吸道刺激症状，支气管炎或支气管周围炎，肺炎，重度中毒者可发生中毒性肺水肿。高浓度氨可引起反射性呼吸和心搏停止。可致眼和皮肤灼伤。时间加权平均容许浓度（PC-TWA）为 $20mg/m^3$，短时间接触容许浓度（PC-STEL）为 $30mg/m^3$。

2. 物料储存安全措施

储存方式和储存状态	1. 储存方式：瓶装、立罐、卧罐、球罐。
	2. 储存状态：常温低温/正压/气态液态。
正常储存状态下主要安全措施及备用应急设施	1. 主要安全措施： （1）储氨场所应设置氨气泄漏检测报警仪，使用防爆型的通风系统和设备。 （2）储罐等压力容器和设备应设置压力表、液位计、温度计，带远传报警的安全装置。 （3）液氨储罐进出口管线应设置双切断阀，其中一只出口切断阀为紧急切断阀。 （4）超过100m³的液氨储罐应设双安全阀，安全阀排气应引至回收系统或火炬排放燃烧系统。 （5）钢瓶应配备完好的瓶帽、防震圈，立放时采取防止钢瓶倾倒的措施。 （6）储存区域应设置安全警示标志。 （7）储存场所设置防雷、防静电设施。 2. 备用应急设施：事故风机、水雾喷淋系统和设备、灭火器具。

3. 物料运输安全措施

运输车辆和物料状态	1. 运输车辆种类：罐车、厢车。
	2. 容器内物料状态：常温低温/正压/气态液态。
正常运输状态下主要安全措施及备用应急设施	1. 主要安全措施： （1）使用安全标志类设施：标志灯、危险化学品标志牌和标记、三角警示牌。 （2）使用卫星定位装置、阻火器、轮挡。 ＊罐车运输时： （1）使用防波板。 （2）装卸系统： ①装卸口由三道相互独立或串联的装置组成：第一道紧急切断阀，第二道外部截止阀或等效装置，第三道是盲法兰或等效关闭装置；

正常运输状态下主要安全措施及备用应急设施	②装卸口设置阀门箱或防碰撞护栏等保护装置，且应设置有密封盖或密封式集漏器； ③装卸阀门； ④万向充装系统。 (3) 使用倾覆保护装置（罐体顶部设有安全附件和装卸附件时，且应设积液收集装置）。 (4) 使用紧急切断装置（紧急切断阀、远程控制系统、过流控制阀及易熔合金塞组成）。 (5) 导静电装置。 (6) 使用仪表：压力表、液位计、温度计。 ＊厢车气瓶运输时： (1) 使用限充限流装置、紧急切断装置、压力表、阻火器、装卸阀门。 (2) 使用倾覆保护装置、三角木垫。 2. 备用应急设施：灭火器具、反光背心、便携式照明设备、防护性手套、眼部防护装备（如护目镜）、应急逃生面具、堵漏工具。

4. 应急措施

企业配备应急器材	正压式空气呼吸器、长管式防毒面具、重型防护服、防静电工作服、防寒服，橡胶手套、便携式气体检测报警器、防爆手电筒、防爆对讲机、急救箱或急救包、吸附材、洗消设施或清洁剂、应急处置工具箱。
未着火情况下泄漏（扩散）处置措施	1. 小量和中量泄漏时： (1) 侦检警戒疏散。根据气体扩散的影响区域及现场泄漏气体检测浓度划定初始警戒区，无关人员从侧风、上风向撤离至安全区，初始隔离 30m，下风向疏散白天 100m、夜晚 200m，具体以气体检测仪实际检测量为准。 (2) 稀释降毒。穿内置正压自给式空气呼吸器的全封闭防化服，戴橡胶手套在泄漏容器四周设置水幕，并利用水枪喷射雾状水或开花水流进行稀释降毒，防止向外扩散。 (3) 收容处置产生的大量废水。

	（4）器具堵漏。根据事故现场、管道或阀门等发生泄漏的部位、泄漏口形状及余压大小等情况，研制堵漏方案，采用不同方法实施。 （5）洗消收容。用醋酸或其他稀酸中和。喷洒在污染区域或受污染体表面，或用吸附垫、活性炭等具有吸附能力的物质，吸收回收后，转移处理。 （6）现场恢复。残留的泄漏介质收集后送至废物处理站或移交环保部门处置。
未着火情况下泄漏（扩散）处置措施	2. 大量泄漏时： （1）侦检警戒疏散。根据气体扩散的影响区域及有毒有害气体检测浓度划定警戒区，无关人员从侧风、上风向撤离至安全区，初始隔离1500m，下风向疏散白天800m、夜晚2300m。 （2）稀释降毒。穿内置正压自给式空气呼吸器的全封闭防化服，戴橡胶手套在泄漏容器四周设置水幕，并利用水枪喷射雾状水或开花水流进行稀释降毒，防止向外扩散。 （3）洗消收容。用醋酸或其他稀酸中和。喷洒在污染区域或受污染体表面，或用吸附垫、活性炭等具有吸附能力的物质，吸收回收后收集至槽车或专用容器内进行安全处理。 （4）现场恢复。残留的泄漏介质收集后送至废物处理站或移交环保部门处置。
火灾爆炸处置措施	1. 使用灭火剂类型： （1）可使用的类型：雾状水、抗溶性泡沫、二氧化碳、沙土。 （2）禁止使用的类型：直流水。
	2. 个人防护装备：内置正压自给式空气呼吸器的全封闭防化服、氧气呼吸器、面罩式胶布防毒衣、防静电工作服、防化学品手套、过滤式防毒面具。
	3. 抢险装备：氨气气体浓度检测仪、吸附器材或堵漏器材、无人机、灭火机器人。

火灾爆炸处置措施	4. 应急处置方法、流程： ＊处置方法： （1）首先对储罐及周围环境进行检测，对着火情况进行侦查警戒，疏散无关人员和车辆，若阀门发出声响或罐体变色，立即撤离火场。 （2）切断气源，切断火势蔓延途径，控制燃烧范围，如果是输气管道泄漏着火，应首先设法关闭气源阀门，使火灾自动熄灭；若不能切断气源，不允许熄灭泄漏处的火焰。 （3）储罐或管道泄漏阀门无效时，应根据火势大小判断气体压力和泄漏口的大小及其形状，准备好相应的堵漏材料（如软木塞、橡皮塞、气囊塞、胶黏剂、弯管工具等）。 （4）用水冷却储罐或管壁，选用合适的灭火器灭火，火扑灭后，应立即用堵漏材料堵漏，同时用雾状水稀释和驱散泄漏出来的气体。 （5）消防人员必须穿防火防毒服，在上风向灭火。 （6）无法进行堵漏时，须冷却着火容器及其周围容器和可燃物品，控制着火势范围，直至燃气燃尽，火势自动熄灭。 ＊处置流程： （1）警戒疏散。 （2）切断气源。 （3）降温灭火/稳定燃烧。 ＊超出自身处置能力以外需要外部支援情况： （1）泄漏量、火势增大，需要响应升级。 （2）应急救援物资、器材消耗大，需要补充。 （3）发生爆炸。 （4）人员体力不支、数量不够。 ＊现场管控范围要求： 下风向的初始疏散距离应至少为1600m（具体还要根据现场实际情况确定）。

二甲胺

1. 理化特性

UN 号：1032	CAS 号：124-40-3
分子式：C_2H_7N	分子量：45.08
熔点：-92.2℃	沸点：7.0℃
相对蒸气密度：1.55	临界压力：5.31MPa
临界温度：164.5℃	饱和蒸气压力：203kPa（25℃）
闪点：-17.8℃	爆炸极限：2.8%~14.4%（体积分数）
自燃温度：400℃	引燃温度：400℃
最大爆炸压力：/（无资料）	综合危险性质分类：2.1类易燃气体
外观及形态：无色气体，高浓度的带有氨味，低浓度的有烂鱼味。易溶于水，溶于乙醇、乙醚。	
火灾爆炸特性	1. 火灾危险性分类：甲类。 2. 特殊火灾特性描述：易燃，与空气混合能形成爆炸性混合物。遇热源和明火有燃烧爆炸的危险。与氧化剂接触猛烈反应。气体比空气重，能在较低处扩散到相当远的地方，遇火源会着火回燃。
毒性特性	对眼和呼吸道有强烈刺激作用，吸入后引起咳嗽、呼吸困难，重者发生肺水肿。液态二甲胺可致眼和皮肤灼伤。职业接触限值：时间加权平均容许浓度（PC-TWA）为$5mg/m^3$，短时间接触容许浓度（PC-STEL）为$10mg/m^3$。

2. 物料储存安全措施

储存方式和储存状态	1. 储存方式：瓶装、立罐、卧罐。
	2. 储存状态：常温/正压/液态。

正常储存状态下主要安全措施及备用应急设施	1. 主要安全措施： （1）储存场所设置泄漏检测报警仪。 （2）储罐等压力容器和设备应设置安全阀、压力表、液位计、温度计，并应装有带压力、液位、温度远传记录和报警功能的安全装置。 （3）设置防雷、防静电装置。 （4）钢瓶应配备完好的瓶帽、防震圈，立放时采取防止钢瓶倾倒的措施。 （5）设置安全警示标志。 备用应急设施：防爆型照明、水雾喷淋系统和设备、防静电装置、灭火器具。

3. 物料运输安全措施

运输车辆和物料状态	1. 运输车辆种类：厢车。
	2. 容器内物料状态：常温/正压/气态。
正常运输状态下主要安全措施及备用应急设施	1. 主要安全措施： 厢车气瓶运输时： （1）使用限充限流装置、紧急切断装置、安全泄压装置、压力表、阻火器、导静电装置、装卸阀门。 （2）使用安全标志类设施：危险化学品标志牌和标记、三角警示牌。 （3）使用倾覆保护装置、三角木垫。
	2. 备用应急设施：灭火器具、反光背心、便携式照明设备、防护性手套、眼部防护装备（如护目镜）、应急逃生面具。

4. 应急措施

企业配备应急器材	正压式空气呼吸器、过滤式防毒面具、防护眼镜、防静电工作服、橡胶手套、气体浓度检查仪、手电筒、对讲机、急救箱或急救包、吸附材、洗消设施或清洁剂、应急处置工具箱。

未着火情况下泄漏（扩散）处置措施	1. 储罐储存小量和中量泄漏时： （1）侦检警戒疏散。根据气体扩散的影响区域及气体检测浓度划定警戒区，无关人员从侧风、上风向撤离至安全区；气体泄漏隔离至少为100m，具体以气体检测仪实际检测量为准。 （2）稀释降毒。穿内置正压自给式空气呼吸器的全封闭防化服，戴橡胶手套在泄漏容器四周设置水幕，并利用水枪喷射雾状水或开花水流进行稀释降毒，防止向外扩散。 （3）器具堵漏。根据事故现场、管道或阀门等发生泄漏的部位、泄漏口形状及余压大小等情况，研制堵漏方案，采用不同方法实施。 （4）倒罐输转。无法堵漏时，可用水枪进行掩护，采用疏导方法将二甲胺导入其他容器或储罐。 （5）化学中和。储罐、容器壁发生少量泄漏，使用喷淋系统喷射弱碱性雾状水，构筑围堤或挖坑收容液体泄漏物。用石灰粉吸收大量液体。用硫酸氢钠（$NaHSO_4$）中和。
	2. 与储罐连接的管道储存小量和中量泄漏时： （1）侦检警戒疏散。根据气体扩散的影响区域及气体检测浓度划定警戒区，无关人员从侧风、上风向撤离至安全区；气体泄漏隔离至少为100m，具体以气体检测仪实际检测量为准。 （2）稀释降毒。穿内置正压自给式空气呼吸器的全封闭防化服，戴橡胶手套在泄漏容器四周设置水幕，并利用水枪喷射雾状水或开花水流进行稀释降毒，防止向外扩散。 （3）关阀断源。泄漏点处在阀门下游且阀门尚未损坏时，在水枪掩护下进行关闭阀门、切断物料源的措施制止泄漏。若泄漏点处在阀门上游或关阀失败时，则选择合适的堵漏工具进行堵漏。 （4）倒罐输转。无法堵漏时，可用水枪进行掩护，采用疏导方法将二甲胺导入其他容器或储罐。
	3. 大量泄漏时： （1）侦检警戒疏散。根据气体扩散的影响区域及气体检测浓度划定警戒区，无关人员从侧风、上风向撤离至安全区；下风向的初始疏散距离应至少为800m，液体泄漏隔离距离至少为50m，在初始隔离的基础上加大下风向的疏散距离。 （2）稀释降毒。穿内置正压自给式空气呼吸器的全封闭防化服，戴橡胶手套在泄漏容器四周设置水幕，并利用水枪喷射雾状水或开花水流进行稀释降毒，防止向外扩散。 （3）化学中和。构筑围堤或挖坑收容液体泄漏物。用石灰粉吸收大量液体。用硫酸氢钠（$NaHSO_4$）中和。

火灾爆炸处置措施	1. 使用灭火剂类型： （1）可使用的类型：雾状水、抗溶性泡沫、干粉、二氧化碳。 （2）禁止使用的类型：直流水。 2. 个人防护装备：内置正压自给式空气呼吸器的全封闭防化服、氧气呼吸器、面罩式胶布防毒衣、防静电工作服、防化学品手套、过滤式防毒面具。 3. 抢险装备：气体浓度检测仪、吸附器材或堵漏器材、无人机、灭火机器人。 4. 应急处置方法、流程： ＊处置方法： （1）首先对储罐及周围环境进行检测，对着火情况进行侦查警戒，疏散无关人员和车辆，若阀门发出声响或罐体变色，立即撤离火场。 （2）用沙土或沙袋等封堵下水道口，关闭管网控制阀，防止泄漏油品进入水体、下水道、地下室或密闭性空间，防止消防废水污染环境。 （3）消防人员穿消防灭火战斗服从远处或使用水幕保护用干粉或抗溶性泡沫灭火。 （4）使用防爆泵等器材对消防废水进行收容和地面洗消处理。 ＊处置流程： （1）警戒疏散。 （2）围堤堵截。 （3）降温灭火。 （4）收容洗消。 ＊超出自身处置能力以外需要外部支援情况： （1）泄漏量、火势增大，需要响应升级。 （2）应急救援物资、器材消耗大，需要补充。 （3）发生爆炸。 （4）人员体力不支、数量不够。

二氧化硫

1. 理化特性

UN 号：1079	CAS 号：7446-09-5
分子式：SO_2	分子量：64.06
熔点：-75.5℃	沸点：-10℃
相对蒸气密度：2.25	临界压力：7.87MPa
临界温度：157.8℃	饱和蒸气压力：330kPa（20℃）
闪点：/(不燃，无意义)	爆炸极限：/(不燃，无意义)
自燃温度：/(不燃，无意义)	最小点火能：/(不燃，无意义)
最大爆炸压力：/(不燃，无意义)	综合危险性质分类：2.3 类有毒气体
外观形态及溶解性：无色有刺激性气味的气体。溶于水，水溶液呈酸性。溶于丙酮、乙醇、甲酸等有机溶剂。	
火灾爆炸特性	1. 火灾危险性分类：乙类。 2. 特殊火灾特性描述：本身不燃，但助燃。
毒性特性	对眼及呼吸道黏膜有强烈的刺激作用，大量吸入可引起肺水肿、喉水肿、声带痉挛而致窒息。液体二氧化硫可引起皮肤及眼灼伤，溅入眼内可立即引起角膜浑浊，浅层细胞坏死。严重者角膜形成瘢痕。职业接触限值：时间加权平均容许浓度（PC-TWA）为 $5mg/m^3$，短时间接触容许浓度（PC-STEL）为 $10mg/m^3$。

2. 物料储存安全措施

储存方式和储存状态	1. 储存方式：瓶装。
	2. 储存状态：常温/正压/气态。

正常储存状态下主要安全措施及备用应急设施	1. 主要安全措施： （1）储存场所设置二氧化硫泄漏检测报警仪。 （2）储罐等压力容器和设备应设置安全阀、压力表、液位计、温度计，并应装有带压力、液位、温度远传记录和报警功能的安全装置。 （3）储存场所设置通风设施或相应的吸收装置的联锁装置。 （4）重点储罐、输入输出管线等设置紧急切断装置。 （5）设置安全警示标志。
	2. 备用应急设施：安全淋浴和洗眼设备；配置便携式二氧化硫浓度检测报警仪。

3. 物料运输安全措施

运输车辆和物料状态。	1. 运输车辆种类：厢车。 2. 容器内物料状态：常温/正压/气态。
正常运输状态下主要安全措施及备用应急设施	1. 主要安全措施： ＊厢车气瓶运输时： （1）使用限充限流装置、紧急切断装置、压力表、阻火器、导静电装置、装卸阀门。 （2）使用安全标志类设施：危险化学品标志牌和标记、三角警示牌。 （3）使用倾覆保护装置。
	2. 备用应急设施：干粉灭火器、反光背心、应急逃生面具、胶布防毒衣。

4. 应急措施

企业配备应急器材	重型防护服、自吸过滤式防毒面具（全面罩）、正压自给式空气呼吸器、聚乙烯防毒服、橡胶手套、防爆手电筒、防爆对讲机、急救箱或急救包、吸附材料、洗消设施或清洁剂、应急处置工具箱。

未着火情况下泄漏（扩散）处置措施	1. 储罐及其接管发生液相泄漏： （1）侦检警戒疏散。根据气体扩散的影响区域及气体检测浓度划定警戒区，无关人员从侧风、上风向撤离至安全区，无关人员从侧风、上风向撤离至安全区，初始隔离60m，下风向疏散白天300m、夜晚1200m；具体以气体检测仪实际检测量为准。 （2）停止作业，关闭所有紧急切断阀，开启水雾喷淋系统，连接消防水枪，对泄漏出的二氧化硫进行驱散。设置碱池，进行废气处理。 （3）堵漏。根据事故现场、管道或阀门等发生泄漏的部位、泄漏口形状及余压大小等情况，研制堵漏方案，采用不同方法实施。 （4）洗消收容。将碱性溶液喷洒在污染区域或受污染体表面，或用吸附垫、活性炭等具有吸附能力的物质，吸收回收后，转移处理。 （5）现场恢复。残留的泄漏介质收集后送至废物处理站或移交环保部门处置。
	2. 储罐及其接管发生气相泄漏： （1）侦检警戒疏散。根据气体扩散的影响区域及气体检测浓度划定警戒区，无关人员从侧风、上风向撤离至安全区。 （2）停止作业，切断与之相连的气源，开启水雾喷淋系统，根据现场情况，实施倒罐、抽空、放空等处理。
	3. 储罐第一道密封面发生泄漏： （1）侦检警戒疏散。根据气体扩散的影响区域及气体检测浓度划定警戒区，无关人员从侧风、上风向撤离至安全区。 （2）停止作业，关闭所有紧急切断阀，开启水雾喷淋系统，连接消防水枪，对泄漏出的二氧化硫进行驱散。设置碱池，进行废气处理。 （3）堵漏。以合适工器具进行带压堵漏作业。
	4. 与储罐相连的第一个阀门本体破损发生泄漏： （1）侦检警戒疏散。根据气体扩散的影响区域及气体检测浓度划定警戒区，无关人员从侧风、上风向撤离至安全区。 （2）停止作业，切断与之相连的气源，开启水雾喷淋系统，根据现场情况，实施倒罐、抽空、放空等处理。

火灾爆炸处置措施	1. 使用灭火剂类型： （1）可使用的类型：抗溶性泡沫、干粉、二氧化碳、沙土。 （2）禁止使用的类型：水。
	2. 个人防护装备：内置正压自给式空气呼吸器的全封闭防化服、全棉防静电内外衣、防化学品手套、防化靴。
	3. 抢险装备：二氧化硫气体检测仪、应急指挥车、泡沫消防车、化学洗消车、抢险救援车、堵漏工具、应急工具箱。
	4. 应急处置方法、流程： ＊处置方法： （1）小火：用二氧化碳或雾状水灭火。 （2）大火：本品不燃，但周围起火时应切断气源。喷水冷却容器，尽可能将容器从火场移至空旷处。消防人员必须佩戴正压自给式空气呼吸器，穿全身防火防毒服，在上风向灭火。由于火场中可能发生容器爆破的情况，消防人员须在防爆掩蔽处操作。有二氧化硫泄漏时，使用细水雾驱赶泄漏的气体，使其远离未受波及的区域。 ＊处置流程： （1）警戒疏散。 （2）围堤堵截。 （3）降温灭火。 （4）收容洗消。 ＊超出自身处置能力以外需要外部支援情况： （1）泄漏量、火势增大，需要响应升级。 （2）应急救援物资、器材消耗大，需要补充。 （3）发生爆炸。 （4）人员体力不支、数量不够。

氟化氢、氢氟酸

1. 理化特性

UN 号：2197	CAS 号：10034-85-2
分子式：HF	分子量：20.01
熔点：-83.7℃	沸点：19.5℃
相对蒸气密度：1.27	临界压力：6.48MPa
临界温度：188℃	饱和蒸气压力：122kPa（25℃）
闪点：/（不燃，无意义）	爆炸极限：/（不燃，无意义）
自燃温度：/（不燃，无意义）	引燃温度：/（不燃，无意义）
最大爆炸压力：/（不燃，无意义）	综合危险性质分类：8 类酸性腐蚀性物质
外观及形态：无色气体，有强刺激性气味。	

火灾爆炸特性	1. 火灾危险性分类：不燃。 2. 特殊火灾特性描述：本品属于不燃物品。
毒性特性	高毒，有强烈的刺激和腐蚀作用。急性中毒可发生眼和上呼吸道刺激、支气管炎、肺炎，重者发生肺水肿。极高浓度时可发生反射性窒息。 职业接触限值：最高容许浓度（MAC）为 $2mg/m^3$。

2. 物料储存安全措施

储存方式和储存状态	1. 储存方式：瓶装、立罐、卧罐。 2. 储存状态：常温/正压/气态、液态。

正常储存状态下主要安全措施及备用应急设施	1. 主要安全措施： （1）储存场所设置氟化氢有毒气体检测报警仪。 （2）储罐等压力容器和设备应设置安全阀、压力表、液位计、温度计，并应装有带压力、液位、温度远传记录和报警功能的安全装置。 （3）重点储罐需设置紧急切断装置。 （4）设置安全警示标志。 （5）储存区设置围堰，地面进行防渗透处理。
	2. 备用应急设施：安全淋浴和洗眼设备并配备倒装罐或储液池吸液毡。

3. 物料运输安全措施

运输车辆和物料状态	1. 运输车辆种类：罐车、厢车。
	2. 容器内物料状态：常温/正压/气态、液态。
正常运输状态下主要安全措施及备用应急设施	1. 主要安全措施： （1）使用安全标志类设施：标志灯、危险化学品标志牌和标记、三角警示牌。 （2）使用卫星定位装置、轮挡。 ＊罐车运输时： （1）使用防波板。 （2）使用倾覆保护装置。 （3）装卸管路：根据罐体构造不同，设置2道或3道相互独立或串联的紧急切断阀、卸料阀及关闭装置。 （4）装卸口设置阀门箱或防碰撞护栏等保护装置，且应设置有密封盖或密封式集漏器。 （5）使用扶梯、罐顶操作平台及护栏。 （6）使用紧急切断装置。 （7）使用仪表：压力表、液位计、温度计。 ＊厢车运输时： （1）要有遮阳措施，防止阳光直射。 （2）使用倾覆保护装置、三角木垫。
	2. 备用应急设施：灭火器具、反光背心、便携式照明设备、防护性手套、眼部防护装备（如护目镜）、应急逃生面具、防爆铲、堵漏器具（如堵漏垫、堵漏袋）、眼部冲洗液。

4. 应急措施

企业配备应急器材	正压式空气呼吸器、重型防护服、橡胶耐酸碱服、过滤式防毒面具、防护眼镜、橡胶耐酸碱手套、防腐蚀工作服、便携式氟化氢气体检测器、防爆手电筒、防爆对讲机、急救箱或急救包、吸附材料、洗消设施或清洁剂、应急处置工具箱。
未着火情况下泄漏（扩散）处置措施	1. 储罐小量和中量泄漏时： （1）个体防护。须佩戴空气呼吸器、穿防腐蚀、防毒服、戴橡胶耐酸碱手套等。 （2）侦检警戒疏散。根据周边情况，影响区域及泄漏情况划定警戒区，隔离泄漏污染区，限制出入。 （3）如若涉及管线泄漏，关闭前置阀门，切断泄漏源。 （4）器具堵漏。据现场泄漏情况，研究制订堵漏方案，实施堵漏。 （5）倒罐输转。无法堵漏时，可用水枪进行掩护，利用工艺措施导流。 （6）覆盖清理。用水泥、泥土、沙土覆盖收集清理外泄物，将混合物存放于密封桶中作集中处理。 （7）化学中和。高浓度泄漏区，喷氨水或其他稀碱液中和，用石灰（CaO）、碎石灰石（$CaCO_3$）或碳酸氢钠（$NaHCO_3$）中和；将泄漏的氟化氢气导入氢氧化钠、碳酸钠等碱性溶液中，使其发生中和反应形成无害或低毒废水。 （8）洗消处理。 ①用大量清水进行洗消； ②洗消的对象：被困人员、救援人员及现场医务人员； ③废水收容。
	2. 储罐大量泄漏时： （1）个体防护。须佩戴空气呼吸器、穿全身消防服。 （2）侦检警戒疏散。根据周边情况，影响区域及泄漏情况划定警戒区，隔离泄漏污染区，限制出入；在原有初始隔离距离25m的基础上加大下风向的疏散距离。 （3）关闭前置阀门，切断泄漏源。 （4）器具堵漏： ①据现场泄漏情况，研究制订堵漏方案，实施堵漏； ②所有堵漏行动必须采取防爆措施，确保安全。

未着火情况下泄漏（扩散）处置措施	（5）倒罐输转。无法堵漏时，可用水枪进行掩护，利用工艺措施导流。 （6）覆盖清理。用水泥、泥土、沙土覆盖收集清理外泄物，将混合物存放于密封桶中作集中处理。 （7）化学中和。高浓度泄漏区，喷氨水或其他稀碱液中和，用石灰（CaO）、碎石灰石（$CaCO_3$）或碳酸氢钠（$NaHCO_3$）中和；将泄漏的氟化氢气导入氢氧化钠、碳酸钠等碱性溶液中，使其发生中和反应形成无害或低毒废水。 （8）洗消处理： ①用大量清水进行洗消； ②洗消的对象：被困人员、救援人员及现场医务人员； ③废水收容。

环氧乙烷

1. 理化特性

UN 号：1040	CAS 号：75-21-8
分子式：C_2H_4O	分子量：44.05
熔点：-112.2℃	沸点：10.4℃
相对蒸气密度：1.5	临界压力：7.19MPa
临界温度：195.8℃	饱和蒸气压力：145.91kPa（20℃）
闪点：<-18℃	爆炸极限：3.0%~100%（体积分数）
自燃温度：429℃	引燃温度：429℃
最大爆炸压力：0.970MPa	综合危险性质分类：2.1 类易燃气体
外观及形态：常温下为无色气体，低温时为无色易流动液体。易溶于水以及乙醇、乙醚等有机溶剂。	

火灾爆炸特性	1. 火灾危险性分类：甲类。 2. 特殊火灾特性描述：极易燃，蒸气能与空气形成范围广阔的爆炸性混合物，遇高热和明火有燃烧爆炸危险。蒸气比空气重，能在较低处扩散到相当远的地方，遇火源会着火回燃和爆炸。与空气的混合物快速压缩时，易发生爆炸。在无空气情况下，环氧乙烷也能被引燃进而爆炸分解；接触碱金属、氢氧化物或高活性催化剂如铁、锡和铝的无水氯化物及铁和铝的氧化物可大量放热，并可能引起爆炸。
毒性特性	可致中枢神经系统、呼吸系统损害，重者引起昏迷和肺水肿。可出现心肌损害和肝损害。可致皮肤损害和眼灼伤。职业接触限值：时间加权平均容许浓度（PC-TWA）为 $2mg/m^3$（皮）。 国际癌症研究机构（IARC）认定为确认人类致癌物。

2. 物料储存安全措施

储存方式和储存状态	1. 储存方式：瓶装、球罐。
	2. 储存状态：常温/正压/气态。
正常储存状态下主要安全措施及备用应急设施	1. 主要安全措施： （1）储存场所应设置有毒气体泄漏检测报警仪。 （2）储罐等压力容器和设备应设置安全阀、压力表、液位计、温度计，并应装有带压力、液位、温度远传记录和报警功能的安全装置，重点储罐需设置紧急切断装置。 （3）设置安全警示标志。 （4）固定储罐设置水冷却喷淋装置。 （5）固定储罐采用外保冷不燃材料。 （6）固定储罐采用聚四氟乙烯密封垫片。 （7）采用防爆型照明、通风设施。 （8）设置防雷、防静电措施。
	2. 备用应急设施：事故风机、灭火器具。

3. 物料运输安全措施

运输车辆和物料状态	1. 运输车辆种类：罐车、厢车。
	2. 容器内物料状态：常温低温/正压/气态。
正常运输状态下主要安全措施及备用应急设施	1. 主要安全措施： （1）使用安全标志类设施：标志灯、危险化学品标志牌和标记、三角警示牌。 （2）使用卫星定位装置、阻火器、轮挡。 *罐车运输时： （1）运输环氧乙烷汽车罐车应符合以下要求： ①罐体材料应优先采用不锈钢或不锈钢复合板； ②物料装卸应采用上装上卸方式，装卸管道应为不锈钢金属波纹软管，不得采用带橡胶密封圈的快速连接接头； ③盛装环氧乙烷的汽车罐车应配置高纯氮气瓶，并应设有与罐体连接的接口。 （2）使用防波板。

正常运输状态下主要安全措施及备用应急设施	（3）装卸系统： ①装卸口由三道相互独立或串联的装置组成：第一道紧急切断阀，第二道外部截止阀或等效装置，第三道是盲法兰或等效关闭装置； ②装卸口设置阀门箱或防碰撞护栏等保护装置，且应设置有密封盖或密封式集漏器； ③使用装卸阀门； ④装卸软管及快装接头（应安装防止充装过程中因意外启动罐车，造成装卸软管拉断或装备损坏的装置）。 （4）使用倾覆保护装置（罐体顶部设有安全附件和装卸附件时，且应设积液收集装置）。 （5）使用紧急切断装置。 （6）使用仪表：压力表、液位计、温度计。 *厢车气瓶运输时： （1）使用限充限流装置、紧急切断装置、安全泄压装置、压力表、阻火器、导静电装置、装卸阀门。 （2）使用倾覆保护装置、三角木垫。 2. 备用应急设施：事故风机、灭火器具。

4. 应急措施

企业配备应急器材	正压式空气呼吸器、防静电工作服、便携式气体泄漏检测报警器、防爆手电筒、防爆对讲机、急救箱或急救包、应急处置工具箱。
未着火情况下泄漏（扩散）处置措施	1. 储罐储存小量和中量泄漏时： （1）侦检警戒疏散。根据气体扩散的影响区域及现场泄漏气体检测浓度划定初始警戒区，无关人员从侧风、上风向撤离至安全区，初始隔离 100m，下风向隔离 800m，具体以气体检测仪实际检测量为准。 （2）消除所有点火源（泄漏区附近禁止吸烟、消除所有明火、火花或火焰、严禁使用非防爆类工具）。 （3）围堵收集泄漏物。应急处理人员用沙土或其他不燃材料吸收或使用洁净的无火花工具收集吸收。防止泄漏物进入水体、下水道、地下室或密闭性空间。 （4）稀释防爆。

未着火情况下泄漏（扩散）处置措施	2. 大量泄漏时： （1）侦检警戒疏散。根据气体扩散的影响区域及现场泄漏气体检测浓度划定初始警戒区，无关人员从侧风、上风向撤离至安全区，初始隔离 300m，下风向隔离 800m，具体以气体检测仪实际检测量为准。 （2）消除所有点火源（泄漏区附近禁止吸烟、消除所有明火、火花或火焰、严禁使用非防爆类工具）。 （3）围堵收集泄漏物。应急处理人员用沙土或其他不燃材料吸收或使用洁净的无火花工具收集吸收。防止泄漏物进入水体、下水道、地下室或密闭性空间。 （4）稀释降毒。
火灾爆炸处置措施	1. 使用灭火剂类型： （1）可使用的类型：雾状水、泡沫、二氧化碳。 （2）禁止使用的类型：卤代烷灭火剂、直流水。 2. 个人防护装备：正压自给式空气呼吸器、防静电、防护手套（高浓度下：防毒面具、安全防护眼镜）。 3. 抢险装备：可燃气体检测仪、应急指挥车、泡沫消防车、化学洗消车抢险救援车、应急工具箱。 4. 应急处置方法、流程： ＊处置方法： （1）首先对槽车及周围环境进行检测，对着火情况进行侦查警戒，疏散无关人员和车辆，若出现阀门发出声响或罐体变色等爆裂征兆时，立即撤退至安全地带。 （2）切断火势蔓延途径，控制燃烧范围，使其稳定燃烧，防止爆炸。 ＊处置流程： （1）警戒疏散。 （2）切断泄漏源。 （3）控制爆炸，稳定燃烧。 ＊超出自身处置能力以外需要外部支援情况： （1）泄漏量、火势增大，需要响应升级。 （2）应急救援物资、器材消耗大，需要补充。 （3）发生爆炸。 （4）人员体力不支、数量不够。

甲醚

1. 理化特性

UN 号：1033	CAS 号：115-10-6
分子式：C_2H_6O	分子量：46.07
熔点：-141.5℃	沸点：-23.6℃
相对蒸气密度：1.6	临界压力：5.33MPa
临界温度：127℃	饱和蒸气压力：533.2kPa（20℃）
闪点：-41℃	爆炸极限：3.4%~26.7%（体积分数）
自燃温度：350℃	引燃温度：350℃
最大爆炸压力：/（无资料）	综合危险性质分类：2.1 类易燃气体
外观及形态：无色气体，有醚类特有的气味。溶于水、醇、乙醚。	
火灾爆炸特性	1. 火灾危险性分类：甲类。
	2. 特殊火灾特性描述：易燃气体。与空气混合能形成爆炸性混合物。接触热、火星、火焰或氧化剂易燃烧爆炸。接触空气或在光照条件下可生成具有潜在爆炸危险性的过氧化物。气体比空气重，能在较低处扩散到相当远的地方，遇火源会着火回燃。若遇高热，容器内压增大，有开裂和爆炸的危险。
毒性特性	对中枢神经系统有抑制作用，麻醉作用弱。吸入后可产生麻醉、窒息感。对皮肤有刺激性，引起发红、水肿、起疱，长期反复接触，可使皮肤敏感性增加。

2. 物料储存安全措施

储存方式和储存状态	1. 储存方式：瓶装、罐装。
	2. 储存状态：常温/正压/气态。

正常储存状态下主要安全措施及备用应急设施	1. 主要安全措施： （1）储存场所设置泄漏检测报警仪。 （2）储存场所设置防雷、防静电装置。 （3）储罐等容器和设备应设置液位计、温度计，并应装有带液位、温度远传记录和报警功能的安全装置，重点储罐需设置紧急切断装置。 （4）储存场所设置防爆通风系统。 （5）储存场所设置安全警示标志。 （6）钢瓶应配备完好的瓶帽、防震圈，立放时采取防止钢瓶倾倒的措施。 2. 备用应急设施： （1）事故风机。 （2）灭火器具。

3. 物料运输安全措施

运输车辆和物料状态	1. 运输车辆种类：罐车、厢车。 2. 容器内物料状态：常温、低温/正压/气态、液态。
正常运输状态下主要安全措施及备用应急设施	1. 主要安全措施： （1）使用安全标志类：标志灯、危险化学品标志牌和标记、三角警示牌。 （2）使用卫星定位装置、阻火器、轮挡。 槽车运输时： （1）使用防波板。 （2）使用阻火器（火星熄灭器）。 （3）使用导静电拖线。 （4）要有遮阳措施，防止阳光直射。 厢车气瓶运输时： （1）使用限充限流装置、紧急切断装置、安全泄压装置、压力表、阻火器、导静电装置、装卸阀门。 （2）使用倾覆保护装置、三角木垫。 2. 备用应急设施：干粉灭火器、反光背心、防爆手电筒。

4. 应急措施

企业配备应急器材	正压式空气呼吸器、防护眼镜、防静电工作服、防化学品手套、气体浓度检查仪、手电筒、对讲机、急救箱或急救包、洗消设施或清洁剂、应急处置工具箱。
未着火情况下泄漏（扩散）处置措施	1. 储罐及其接管发生液相泄漏： （1）侦检警戒疏散。根据气体扩散的影响区域及气体检测浓度划定警戒区，无关人员从侧风、上风向撤离至安全区，初始泄漏隔离距离100m。 （2）停止作业，关闭所有紧急切断阀，开启水雾喷淋系统，连接消防水枪，对泄漏出的甲醚进行驱散。如泄漏发生在储罐底部，应开启高压水向储罐内注水，气相甲醚向其他储罐连通回流，将甲醚浮到裂口以上，使水从破裂口流出。 （3）堵漏。以棉被、麻袋片包裹泄漏罐体本体，如接管泄漏，则用管卡型堵漏装置实施堵漏。 （4）倒罐输转。实施烃泵倒罐作业，将储罐内的甲醚倒入其他储罐内。
	2. 储罐及其接管发生气相泄漏： （1）侦检警戒疏散。根据气体扩散的影响区域及气体检测浓度划定警戒区，无关人员从侧风、上风向撤离至安全区，初始泄漏隔离距离100m。 （2）停止作业，切断与之相连的气源，开启水雾喷淋系统，根据现场情况，实施倒罐、抽空、放空等处理。
	3. 储罐第一道密封面发生泄漏： （1）侦检警戒疏散。根据气体扩散的影响区域及气体检测浓度划定警戒区，无关人员从侧风、上风向撤离至安全区，初始泄漏隔离距离100m。 （2）停止作业，关闭所有紧急切断阀，开启水雾喷淋系统，连接消防水枪，对泄漏出的甲醚进行驱散。 （3）启动高压水向储罐内注水，连通气相系统，将甲醚浮到裂口以上，使水从破裂口流出。 （4）堵漏。以法兰式带压堵漏设备进行堵漏作业。 （5）倒罐输转。实施烃泵倒罐作业，将储罐内的甲醚倒入其他储罐内。

未着火情况下泄漏（扩散）处置措施	4. 与储罐相连的第一个阀门本体破损发生泄漏： （1）侦检警戒疏散。根据气体扩散的影响区域及气体检测浓度划定警戒区，无关人员从侧风、上风向撤离至安全区，初始泄漏隔离距离100m。 （2）停止作业，切断与之相连的气源，开启水雾喷淋系统，根据现场情况，实施倒罐、抽空、放空等处理。
火灾爆炸处置措施	1. 使用灭火剂类型： （1）可使用的类型：雾状水、抗溶性泡沫、干粉、二氧化碳、沙土。 （2）禁止使用的类型：直流水。 2. 个人防护装备：正压自给式空气呼吸器、防静电、防寒服、防护手套（高浓度下：自吸过滤式防毒面具、安全防护眼镜）。 3. 抢险装备：可燃气体浓度检测仪、吸附器材或堵漏器材、无人机、灭火机器人。 4. 应急处置方法、流程： ＊处置方法： （1）首先对储罐及周围环境进行检测，对着火情况进行侦查警戒，疏散无关人员和车辆，若出现阀门发出声响或罐体变色等爆裂征兆时，立即撤退至安全地带。 （2）切断火势蔓延途径，控制燃烧范围，使其稳定燃烧，防止爆炸。 （3）如果火势中有压力容器或有受到火焰辐射热威胁的压力容器，尽可能在水枪喷雾的掩护下疏散到安全地带，不能疏散的应部署足够水枪进行冷却保护。 ＊处置流程： （1）警戒疏散。 （2）切断泄漏源。 （3）控制爆炸，稳定燃烧。 ＊超出自身处置能力以外需要外部支援情况： （1）泄漏量、火势增大，需要响应升级。 （2）应急救援物资、器材消耗大，需要补充。 （3）发生爆炸。 （4）人员体力不支、数量不够。

甲烷、天然气

1. 理化特性

UN 号：1971	CAS 号：74-82-8
分子式：CH_4	分子量：16.04
熔点：-182.5℃	沸点：-161.5℃
相对蒸气密度：0.6	临界压力：4.59MPa
临界温度：-82.6℃	饱和蒸气压力：53.32kPa（-168.8℃）
闪点：-188℃	爆炸极限：5.3%~15%（体积分数）
自燃温度：537℃	引燃温度：537℃
最大爆炸压力：/（无资料）	综合危险性质分类：2.1 类易燃气体
外观及形态：无色、无臭、无味气体。微溶于水，溶于醇、乙醚等有机溶剂。	
火灾爆炸特性	1. 火灾危险性分类：甲类。
	2. 特殊火灾特性描述：与空气混合能形成爆炸性混合物，遇明火、高热能引起燃烧爆炸。与氟、氯等能发生剧烈的化学反应。若遇高热，容器内压增大，有开裂和爆炸的危险。
毒性特性	空气中甲烷浓度过高，能使人窒息。当空气中甲烷浓度达 25%~30% 时，可引起头痛、头晕、乏力、注意力不集中、呼吸和心跳加速、精细动作障碍等，甚至因缺氧而窒息、昏迷。

2. 物料储存安全措施

储存方式和储存状态	1. 储存方式：瓶装、球罐。
	2. 储存状态：常温/正压/气态。

正常储存状态下主要安全措施及备用应急设施	1. 主要安全措施： （1）设置可燃气体监测报警仪，使用防爆型的通风系统和设备。 （2）储罐等压力容器和设备应设置安全阀、压力表、液位计、温度计，并应装有带压力、液位、温度远传记录和报警功能的安全装置，重点储罐需设置紧急切断装置。 （3）设置安全警示标志。 （4）采用防爆型照明、通风设施；储存区应备有泄漏应急处理设备。 （5）安装防雷、防静电接地设施。 （6）液化天然气储罐应配备两套独立的液位计。 2. 备用应急设施：事故风机、水雾喷淋系统和设备、灭火器具。

3. 物料运输安全措施

运输车辆和物料状态	1. 运输车辆种类：罐车、厢车。
	2. 容器内物料状态：常温/正压/气态
正常运输状态下主要安全措施及备用应急设施	1. 主要安全措施： （1）使用安全标志类：标志灯、危险化学品标志牌和标记、三角警示牌。 （2）使用卫星定位装置、阻火器、轮挡。 ＊罐车运输时： （1）使用防波板。 （2）装卸系统： ①装卸口由三道相互独立或串联的装置组成：第一道紧急切断阀，第二道外部截止阀或等效装置，第三道是盲法兰或等效关闭装置； ②装卸口设置阀门箱或防碰撞护栏等保护装置，且应设置有密封盖或密封式集漏器； ③使用装卸阀门； ④使用万向充装系统。 （3）使用倾覆保护装置（罐体顶部设有安全附件和装卸附件时，且应设积液收集装置）。 （4）使用安全泄放装置（全启式弹簧安全阀与爆破片串联的组合装置，或单独安全阀）。 （5）使用紧急切断装置（紧急切断阀、远程控制系统、过流控制阀及易熔合金塞组成）。

正常运输状态下主要安全措施及备用应急设施	（6）使用导静电装置。 （7）使用仪表：压力表、液位计、温度计。 ＊厢车气瓶运输时： （1）使用限充限流装置、紧急切断装置、压力表、阻火器、装卸阀门。 （2）使用倾覆保护装置、三角木垫。
	2. 备用应急设施：灭火器具、反光背心、便携式照明设备、防护性手套、眼部防护装备（如护目镜）、应急逃生面具、堵漏工具。

4. 应急措施

企业配备应急器材	正压式空气呼吸器、重型防护服、防护眼镜、防静电工作服、防化学品手套、气体浓度检查仪、防爆手电筒、对讲机、急救箱或急救包、应急处置工具箱。
未着火情况下泄漏（扩散）处置措施	1. 小量和中量泄漏时： （1）侦检警戒疏散。根据气体扩散的影响区域及现场泄漏气体检测浓度划定初始警戒区，无关人员从侧风、上风向撤离至安全区，初始隔离100m。 （2）稀释。在泄漏容器四周设置水幕，并利用水枪喷射雾状水进行稀释。 （3）堵漏： ①贴堵法：直接将封堵材料浸湿贴附在泄漏处，利用超低温的泄漏气体，自然对泄漏点进行封冻，适用于局部小面积或罐体裂缝泄漏； ②塞堵法：选取适量的非金属耐低温无机硬质材料或木质材料，尽可能按照漏洞形状、切削或加工成锥形，在加工好的锥形缠裹棉织类物品，直接填塞漏洞并夯实，进行堵漏。
	2. 大量泄漏时： （1）侦检警戒疏散。根据气体扩散的影响区域及有毒有害气体检测浓度划定警戒区，无关人员从侧风、上风向撤离至安全区，下风向初始隔离800m。 （2）稀释。在泄漏容器四周设置水幕，并利用水枪喷射雾状水进行稀释。 （3）放空处置。无法堵漏时，需进行放空处理，控制周边一切火源。

火灾爆炸处置措施	1. 使用灭火剂类型： 　　（1）可使用的类型：泡沫、干粉、二氧化碳、沙土、水幕。 （2）禁止使用的类型：卤代烷灭火剂。
	2. 个人防护装备：隔热服、正压自给式空气呼吸器、防毒面具、消防灭火战斗服、防护眼镜、防护手套、高温手套。
	3. 抢险装备：气体浓度检测仪、吸附器材或堵漏器材、无人机、灭火机器人。
	4. 应急处置方法、流程： ＊处置方法： （1）首先对储罐及周围环境进行检测，对着火情况进行侦查警戒，疏散无关人员和车辆，若阀门发出声响或罐体变色，立即撤离火场。 （2）用沙土或沙袋等封堵下水道口，关闭管网控制阀，防止泄漏油品进入水体、下水道、地下室或密闭性空间，防止消防废水污染环境。 （3）消防人员穿消防灭火战斗服从远处或使用遥控水枪、水炮对容器进行降温，使用泡沫或干粉在上风向灭火，直至灭火结束。 （4）使用防爆泵等器材对消防废水进行收容和地面洗消处理。 ＊处置流程： （1）警戒疏散。 （2）围堤堵截。 （3）降温灭火。 （4）收容洗消。 ＊超出自身处置能力以外需要外部支援情况： （1）泄漏量、火势增大，需要响应升级。 （2）应急救援物资、器材消耗大，需要补充。 （3）发生爆炸。 （4）人员体力不支、数量不够。

磷化氢

1. 理化特性

UN号：2199	CAS号：7803-51-2
分子式：PH_3	分子量：34.04
熔点：-133℃	沸点：-87.7℃
相对蒸气密度：1.17	临界压力：6.58MPa
临界温度：52℃	饱和蒸气压力：4186kPa（20℃）
闪点：-88℃	爆炸极限：1.8%～98.0%（体积分数）
自燃温度：100～150℃	引燃温度：38℃
最大爆炸压力：/（无资料）	综合危险性质分类：2.3类有毒气体
外观及形态：无色，有类似大蒜气味的气体。不溶于热水，微溶于冷水，溶于乙醇、乙醚。	

火灾爆炸特性	1. 火灾危险性分类：甲类。
	2. 特殊火灾特性描述：暴露在空气中能够自燃。
毒性特性	剧毒，主要损害神经系统、呼吸系统、心脏、肾脏及肝脏。急性轻度中毒，病人有头痛、乏力、恶心、失眠、口渴、鼻咽发干、胸闷、咳嗽和低热等；中度中毒，病人出现轻度意识障碍、呼吸困难、心肌损伤；重度中毒则出现昏迷、抽搐、肺水肿及明显的心肌、肝脏及肾脏损害。 职业接触限值：最高容许浓度（MAC）为 $0.3mg/m^3$。

2. 物料储存安全措施

储存方式和储存状态	1. 储存方式：瓶装。
	2. 储存状态：常温/正压/气态。
正常储存状态下主要安全措施及备用应急设施	1. 主要安全措施： (1) 安装磷化氢浓度检测报警装置。 (2) 使用防爆型的通风系统和设备。 (3) 储罐等压力容器和设备应设置安全阀、压力表、液位计、温度计，并应装有带压力、液位、温度远传记录和报警功能的安全装置，重点储罐需设置紧急切断装置。 (4) 钢瓶设置安全帽、防震圈、防倾倒措施。
	2. 备用应急设施：安全淋浴和洗眼设备，安全泄放尾气吸收处理装置。

3. 物料运输安全措施

运输车辆和物料状态	1. 运输车辆种类：厢车。
	2. 容器内物料状态：常温/正压/气态。
正常运输状态下主要安全措施及备用应急设施	1. 主要安全措施： *厢车气瓶运输时： (1) 使用限充限流装置、紧急切断装置、压力表、阻火器、导静电装置、装卸阀门。 (2) 使用安全标志类：危险化学品标志牌和标记、三角警示牌。 (3) 使用倾覆保护装置、三角木垫。
	2. 备用应急设施：灭火器具、反光背心、便携式照明设备、防护性手套、眼部防护装备（如护目镜）、应急逃生面具、安全淋浴、洗眼设备。

4. 应急措施

企业配备应急器材	正压式空气呼吸器、过滤式防毒面具（全面罩）或隔离式呼吸器、导管式防毒面具、化学安全防护眼镜、面罩式胶布防毒衣、橡胶手套、气体浓度检查仪、防爆手电筒、防爆对讲机、急救箱或急救包，吸附材料，洗消设施或清洁剂，应急处置工具箱。
未着火情况下泄漏（扩散）处置措施	1. 钢瓶储存小量和中量泄漏时： （1）侦检警戒疏散。根据气体扩散的影响区域及有毒有害气体检测浓度划定初始警戒区，无关人员从侧风、上风向撤离至安全区，泄漏隔离距离至少为100m，具体以气体检测仪实际检测量为准。 （2）切断气源，关掉钢瓶阀门，隔离泄漏的钢瓶。 （3）稀释降毒。穿内置正压自给式空气呼吸器的全封闭防化服，戴橡胶手套在泄漏容器四周设置水幕进行稀释降毒，防止气体通过下水道、通风系统和密闭性空间扩散。隔离泄漏区直至气体散尽。 2. 钢瓶储存大量泄漏时： （1）侦检警戒疏散。根据气体扩散的影响区域及有毒有害气体检测浓度划定初始警戒区，无关人员从侧风、上风向撤离至安全区，泄漏隔离距离至少为800m，具体以气体检测仪实际检测量为准。 （2）稀释降毒。穿内置正压自给式空气呼吸器的全封闭防化服，戴橡胶手套在泄漏容器四周设置水幕进行稀释降毒，防止气体通过下水道、通风系统和密闭性空间扩散。隔离泄漏区直至气体散尽。
火灾爆炸处置措施	1. 使用灭火剂类型： （1）可使用的类型：雾状水、泡沫、干粉、二氧化碳。 （2）禁止使用的类型：直流水。 2. 个人防护装备：正压自给式空气呼吸器、防静电、防寒服、防护手套（高浓度下使用防毒面具、安全防护眼镜）。 3. 抢险装备：气体浓度检测仪、吸附器材或堵漏器材、无人机、灭火机器人。

火灾爆炸处置措施	4. 应急处置方法、流程： ＊处置方法： （1）首先对储罐及周围环境进行检测，对着火情况进行侦查警戒，疏散无关人员和车辆，若出现阀门发出声响或罐体变色等爆裂征兆时，立即撤退至安全地带。 （2）切断火势蔓延途径，控制燃烧范围，使其稳定燃烧，防止爆炸。 （3）如果火势中有压力容器或有受到火焰辐射热威胁的压力容器，尽可能在水枪喷雾的掩护下疏散到安全地带，不能疏散的应部署足够水枪进行冷却保护。 ＊处置流程： （1）警戒疏散。 （2）围堤堵截。 （3）降温灭火。 （4）收容洗消。 ＊超出自身处置能力以外需要外部支援情况： （1）泄漏量、火势增大，需要响应升级。 （2）应急救援物资、器材消耗大，需要补充。 （3）发生爆炸。 （4）人员体力不支、数量不够。

硫化氢

1. 理化特性

UN 号：1053	CAS 号：7783-06-4
分子式：H_2S	分子量：34.08
熔点：-85.5℃	沸点：-60.4℃
相对蒸气密度：1.539	临界压力：9.01MPa
临界温度：100.4℃	饱和蒸气压力：2026.5kPa（25.5℃）
闪点：-60℃	爆炸极限：4.0%~46.0%（体积分数）
自燃温度：260℃	最小点火能：0.077mJ
最大爆炸压力：0.490MPa	综合危险性质分类：2.3 类有毒气体
外观及形态：无色气体，低浓度时有臭鸡蛋味，高浓度时使嗅觉迟钝。溶于水、乙醇、甘油、二硫化碳。	
火灾爆炸特性	火灾危险性分类：甲类。 特殊火灾特性描述：极易燃，与空气混合能形成爆炸性混合物，遇明火、高热能引起燃烧爆炸。气体比空气重，能在较低处扩散到相当远的地方，遇火源会着火回燃。与浓硝酸、发烟硝酸或其他强氧化剂剧烈反应可发生爆炸。
毒性特性	高毒，是强烈的神经毒物，对黏膜有强烈刺激作用。引发急性中毒。部分患者可有心肌损害。重者可出现脑水肿、肺水肿。极高浓度（1000mg/m³ 以上）时可在数秒钟内突然昏迷，呼吸和心跳骤停，发生闪电型死亡。高浓度接触眼结膜发生水肿和角膜溃疡。长期低浓度接触，引起神经衰弱综合征和自主神经功能紊乱。 慢性影响：长期接触低浓度的硫化氢，可引起神经衰弱综合征和自主神经功能紊乱等。 职业接触限值：最高容许浓度（MAC）为 10mg/m³。

2. 物料储存安全措施

储存方式和储存状态	1. 储存方式：瓶装、立罐、卧罐。
	2. 储存状态：常温/正压/气态。
正常储存状态下主要安全措施及备用应急设施	1. 主要安全措施： （1）储存场所设置硫化氢泄漏检测报警仪，使用防爆型的通风系统和设备。 （2）储罐等压力设备应设置压力表、液位计、温度计，并应装有带压力、液位、温度远传记录和报警功能的安全装置。 （3）重点储罐等设置紧急切断设施。 （4）钢瓶应配备完好的瓶帽、防震圈，立放时采取防止钢瓶倾倒的措施。 （5）储存区域应设置安全警示标志。
	2. 备用应急设施：事故风机、水雾喷淋系统和设备、灭火器具。

3. 物料运输安全措施

运输车辆和物料状态	1. 运输车辆种类：厢车。
	2. 容器内物料状态：常温/正压/气态。
正常运输状态下主要安全措施及备用应急设施	1. 主要安全措施： （1）使用安全标志类：标志灯、危险化学品标志牌和标记、三角警示牌。 （2）使用卫星定位装置、阻火器、轮挡。 ＊厢车运输气瓶时： （1）使用限充限流装置、紧急切断装置、压力表、阻火器、导静电装置、装卸阀门。 （2）使用倾覆保护装置、三角木垫。
	2. 备用应急设施：灭火器具、反光背心、便携式照明设备、防护性手套、眼部防护装备（如护目镜）、应急逃生面具、下水道封堵器具，如堵漏垫、堵漏袋。

4. 应急措施

企业配备应急器材	正压式空气呼吸器、重型防护服、过滤式防毒面具、防护眼镜、防静电工作服、防化学品手套、气体浓度检查仪、防爆手电筒、对讲机、急救箱或急救包、便携式气体检测仪、吸附材料、洗消设施或清洁剂、应急处置工具箱。
未着火情况下泄漏（扩散）处置措施	1. 小量和中量泄漏时： （1）侦检警戒疏散。根据气体扩散的影响区域及现场泄漏气体检测浓度划定初始警戒区，无关人员从侧风、上风向撤离至安全区，初始隔离 30m，下风向疏散白天 100m、夜晚 100m，具体以气体检测仪实际检测量为准。 （2）水雾稀释。发生泄漏后进行水雾稀释，降低气体浓度。 （3）堵漏，选择合适的工具进行堵漏。 2. 大量泄漏时： （1）侦检警戒疏散。根据气体扩散的影响区域及有毒有害气体检测浓度划定警戒区，无关人员从侧风、上风向撤离至安全区，初始隔离 600m，下风向疏散白天 3500m、夜晚 8000m，具体以气体检测仪实际检测量为准。 （2）稀释。在泄漏容器四周设置水幕，并利用水枪喷射雾状水进行稀释、溶解，同时构筑围堤或挖坑收容产生的大量废水。
火灾爆炸处置措施	1. 使用灭火剂类型： （1）可使用的类型：雾状水、泡沫、二氧化碳、干粉。 （2）禁止使用的类型：直流水。 2. 个人防护装备：空气呼吸器、化学安全防护眼镜、橡胶手套。 3. 抢险装备：可燃气体检测仪、应急指挥车、泡沫消防车、化学洗消车、抢险救援车、应急工具箱。 4. 应急处置方法、流程： *处置方法： （1）首先对泄漏源及周围环境进行检测，对着火情况进行侦查警戒，疏散无关人员和车辆，若出现阀门发出声响或罐体变色等爆裂征兆时，立即撤退至安全地带。

火灾爆炸处置措施	（2）切断火势蔓延途径，控制燃烧范围，使其稳定燃烧，防止爆炸。 （3）如果是储罐泄漏，应关断工艺，切断泄漏源。 （4）如果火势中有压力容器或有受到火焰辐射热威胁的压力容器，尽可能在水枪喷雾的掩护下疏散到安全地带，不能疏散的应部署足够水枪进行冷却保护。 ＊处置流程： 储罐泄漏： （1）警戒疏散。 （2）切断泄漏源。 （3）控制爆炸，稳定燃烧。 运输泄漏： （1）警戒疏散。 （2）信息侦检。 （3）冷却降温。 （4）稳定燃烧。 ＊现场管控范围要求： 下风向的初始疏散距离应至少为1600m（具体还要根据现场实际情况确定）。

氯

1. 理化特性

UN 号：1017	CAS 号：7782-50-5
分子式：Cl_2	分子量：70.91
熔点：-102℃	沸点：-34.5℃
相对蒸气密度：3.214g/L	临界压力：7.71MPa
临界温度：144℃	饱和蒸气压力：640kPa（20℃）
闪点：/（不燃，无意义）	爆炸极限：/（不燃，无意义）
自燃温度：/（不燃，无意义）	引燃温度：/（不燃，无意义）
最大爆炸压力：/（不燃，无意义）	综合危险性质分类：2.3 类有毒气体
外观及形态：黄绿色有强刺激性气味气体；液态氯为金黄色。微溶于水，易溶于二硫化碳和四氯化碳。	
火灾爆炸特性	1. 火灾危险性分类：乙类。
	2. 特殊火灾特性描述：本品不燃，但可助燃。
毒性特性	剧毒，是一种强烈的刺激性气体，经呼吸道吸入时，与呼吸道黏膜表面水分接触，产生盐酸、次氯酸，次氯酸再分解为盐酸和新生态氧，产生局部刺激和腐蚀作用。引发急性中毒，长期低浓度接触，可引起慢性牙龈炎、慢性咽炎、慢性支气管炎、肺气肿、支气管哮喘等。可引起牙齿酸蚀症。 职业接触限值：最高容许浓度（MAC）为$1mg/m^3$。

2. 物料储存安全措施

储存方式和储存状态	1. 储存方式：瓶装、立罐、卧罐。
	2. 储存状态：常温、低温/正压/气态、液态。

正常储存状态下主要安全措施及备用应急设施	1. 主要安全措施： （1）液氯储槽、计量槽、气化器中液氯不应大于容器容积的 80%。 （2）液氯储槽厂房采用密闭结构，配备事故处理装置，在厂房内配置固定吸风口和移动式非金属软管吸风罩。软管半径覆盖密闭厂房内的设备和管道范围。 （3）液氯气瓶充装厂房、液氯重瓶钢瓶库推荐采用密闭厂房，配备可移动软管吸风罩，半径覆盖设备、管道和重瓶区。 （4）液氯重瓶区设置真空房和氯气吸收装置。 （5）液氯储存区设置有毒气体泄漏报警系统，报警系统与事故处理装置联锁。 （6）氯气事故处理装置采用二级负荷。 （7）储槽（罐）等设施设备的压力表、液位计、温度计，并应装有带远传报警的安全装置。 （8）液氯储槽（罐）液位计应采用两种不同方式，采用现场显示和远传液位显示仪表各一套，远传仪表宜采用罐外测量的外测式液位计。 （9）钢瓶应配备完好的瓶帽、防震圈，立放时采取防止钢瓶倾倒的措施。 （10）液氯储槽应设围堰。 （11）储存区域应设置安全警示标志。 2. 备用应急设施：安全淋浴和洗眼设备、事故风机、液氯应急备用储槽、安全泄放尾气吸收处理装置、液氯重瓶区设置负压房、碱液储罐。

3. 物料运输安全措施

运输车辆和物料状态	1. 运输车辆种类：罐车、厢车。 2. 容器内物料状态：常温、低温/正压/气态、液态。
正常运输状态下主要安全措施及备用应急设施	1. 主要安全措施： （1）使用安全标志类：标志灯、危险化学品标志牌和标记、三角警示牌。 （2）使用卫星定位装置、轮挡。 *罐车运输气瓶时： （1）使用防波板。

正常运输状态下主要安全措施及备用应急设施	（2）装卸系统： ①装卸口由三道相互独立或串联的装置组成：第一道紧急切断阀，第二道外部截止阀或等效装置，第三道是盲法兰或等效关闭装置； ②装卸口设置阀门箱或防碰撞护栏等保护装置，且应设置有密封盖或密封式集漏器； ③使用装卸阀门； ④使用万向管道充装系统。 （3）使用倾覆保护装置（罐体顶部设有安全附件和装卸附件时，且应设积液收集装置）。 （4）使用紧急切断装置（紧急切断阀、远程控制系统、过流控制阀及易熔合金塞组成）。 （5）使用仪表：压力表、液位计、温度计。 ＊厢车气瓶运输时： （1）使用限充限流装置、紧急切断装置、压力表、装卸阀门。 （2）使用倾覆保护装置、三角木垫。 2.备用应急设施：灭火器具、反光背心、便携式照明设备、防护性手套、眼部防护装备（如护目镜）、应急逃生面具、堵漏工具。

4. 应急措施

企业配备应急器材	正压式空气呼吸器、重型防护服和防护眼镜、防静电工作服、防化学品手套、过滤式防毒面具、气体浓度检查仪、防爆手电筒、防爆对讲机、急救箱或急救包、吸附材料（稀碱液）、洗消设施或清洁剂、应急处置工具箱堵漏器材（如竹签、木塞、止漏器等）。
未着火情况下泄漏（扩散）处置措施	1.小量和中量泄漏时： （1）侦检警戒疏散。根据气体扩散的影响区域及气体检测浓度划定警戒区，无关人员从侧风、上风向撤离至安全区；初始隔离60m，下风向疏散白天400m、夜晚1600m，具体以气体检测仪实际检测量为准。 （2）稀释降毒。穿内置正压自给式空气呼吸器的全封闭防化服，戴橡胶手套在泄漏容器四周设置水幕，并利用水枪喷射雾状水或开花水流进行稀释降毒，防止向外扩散。 （3）器具堵漏。根据事故现场、管道或阀门等发生泄漏的部位、泄漏口形状及余压大小等情况，研制堵漏方案，采用不同方法实施。

未着火情况下泄漏（扩散）处置措施	（4）化学中和。储罐、容器壁发生少量泄漏，使用喷淋系统喷射弱碱性雾状水，如果现场没有弱碱性水溶液，用清水代替，也可将泄漏的氯气导入氢氧化钠、碳酸钠等碱性溶液中，使其发生中和反应形成无害或低毒废水。 （5）洗消收容。将碱性溶液喷洒在污染区域或受污染体表面，或用吸附垫、活性炭等具有吸附能力的物质，吸收回收后，转移处理。 （6）现场恢复。残留的泄漏介质收集后送至废物处理站或移交环保部门处置。
	2. 与储罐连接的管道储存小量和中量泄漏时： （1）侦检警戒疏散。根据气体扩散的影响区域及气体检测浓度划定警戒区，无关人员从侧风、上风向撤离至安全区；初始隔离60m，下风向疏散白天400m、夜晚1600m，具体以气体检测仪实际检测量为准。 （2）稀释降毒。穿内置正压自给式空气呼吸器的全封闭防化服，戴橡胶手套在泄漏容器四周设置水幕，并利用水枪喷射雾状水或开花水流进行稀释降毒，防止向外扩散。 （3）关阀断源。泄漏点处在阀门下游且阀门尚未损坏时，在水枪掩护下进行关闭阀门、切断物料源的措施制止泄漏。若泄漏点处在阀门上游或关阀失败时，则选择合适的堵漏工具进行堵漏。
	3. 大量泄漏时： （1）侦检警戒疏散。根据气体扩散的影响区域及气体检测浓度划定警戒区，无关人员从侧风、上风向撤离至安全区；初始隔离600m，下风向疏散白天3500m、夜晚8000m（安全区域与泄漏量有关，一般经验值为泄漏1t氯气影响10km左右，同时应以实际检测量为准）。 （2）稀释降毒。穿内置正压自给式空气呼吸器的全封闭防化服，戴橡胶手套在泄漏容器四周设置水幕，并利用水枪喷射雾状水或开花水流进行稀释降毒，防止向外扩散。 （3）洗消收容。将碱性溶液喷洒在污染区域或受污染体表面，或用吸附垫、活性炭等具有吸附能力的物质，吸收回收后，转移处理。 （4）现场恢复。残留的泄漏介质收集后送至废物处理站或移交环保部门处置。

氯乙烯

1. 理化特性

UN 号：1086	CAS 号：75-01-4
分子式：C₂H₃Cl	分子量：62.50
熔点：-159.8℃	沸点：-13.3℃
相对蒸气密度：2.2	临界压力：5.57MPa
临界温度：151.5℃	饱和蒸气压力：346.53kPa（25℃）
闪点：-78℃	爆炸极限：3.1%~31.0%（体积分数）
自燃温度：472℃	引燃温度：415℃
最大爆炸压力：0.666MPa	综合危险性质分类：2.1 类易燃气体
外观及形态：无色、有醚样气味的气体。微溶于水，溶于乙醇、乙醚、丙酮和二氯乙烷等多数有机溶剂。	
火灾爆炸特性	1. 火灾危险性分类：甲类。 2. 特殊火灾特性描述：极易燃，与空气混合能形成爆炸性混合物，遇热源和明火有燃烧爆炸的危险。其蒸气比空气重，能在较低处扩散到相当远的地方，遇火源会着火回燃。
毒性特性	高毒；经呼吸道进入体内，液体污染皮肤也可经皮肤吸收进入人体。可致肝血管肉瘤；引发急性中毒。液体可致皮肤冻伤。 慢性影响：表现为神经衰弱综合征、肝损害、雷诺氏现象及肢端溶骨症。重度中毒可引起肝硬化。可致皮肤损害，少数人出现硬皮病样改变。 职业接触限值：时间加权平均容许浓度（PC-TWA）为 10mg/m³。 IARC 认定为确认人类致癌物。

2. 物料储存安全措施

储存方式和储存状态	1. 储存方式：气柜、球罐。
	2. 储存状态：常温/正压/气态。
正常储存状态下主要安全措施及备用应急设施	1. 主要安全措施： （1）储存场所设置有毒气体泄漏检测报警仪，使用防爆型的通风系统和设备。 （2）设置安全警示标志。 （3）储罐等容器采用氮封，添加少量阻聚剂。 （4）氯乙烯气柜的进出口管道应设远程紧急切断阀。 （5）氯乙烯单体储罐应设置注水设施。 （6）设置防雷、防静电设施。
	2. 备用应急设施：事故风机、灭火器具。

3. 物料运输安全措施

运输车辆和物料状态	1. 运输车辆种类：专用槽车、厢车。
	2. 容器内物料状态：常温/正压/气态。
正常运输状态下主要安全措施及备用应急设施	1. 主要安全措施： （1）使用安全标志类：标志灯、危险化学品标志牌和标记、三角警示牌。 （2）使用卫星定位装置、阻火器、轮挡。 ＊槽车运输时： （1）使用防波板。 （2）使用阻火器（火星熄灭器）。 （3）使用导静电拖线。 （4）要有遮阳措施，防止阳光直射。 ＊厢车气瓶运输时： （1）使用限充限流装置、紧急切断装置、安全泄压装置、压力表、阻火器、导静电装置、装卸阀门。 （2）使用倾覆保护装置、三角木垫。
	2. 备用应急设施：干粉灭火器、反光背心、防爆手电筒。

4. 应急措施

企业配备应急器材	正压式空气呼吸器、化学安全防护眼镜、防静电工作服、过滤式防毒面具、防化学品手套、气体浓度检查仪、防爆手电筒、防爆对讲机、急救箱或急救包、洗消设施或清洁剂、应急处置工具箱。
未着火情况下泄漏（扩散）处置措施	1. 小量和中量泄漏时： （1）侦检警戒疏散。根据气体扩散的影响区域及现场泄漏气体检测浓度划定初始警戒区，无关人员从侧风、上风向撤离至安全区，初始隔离100m，下风向隔离800m，具体以气体检测仪实际检测量为准。 （2）稀释降毒。自吸过滤式防毒面罩，戴化学安全防护眼镜，穿防静电工作服，戴防化学品手套在泄漏容器四周设置水幕，并利用水枪喷射雾状水或开花水流进行稀释降毒，防止向外扩散。 （3）器具堵漏。根据事故现场、管道或阀门等发生泄漏的部位、泄漏口形状及余压大小等情况，研制堵漏方案，采用不同方法实施。 （4）倒罐输转。储罐、容器壁发生泄漏，无法堵漏时，可用水枪进行掩护，采用疏导方法将氯乙烯导入其他容器或储罐。 （5）洗消收容。在事故现场使用喷雾水、蒸汽、惰性气体清扫事故现场。在泄漏区域挖沟渠收容污染溶液，后收集至槽车或专用容器内进行安全处理。构筑围堤或挖坑收容，用泡沫覆盖，减少蒸发，用防爆泵转移至槽车或专用收集器内，回收或运至废物处理场所处置，防止泄漏物进入水体、下水道、地下室或密闭性空间。 2. 大量泄漏时： （1）侦检警戒疏散。根据气体扩散的影响区域及有毒有害气体检测浓度划定警戒区，无关人员从侧风、上风向撤离至安全区，初始隔离100m，下风向疏散800m，具体以气体检测仪实际检测量为准。 （2）稀释降毒。戴自吸过滤式防毒面罩，戴化学安全防护眼镜，穿防静电工作服，戴防化学品手套在泄漏容器四周设置水幕，并利用水枪喷射雾状水或开花水流进行稀释降毒，防止向外扩散。 （3）洗消收容。在泄漏区域挖沟渠收容污染溶液，后收集至槽车或专用容器内进行安全处理。

火灾爆炸处置措施	1. 使用灭火剂类型： （1）可使用的类型：泡沫、干粉、二氧化碳、水幕。 （2）禁止使用的类型：直流水。 2. 个人防护装备：正压自给式空气呼吸器、防静电、防寒服、防护手套（高浓度下使用防毒面具、安全防护眼镜）。 3. 抢险装备：可燃气体检测仪、应急指挥车、泡沫消防车、化学洗消车抢险救援车、应急工具箱。 4. 应急处置方法、流程： ＊处置方法： （1）首先对储罐及周围环境进行检测，对着火情况进行侦查警戒，疏散无关人员和车辆，若出现阀门发出声响或罐体变色等爆裂征兆时，立即撤退至安全地带。 （2）切断火势蔓延途径，控制燃烧范围，使其稳定燃烧，防止爆炸。 （3）如果火势中有压力容器或有受到火焰辐射热威胁的压力容器，尽可能在水枪喷雾的掩护下疏散到安全地带，不能疏散的应部署足够水枪进行冷却保护。 ＊处置流程： （1）警戒疏散。 （2）围堤堵截。 （3）降温灭火。 （4）收容洗消。 ＊超出自身处置能力以外需要外部支援情况： （1）泄漏量、火势增大，需要响应升级。 （2）应急救援物资、器材消耗大，需要补充。 （3）发生爆炸。 （4）人员体力不支、数量不够。

氢

1. 理化特性

UN 号：1049	CAS 号：1333-74-0
分子式：H_2	分子量：2.01
熔点：-259.2℃	沸点：-252.8℃
相对蒸气密度：0.07	临界压力：1.30MPa
临界温度：-240℃	饱和蒸气压力：13.33kPa（-257.9℃）
闪点：/(气体，无意义)	爆炸极限：4.1%~74.1%（体积分数）
自燃温度：500℃	引燃温度：400℃
最大爆炸压力：0.720MPa	综合危险性质分类：2.1 类易燃气体
外观及形态：无色、无臭的气体。很难液化。液态氢无色透明。极易扩散和渗透。微溶于水，不溶于乙醇、乙醚。	

火灾爆炸特性	1. 火灾危险性分类：甲类。
	2. 特殊火灾特性描述：极易燃，与空气混合能形成爆炸性混合物，遇热或明火即发生爆炸。比空气轻，在室内使用和储存时，漏气上升滞留屋顶不易排出，遇火星会引起爆炸。在空气中燃烧时，火焰呈蓝色，不易被发现。
毒性特性	单纯性窒息性气体，仅在高浓度时，由于空气中氧分压降低才引起缺氧性窒息。在很高的分压下，呈现出麻醉作用。

2. 物料储存安全措施

储存方式和储存状态	1. 储存方式：瓶装、球罐。
	2. 储存状态：常温/正压/气态。

正常储存状态下主要安全措施及备用应急设施	1. 主要安全措施： （1）储氢场所应设置氢气泄漏检测报警仪，使用防爆型的通风系统和设备。 （2）储罐等压力容器和设备应设置安全阀、压力表、温度计，并应装有带压力、温度远传记录和报警功能的安全装置。 （3）防雷、防静电设施。 （4）采用防爆型照明、通风设施。 （5）氢气瓶与盛有易燃、易爆、可燃物质及氧化性气体的容器或气瓶的间距不应小于8m，与空调装置、空气压缩机或通风设备等吸风口的间距不应小于20m；与明火或普通电气设备的间距不应小于10m。 （6）设置安全警示标志。 （7）设置蒸汽和氮气灭火系统。 （8）设备设施采用氮气置换。 2. 备用应急设施：事故风机、灭火器具。

3. 物料运输安全措施

运输车辆和物料状态	1. 运输车辆种类：槽车、厢车。 2. 容器内物料状态：常温/正压/气态。
正常运输状态下主要安全措施及备用应急设施	1. 主要安全措施： （1）使用安全标志类：标志灯、危险化学品标志牌和标记、三角警示牌。 （2）使用卫星定位装置、阻火器、轮挡。 ＊槽车运输时： （1）使用防波板。 （2）使用阻火器（火星熄灭器）。 （3）使用导静电拖线。 （4）要有遮阳措施，防止阳光直射。 ＊厢车气瓶运输时： （1）使用限充限流装置、紧急切断装置、安全泄压装置、压力表、阻火器、导静电装置、装卸阀门。 （2）使用倾覆保护装置、三角木垫。 2. 备用应急设施：干粉灭火器、反光背心、防爆手电筒。

4. 应急措施

企业配备应急器材	正压式空气呼吸器、防静电工作服、便携式气体浓度检查仪、防爆手电筒、防爆对讲机、急救箱或急救包、应急处置箱。
未着火情况下泄漏（扩散）处置措施	*储罐泄漏： （1）侦检警戒疏散。根据气体扩散的影响区域及气体检测浓度划定警戒区，无关人员从侧风、上风向撤离至安全区，初始泄漏隔离距离100m；如果为大量泄漏，下风向的初始疏散距离应至少为800m。 （2）控制点火源，尽可能切断泄漏源。控制附件点火源，明火，防止氢气遇明火燃烧、爆炸。 （3）稀释。喷雾状水抑制氢气流向，防止气体通过下水道、通风系统和密闭性空间扩散。 *氢气瓶泄漏： （1）侦检警戒疏散。根据气体扩散的影响区域及气体检测浓度划定警戒区，无关人员从侧风、上风向撤离至安全区，泄漏隔离距离至少为100m。如果为大量泄漏，下风向的初始疏散距离应至少为800m。 （2）控制点火源，尽可能切断泄漏源。控制附件点火源，明火，防止氢气遇明火燃烧、爆炸。 （3）发生泄漏后宜采用吸风系统或将泄漏的气瓶移至室外，隔离泄漏区直至气体散尽。
火灾爆炸处置措施	1. 使用灭火剂类型： （1）可使用的类型：雾状水、泡沫、二氧化碳、干粉。 （2）禁止使用的类型：直流水。 2. 个人防护装备：正压自给式空气呼吸器、防静电、防寒服、防护手套（高浓度下使用防毒面具、安全防护眼镜）。 3. 抢险装备：应急指挥车、泡沫消防车、化学洗消车、抢险救援车、移动消防炮、应急工具箱、氢气气体检测仪、吸附器材、灭火机器人。

火灾爆炸处置措施	4. 应急处置方法、流程： ＊处置方法： （1）首先对储罐及周围环境进行检测，对着火情况进行侦查警戒，疏散无关人员和车辆，若阀门发出声响、燃烧火焰由红变白或罐体抖动，立即撤离火场到安全地点。 （2）切断气源。若不能切断气源，则不允许熄灭泄漏处的火焰，让其稳定燃烧，以防火灭后气体继续外溢发生爆炸。 （3）冷却，控制燃烧。限制空间内氢气着火，则允许熄灭泄漏处的火焰，应喷水冷却容器，控制氢气稳定燃烧。 （4）控制蔓延、扩大。喷水隔离邻近阀门、设备，并防止周边建筑物着火，控制火灾蔓延、扩大。氢气设备通入氮气让其自行熄灭。 ＊处置流程： （1）警戒疏散。 （2）切断气源。 （3）冷却降温。 （4）控制燃烧。 ＊超出自身处置能力以外需要外部支援情况： （1）泄漏量、火势增大，需要响应升级。 （2）应急救援物资、器材消耗大，需要补充。 （3）发生爆炸。 （4）人员体力不支、数量不够。

三氟化硼

1. 理化特性

UN 号：1008	CAS 号：7637-07-2
分子式：BF_3	分子量：67.81
熔点：-126.8℃	沸点：-100℃
相对蒸气密度：2.38	临界压力：4.98MPa
临界温度：-12.26℃	饱和蒸气压力：1013.25kPa（-58℃）
闪点：/(不燃，无意义)	爆炸极限：/(不燃，无意义)
自燃温度：/(不燃，无意义)	最小点火能：/(不燃，无意义)
最大爆炸压力：/(不燃，无意义)	综合危险性质分类：2.3 类有毒气体
外观及形态：无色气体，有窒息性，在潮湿空气中可产生浓密白烟。在乙醇中分解，易与乙醇形成稳定的络合物，溶于冷水。	
火灾爆炸特性	火灾危险性分类：本品不燃。
	特殊火灾特性描述：遇水发生爆炸性分解产生有毒的腐蚀性气体。
毒性特性	急性中毒主要症状有干咳、气急、胸闷、胸部紧迫感；部分患者出现恶心、食欲减退、流涎；吸入量多时，有震颤及抽搐，亦可引起肺炎。皮肤接触可致灼伤。
	职业接触限值：最高容许浓度（MAC）为 $3mg/m^3$。

2. 物料储存安全措施

储存方式和储存状态	1. 储存方式：瓶装、散装。
	2. 储存状态：常温/低压/气态。

正常储存状态下主要安全措施及备用应急设施	1. 主要安全措施： （1）设置泄漏检测报警仪。 （2）储罐等压力容器和设备应设置安全阀、压力表、温度计，并应装有带压力、温度远传记录和报警功能的安全装置。 （3）钢瓶应配备完好的瓶帽、防震圈，立放时采取防止钢瓶倾倒的措施。 （4）设置安全警示标志。
	2. 备用应急设施：水雾喷淋装置、安全泄放尾气吸收处理装置。

3. 物料运输安全措施

运输车辆和物料状态	1. 运输车辆种类：厢车。
	2. 容器内物料状态：常温/低压/气态。
正常运输状态下主要安全措施及备用应急设施	1. 主要安全措施： 厢车气瓶运输时： （1）使用限充限流装置、紧急切断装置、安全泄压装置、压力表、装卸阀门。 （2）使用安全标志类：危险化学品标志牌和标记、三角警示牌。 （3）使用倾覆保护装置、三角木垫。
	2. 备用应急设施：灭火器具、反光背心、便携式照明设备、应急逃生面具、戴面罩式胶布防毒衣。

4. 应急措施

企业配备应急器材	正压式空气呼吸器、重型防护服、导管式防毒面具、带面罩式胶布防毒衣、橡胶手套、手电筒、对讲机、急救箱或急救包、吸附材料、洗消设施或清洁剂、应急处置工具箱。
未着火情况下泄漏（扩散）处置措施	1. 小量和中量泄漏时： ＊储罐储存小量和中量泄漏时： （1）侦检警戒疏散。根据气体扩散的影响区域及气体检测浓度划定警戒区，无关人员从侧风、上风向撤离至安全区；气体泄漏隔离至少为初始泄漏隔离距离30m，下风向疏散白天100m、夜晚600m。

未着火情况下泄漏（扩散）处置措施	（2）器具堵漏。根据事故现场、管道或阀门等发生泄漏的部位、泄漏口形状及余压大小等情况，研制堵漏方案，采用不同方法实施。 （3）倒罐输转。无法堵漏时，可将气体导入其他容器或储罐。 ＊与储罐连接的管道储存小量和中量泄漏时： （1）侦检警戒疏散。根据气体扩散的影响区域及气体检测浓度划定警戒区，无关人员从侧风、上风向撤离至安全区；气体泄漏隔离至少为30m。 （2）关阀断源。泄漏点处在阀门下游且阀门尚未损坏时，采用关闭阀门、切断物料源的措施制止泄漏。若泄漏点处在阀门上游或关阀失败时，则选择合适的堵漏工具进行堵漏。 （3）倒罐输转。无法堵漏时，可将气体导入其他容器或储罐。
	2. 大量泄漏时： （1）侦检警戒疏散。根据气体扩散的影响区域及气体检测浓度划定警戒区，无关人员从侧风、上风向撤离至安全区；初始隔离300m，下风向疏散白天1900m、夜晚4800m。 （2）洗消收容。用防爆泵等器材对消防废水进行收容和地面洗消处理。
火灾爆炸处置措施	1. 使用灭火剂类型： （1）可使用的类型：二氧化碳、干粉。 （2）禁止使用的类型：用水、泡沫、酸碱灭火器灭火。
	2. 个人防护装备：正压自给式空气呼吸器、防静电、橡胶防护手套（高浓度下使用防毒面具、安全防护眼镜）。
	3. 抢险装备：复合式气体浓度检测仪、吸附器材或堵漏器材、无人机、灭火机器人。
	4. 应急处置方法、流程： ＊处置方法： （1）首先对周围环境进行检测，对着火情况进行侦查警戒，疏散无关人员和车辆；若阀门发出声响或瓶体变色，立即撤离火场。 （2）用沙土或沙袋等封堵下水道口，防止消防废水污染环境。

火灾爆炸处置措施	（3）消防人员必须穿全身防火防毒服，在上风向用二氧化碳或干粉灭火。切断气源。喷水冷却容器，尽可能将容器从火场移至空旷处。禁止用水、泡沫、酸碱灭火器灭火。 （4）对消防废弃物进行收容和地面洗消处理。 ＊处置流程： （1）警戒疏散。 （2）围堤堵截。 （3）降温灭火。 （4）收容洗消。 ＊超出自身处置能力以外需要外部支援情况： （1）泄漏量、火势增大，需要响应升级。 （2）应急救援物资、器材消耗大，需要补充。 （3）发生爆炸。 （4）人员体力不支、数量不够。

碳酰氯

1. 理化特性

UN 号：1076	CAS 号：75-44-5
分子式：$COCl_2$	分子量：98.92
熔点：−118℃	沸点：8.2℃
相对蒸气密度：3.4	临界压力：5.67MPa
临界温度：182℃	饱和蒸气压力：161.6kPa（20℃）
闪点：/(不燃，无意义)	爆炸极限：/(不燃，无意义)
自燃温度：/(不燃，无意义)	最小点火能：/(不燃，无意义)
最大爆炸压力：/(不燃，无意义)	综合危险性质分类：2.3 类有毒气体
外观形态及溶解性：无色或淡黄色气体，有强烈刺激性气味。易液化。微溶于水，并逐渐水解。易溶于苯、甲苯、四氯化碳、氯仿等有机溶剂。	

火灾爆炸特性	1. 火灾危险性分类：不燃。 2. 特殊火灾特性描述：分解产物为氯化氢。
毒性特性	剧毒：主要损害呼吸道，导致化学性支气管炎、肺炎、肺水肿。光气毒性比氯气大 10 倍，光气浓度 30～50mg/m^3 时，即可引起中毒；在 100～300mg/m^3 时，接触 15～30min，即可引起严重中毒，甚至死亡。 职业接触限值：最高容许浓度（MAC）为 0.5mg/m^3。

2. 物料储存安全措施

储存方式和储存状态	1. 储存方式：瓶装、球罐。
	2. 储存状态：常温/正压/气态。

正常储存状态下主要安全措施及备用应急设施	1. 主要安全措施： （1）储光气场所应设置光气泄漏检测报警仪。 （2）储罐等压力容器和设备应设置安全装置，输入、输出管线等设置紧急切断装置。 （3）设置安全警示标志。 （4）储罐用特殊规定的容器盛装、储存，并配稀碱、稀氨水喷淋吸收装置。储存区应备有泄漏应急处理设备。 （5）单台储槽的容积不应大于 $5m^3$，单台储槽的装料系统应控制在 75% 以下；必须使用相应的系统容量事故槽；储槽应装设安全阀，在安全阀前装设爆破片，安全阀后必须接到应急破坏系统，装超压报警器；液态光气储槽的材质应采用 16MnR 钢，宜采用双壁槽。液态光气的储槽及其输送泵宜布置在封闭的单独房间里，槽四周应设围堰，其高度不应低于 20cm，堰内容量应大于槽容量，并设有防渗漏层。 2. 备用应急设施：安全淋浴和洗眼设备、稀碱、稀氨水喷淋吸收装置，急救箱或急救包。

3. 物料运输安全措施

运输车辆和物料状态	运输车辆种类：罐车。 容器内物料状态：常温/正压/气态。
正常运输状态下主要安全措施及备用应急设施	1. 主要安全措施： （1）使用安全标志类：标志灯、危险化学品标志牌和标记、三角警示牌。 （2）使用卫星定位装置、轮挡。 * 罐车运输时： （1）使用防波板。 （2）装卸系统： ①装卸口由三道相互独立或串联的装置组成：第一道紧急切断阀，第二道外部截止阀或等效装置，第三道是盲法兰或等效关闭装置； ②装卸口设置阀门箱或防碰撞护栏等保护装置，且应设置有密封盖或密封式集漏器； ③使用装卸阀门；

正常运输状态下主要安全措施及备用应急设施	④使用装卸软管及快装接头（应安装防止充装过程中因意外启动罐车，造成装卸软管拉断或装备损坏的装置）。 （3）使用倾覆保护装置（罐体顶部设有安全附件和装卸附件时，且应设积液收集装置）。 （4）使用紧急切断装置（紧急切断阀、远程控制系统、过流控制阀及易熔合金塞组成）。 （5）使用仪表：压力表、液位计、温度计。 ＊厢车气瓶运输时： （1）使用限充限流装置、紧急切断装置、压力表、装卸阀门。 （2）使用倾覆保护装置、三角木垫。
	2. 备用应急设施：灭火器具、反光背心、便携式照明设备、防护性手套、眼部防护装备（如护目镜）、应急逃生面具、堵漏工具。

4. 应急措施

企业配备应急器材	正压式空气呼吸器、重型防护服、过滤式防毒面具、防护眼镜、胶布防毒衣、橡胶手套、防爆手电筒、防爆对讲机、急救箱或急救包、吸附材料、洗消设施或清洁剂、应急处置工具箱。
未着火情况下泄漏（扩散）处置措施	1. 小量和中量泄漏时： （1）侦检警戒疏散。根据气体扩散的影响区域及气体检测浓度划定警戒区，无关人员从侧风、上风向撤离至安全区；小量泄漏，初始隔离200m，下风向疏散白天1100m、夜晚4000m；大量泄漏，初始隔离1000m，下风向疏散白天7500m、夜晚11000m。微量时可用水蒸气冲散。大量泄漏，初始隔离1000m，下风向疏散白天7500m、夜晚11000m。微量时可用水蒸气冲散。 （2）稀释降毒。储罐、容器壁发生泄漏，喷氨水或其他稀碱液中和，微量时可用水蒸气冲散。 （3）洗消收容。围堰内的废水可用碱性物质，如氢氧化钠、碳酸钠处理。隔离泄漏区直至气体散尽。漏气容器要妥善处理，修复、检验后再用。

未着火情况下泄漏（扩散）处置措施	2. 气瓶储存泄漏时： （1）侦检警戒疏散。根据气体扩散的影响区域及气体检测浓度划定警戒区，无关人员从侧风、上风向撤离至安全区；小量泄漏，初始隔离 200m，下风向疏散白天 1100m、夜晚 4000m；大量泄漏，初始隔离 1000m，下风向疏散白天 7500m、夜晚 11000m。微量时可用水蒸气冲散。 （2）稀释降毒。气瓶发生泄漏，喷氨水或其他稀碱液稀释降毒，微量时可用水蒸气冲散。 （3）漏气容器要妥善处理，修复、检验后再用。
火灾爆炸处置措施	1. 使用灭火剂类型：不燃，根据着火原因选择适当的灭火剂灭火。 2. 个人防护装备：内置正压自给式空气呼吸器的全封闭防化服、防火防毒服、氧气呼吸器、面罩式胶布防毒衣、防静电工作服、防化学品手套、过滤式防毒面具（全面罩）。 3. 抢险装备：有毒气体检测仪、便携式气象仪、应急指挥车、泡沫消防车、化学洗消车、抢险救援车、应急工具箱。 4. 应急处置方法、流程： ＊处置方法： （1）小火。用干粉或雾状水灭火。 （2）大火。本品不燃，但周围起火时应切断气源。喷水冷却容器，尽可能将容器从火场移至空旷处。消防人员必须佩戴正压自给式空气呼吸器，穿全身防火防毒服，在上风向灭火。由于火场中可能发生容器爆破的情况，消防人员须在防爆掩蔽处操作。万一有光气漏逸，微量时可用水蒸气冲散，较大时，可用氨水喷雾冲洗。 ＊处置流程： （1）警戒疏散。 （2）围堤堵截。 （3）降温灭火。 （4）收容洗消。 ＊超出自身处置能力以外需要外部支援情况： （1）泄漏量、火势增大，需要响应升级。 （2）应急救援物资、器材消耗大，需要补充。 （3）发生爆炸。 （4）人员体力不支、数量不够。

液化石油气

1. 理化特性

UN 号：1075	CAS 号：68476-85-7
分子式：/（混合物）	分子量：/（混合物）
熔点：-160~-107℃	沸点：-12~4℃
相对蒸气密度：1.5~2.0（空气的为1）	临界压力：/（无资料）
临界温度：/（无资料）	饱和蒸气压力：≤1380kPa（37.8℃）
闪点：-80~-60℃	爆炸极限：1.5%~9.5%（体积分数）
自燃温度：426~537℃	引燃温度：426~537℃
最大爆炸压力：/（无资料）	综合危险性质分类：2.1类易燃气体
外观及形态：石油加工过程中得到的一种无色挥发性液体，主要组分为丙烷、丙烯、丁烷、丁烯，并含有少量戊烷、戊烯和微量硫化氢等杂质。不溶于水。	
火灾爆炸特性	1. 火灾危险性分类：甲类。 2. 特殊火灾特性描述：极易燃，与空气混合能形成爆炸性混合物，遇明火、高热极易燃烧爆炸。与氟、氯等能发生剧烈的化学反应。其蒸气比空气重，能在较低处扩散到相当远的地方，遇明火会引着回燃。若遇高热，容器内压增大，有开裂和爆炸的危险。
毒性特性	主要侵犯中枢神经系统。急性液化气轻度中毒主要表现为头昏、头痛、咳嗽、食欲减退、乏力、失眠等；重者失去知觉、小便失禁、呼吸变浅变慢。 职业接触限值： 时间加权平均容许浓度（PC-TWA）为1000mg/m^3。 短时间接触容许浓度（PC-STEL）为1500mg/m^3。

2. 物料储存安全措施

储存方式和储存状态	1. 储存方式：瓶装、球罐。
	2. 储存状态：常温低温/正压/气态液态。
正常储存状态下主要安全措施及备用应急设施	1. 主要安全措施： （1）设置泄漏检测报警仪。 （2）储罐等压力容器和设备应设置压力表、液位计、温度计，带远传报警的安全装置。 （3）储罐设置紧急切断装置。 （4）钢瓶应配备完好的瓶帽、防震圈，立放时采取防止钢瓶倾倒的措施。 （5）设置防雷、防静电设施。 （6）球罐设置注水设施。 （7）储存区域应设置安全警示标志。 2. 备用应急设施：水雾喷淋系统和设备、防爆型的通风系统、灭火器具。

3. 物料运输安全措施

运输车辆和物料状态	1. 运输车辆种类：罐车、厢车。
	2. 容器内物料状态：常温/正压/气态。
正常运输状态下主要安全措施及备用应急设施	1. 主要安全措施： （1）使用安全标志类：标志灯、危险化学品标志牌和标记、三角警示牌。 （2）使用卫星定位装置、阻火器、轮挡。 ＊罐车运输时： （1）使用防波板； （2）装卸系统： ①装卸口由三道相互独立或串联的装置组成：第一道紧急切断阀，第二道外部截止阀或等效装置，第三道是盲法兰或等效关闭装置； ②装卸口设置阀门箱或防碰撞护栏等保护装置，且应设置有密封盖或密封式集漏器； ③装卸阀门； ④液化石油气汽车槽车装卸应采用万向充装管道系统。

正常运输状态下主要安全措施及备用应急设施	（3）使用倾覆保护装置（罐体顶部设有安全附件和装卸附件时，且应设积液收集装置）。 （4）使用安全泄放装置（全启式弹簧安全阀与爆破片串联的组合装置，或单独安全阀）。 （5）使用紧急切断装置。 （6）使用导静电装置。 （7）使用仪表：压力表、液位计、温度计。 ＊厢车气瓶运输时： （1）使用限充限流装置、紧急切断装置、压力表、阻火器、装卸阀门。 （2）使用倾覆保护装置、三角木垫。
	2. 备用应急设施：灭火器具、反光背心、便携式照明设备、防护性手套、眼部防护装备（如护目镜）、应急逃生面具、堵漏工具。

4. 应急措施

企业配备应急器材	正压式空气呼吸器、重型防护服、自吸过滤式防毒面具、防护眼镜、防静电工作服、防化学品手套、便携式气体检测报警器、防爆手电筒、防爆对讲机、急救箱或急救包、吸附材、洗消设施或清洁剂、应急处置工具箱。
未着火情况下泄漏（扩散）处置措施	1. 储罐及其接管发生液相泄漏： （1）侦检警戒疏散。根据气体扩散的影响区域及气体检测浓度划定警戒区，无关人员从侧风、上风向撤离至安全区，初始泄漏隔离距离100m，具体以气体检测仪实际检测量为准。 （2）停止作业，关闭所有紧急切断阀，开启水雾喷淋系统，在泄漏的下风向大量喷射雾状水，连接消防水枪，对泄漏出的液化石油气进行驱散。如泄漏发生在储罐底部，应开启高压水向储罐内注水，气相石油气向其他储罐连通回流，将液化石油气浮到裂口以上，使水从破裂口流出。 （3）堵漏。小量泄漏时，选择合适的堵漏器具进行堵漏。

未着火情况下泄漏（扩散）处置措施	2. 储罐及其接管发生气相泄漏： （1）侦检警戒疏散。根据气体扩散的影响区域及气体检测浓度划定警戒区，无关人员从侧风、上风向撤离至安全区，初始泄漏隔离距离100m。 （2）停止作业，切断与之相连的气源，开启水雾喷淋系统，根据现场情况，实施倒罐、抽空、放空等处理。
	3. 储罐第一道密封面发生泄漏： （1）侦检警戒疏散。根据气体扩散的影响区域及气体检测浓度划定警戒区，无关人员从侧风、上风向撤离至安全区，初始泄漏隔离距离100m。 （2）停止作业，关闭所有紧急切断阀，开启水雾喷淋系统，连接消防水枪，对泄漏出的液化石油气进行驱散。 （3）启动高压水向储罐内注水，连通气相系统，将液化石油气浮到裂口以上，使水从破裂口流出。 （4）堵漏。用合适的堵漏设备进行堵漏作业。
	4. 与储罐相连的第一个阀门本体破损发生泄漏： （1）侦检警戒疏散。根据气体扩散的影响区域及气体检测浓度划定警戒区，无关人员从侧风、上风向撤离至安全区，初始泄漏隔离距离100m。 （2）停止作业，切断与之相连的气源，开启水雾喷淋系统，根据现场情况，实施倒罐、抽空、放空等处理。
火灾爆炸处置措施	1. 使用灭火剂类型： （1）可使用的类型：雾状水、泡沫、二氧化碳、干粉。 （2）禁止使用的类型：直流水。
	2. 个人防护装备：正压自给式空气呼吸器、防静电、防寒服、防护手套（高浓度下：空气呼吸器）。
	3. 抢险装备：应急指挥车、泡沫消防车、水罐消防车、抢险救援车、应急工具箱堵漏器材、可燃气体浓度检测仪、移动消防炮、灭火机器人。

火灾爆炸处置措施	4. 应急处置方法、流程： ＊处置方法： （1）首先对储罐及周围环境进行检测，对着火情况进行侦查警戒，疏散无关人员和车辆，若出现阀门发出声响或罐体变色等爆裂征兆时，立即撤退至安全地带。 （2）切断火势蔓延途径，控制燃烧范围，使其稳定燃烧，防止爆炸。 （3）工艺关断，切断泄漏源。 （4）如果火势中有压力容器或有受到火焰辐射热威胁的压力容器，尽可能在水枪喷雾的掩护下疏散到安全地带，不能疏散的应在着火部位的下风向大量喷射雾状水，以稀释和冷却未能完全燃烧的液化气体。 ＊处置流程： （1）警戒疏散。 （2）工艺关断，切断泄漏源。 （3）控制爆炸，稳定燃烧。 ＊超出自身处置能力以外需要外部支援情况： （1）泄漏量、火势增大，需要响应升级。 （2）应急救援物资、器材消耗大，需要补充。 （3）发生爆炸。 （4）人员体力不支、数量不够。

一甲胺

1. 理化特性

UN号：1061	CAS号：74-89-5
分子式：CH$_5$N	分子量：31.10
熔点：-93.5℃	沸点：-6.8℃
相对蒸气密度：1.08	临界压力：7.614MPa
临界温度：157.6℃	饱和蒸气压力：304kPa（20℃）
闪点：-10℃	爆炸极限：4.9%~20.8%（体积分数）
自燃温度：430℃	最小点火能：/（无资料）
最大爆炸压力：/（无资料）	综合危险性质分类：2.1类易燃气体
外观及形态：无色气体，有似氨的气味。易溶于水，溶于乙醇、乙醚等。	
火灾爆炸特性	火灾危险性分类：甲类。
	特殊火灾特性描述：极易燃，与空气混合能形成爆炸性混合物，接触热、火星、火焰或氧化剂易燃烧爆炸。气体比空气重，沿地面扩散并易积存于低洼处，遇火源会着火回燃。
毒性特性	本品具有强烈刺激性和腐蚀性。吸入后，可引起咽喉炎、支气管炎、支气管肺炎，重者可致肺水肿、呼吸窘迫综合征而死亡；极高浓度吸入引起声门痉挛、喉水肿而很快窒息死亡。可致呼吸道灼伤。对眼和皮肤有强烈刺激和腐蚀性，可致严重灼伤。口服溶液可致口、咽、食道灼伤。 职业接触限值：时间加权平均容许浓度（PC-TWA）为5mg/m^3；短时间接触容许浓度（PC-STEL）为10mg/m^3。

2. 物料储存安全措施

储存方式和储存状态	1. 储存方式：瓶装、立罐。
	2. 储存状态：常温/低压/气态。

正常储存状态下主要安全措施及备用应急设施	1. 主要安全措施： （1）设置泄漏检测报警仪。 （2）使用防爆型通风系统和设备。 （3）储罐等压力容器和设备应设置安全阀、压力表、温度计，并应装有带压力、温度远传记录和报警功能的安全装置。 （4）设置防雷、防静电装置。 （5）钢瓶应配备完好的瓶帽、防震圈，立放时采取防止钢瓶倾倒的措施。 （6）安全警示标志。 2. 备用应急设施：事故风机、喷淋洗眼器、灭火器具。

3. 物料运输安全措施

运输车辆和物料状态	1. 运输车辆种类：厢车。
	2. 容器内物料状态：常温/正压/气态。
正常运输状态下主要安全措施及备用应急设施	1. 主要安全设施： （1）使用安全标志类：标志灯、危险化学品标志牌和标记、三角警示牌。 （2）使用卫星定位装置、阻火器、轮挡。 ＊厢车气瓶运输时： （1）使用限充限流装置、紧急切断装置、安全泄压装置、压力表、阻火器、导静电装置、装卸阀门。 （2）使用倾覆保护装置、三角木垫。
	2. 备用应急设施：灭火器具、反光背心、便携式照明设备、防静电工作服、应急逃生面具。

4. 应急措施

企业配备应急器材	重型防护服、防静电工作服、橡胶手套、自吸过滤式防毒面具（全面罩）、氧气呼吸器或正压自给式空气呼吸器。
未着火情况下泄漏（扩散）处置措施	1. 小量和中量泄漏时： ＊储罐储存小量和中量泄漏时： （1）侦检警戒疏散。根据气体扩散的影响区域及气体检测浓度划定警戒区，无关人员从侧风、上风向撤离至安全区；气体泄漏隔离至少为100m，具体以气体检测仪实际检测量为准。

未着火情况下泄漏（扩散）处置措施	（2）稀释降毒。穿内置正压自给式空气呼吸器的全封闭防化服，戴橡胶手套在泄漏容器四周设置水幕，并利用水枪喷射雾状水或开花水流进行稀释降毒，防止向外扩散。 （3）器具堵漏。根据事故现场、管道或阀门等发生泄漏的部位、泄漏口形状及余压大小等情况，研制堵漏方案，采用不同方法实施。 （4）倒罐输转。无法堵漏时，可用水枪进行掩护，采用疏导方法将一甲胺导入其他容器或储罐。 （5）化学中和。储罐、容器壁发生少量泄漏，使用喷淋系统喷射弱碱性雾状水，构筑围堤或挖坑收容液体泄漏物。用石灰粉吸收大量液体。用硫酸氢钠（$NaHSO_4$）中和。 ＊与储罐连接的管道储存小量和中量泄漏时： （1）侦检警戒疏散。根据气体扩散的影响区域及气体检测浓度划定警戒区，无关人员从侧风、上风向撤离至安全区；气体泄漏隔离至少为100m。 （2）稀释降毒。穿内置正压自给式空气呼吸器的全封闭防化服，戴橡胶手套在泄漏容器四周设置水幕，并利用水枪喷射雾状水或开花水流进行稀释降毒，防止向外扩散。 （3）关阀断源。泄漏点处在阀门下游且阀门尚未损坏时，在水枪掩护下进行关闭阀门、切断物料源的措施制止泄漏。若泄漏点处在阀门上游或关阀失败时，则选择合适的堵漏工具进行堵漏。 （4）倒罐输转。无法堵漏时，可用水枪进行掩护，采用疏导方法将一甲胺导入其他容器或储罐。
	2. 大量泄漏时： （1）侦检警戒疏散。根据气体扩散的影响区域及气体检测浓度划定警戒区，无关人员从侧风、上风向撤离至安全区；下风向的初始疏散距离应至少为800m，液体泄漏隔离距离至少为50m，具体以气体检测仪实际检测量为准。 （2）稀释降毒。穿内置正压自给式空气呼吸器的全封闭防化服，戴橡胶手套在泄漏容器四周设置水幕，并利用水枪喷射雾状水或开花水流进行稀释降毒，防止向外扩散。 （3）化学中和。构筑围堤或挖坑收容液体泄漏物。用石灰粉吸收大量液体。用硫酸氢钠（$NaHSO_4$）中和。

火灾爆炸处置措施	1. 使用灭火剂类型： （1）可使用的类型：雾状水、抗溶性泡沫、干粉二氧化碳。 （2）禁止使用的类型：直流水。
	2. 个人防护装备：内置正压自给式空气呼吸器的全封闭防化服、氧气呼吸器、面罩式胶布防毒衣、防静电工作服、防化学品手套、过滤式防毒面具。
	3. 抢险装备：气体浓度检测仪、吸附器材或堵漏器材、无人机、灭火机器人。
	4. 应急处置方法、流程： ＊处置方法： （1）首先对周围环境进行检测，对着火情况进行侦查警戒，疏散无关人员和车辆；若阀门发出声响或瓶体变色，立即撤离火场。 （2）用沙土或沙袋等封堵下水道口，防止消防废水污染环境。 （3）喷水冷却容器，尽可能将容器从火场移至空旷处。处在火场中的容器若已变色或从安全泄压装置中产生声音，必须马上撤离。 （4）对消防废弃物进行收容和地面洗消处理。 ＊处置流程： （1）警戒疏散。 （2）围堤堵截。 （3）降温灭火。 （4）收容洗消。 ＊超出自身处置能力以外需要外部支援情况： （1）泄漏量、火势增大，需要响应升级。 （2）应急救援物资、器材消耗大，需要补充。 （3）发生爆炸。 （4）人员体力不支、数量不够。

一氯甲烷

1. 理化特性

UN 号：1063	CAS 号：74-87-3
分子式：CH_3Cl	分子量：50.49
熔点：-97.7℃	沸点：-23.7℃
相对蒸气密度：1.8	临界压力：6.68MPa
临界温度：/（无资料）	饱和蒸气压力：506.62kPa（22℃）
闪点：<0℃	爆炸极限：8.1%~17.2%（体积分数）
自燃温度：632.22℃	引燃温度：632℃
最大爆炸压力：/（无资料）	综合危险性质分类：2.1 类易燃气体
外观及形态：无色、易液化的气体，具有弱的醚味。易溶于水，溶于醇，与氯仿、乙醚、冰醋酸混溶。高温时水解成甲醇和盐酸。	
火灾爆炸特性	1. 火灾危险性分类：甲类。 2. 特殊火灾特性描述：与空气混合能形成爆炸性混合物。遇火花或高热能引起爆炸，并生成剧毒的光气。接触铝及其合金能生成自燃性的铝化合物。
毒性特性	对中枢神经系统有麻醉作用，亦能引起肝、肾和睾丸损害。严重中毒时，可出现谵妄、躁动、抽搐、震颤、视力障碍、昏迷，呼气中有酮体味。尿中检出甲酸盐和酮体有助于诊断。 职业接触限值：时间加权平均容许浓度（PC-TWA）为 60mg/m^3（皮）；短时间接触容许浓度（PC-STEL）为 120mg/m^3（皮）。

2. 物料储存安全措施

储存方式和储存状态	1. 储存方式：瓶装、立罐、卧罐。
	2. 储存状态：常温/正压/气态。

正常储存状态下主要安全措施及备用应急设施	1. 主要安全措施： （1）储存场所设置可燃气体泄漏检测报警仪。 （2）储罐等压力容器和设备应设置安全阀、压力表、液位计、温度计，并应装有带压力、液位、温度远传记录和报警功能的安全装置。 （3）重点储罐需设置紧急切断装置。 （4）储存场所设置防雷、防静电装置。 （5）钢瓶应配备完好的瓶帽、防震圈，立放时采取防止钢瓶倾倒的措施。 （6）储存场所设置安全警示标志。 （7）储罐设置远程控制的喷淋冷却系统。
	2. 备用应急设施： （1）防爆型排风机。 （2）安全淋浴和洗眼设备。

3. 物料运输安全措施

运输车辆和物料状态	1. 运输车辆种类：罐车、厢车。
	2. 容器内物料状态：常温、低温/正压/气态、液态。
正常运输状态下主要安全措施及备用应急设施	1. 主要安全措施： （1）使用安全标志类：标志灯、危险化学品标志牌和标记、三角警示牌。 （2）使用卫星定位装置、阻火器、轮挡。 ＊罐车运输时： （1）使用防波板。 （2）装卸系统： ①装卸口由三道相互独立或串联的装置组成：第一道紧急切断阀，第二道外部截止阀或等效装置，第三道是盲法兰或等效关闭装置； ②装卸口设置阀门箱或防碰撞护栏等保护装置，且应设置有密封盖或密封式集漏器； ③使用装卸阀门； ④充装时使用万向节管道充装系统，严防超装。 （3）使用倾覆保护装置（罐体顶部设有安全附件和装卸附件时，且应设积液收集装置）。 （4）使用紧急切断装置（紧急切断阀、远程控制系统、过流控制阀及易熔合金塞组成）。 （5）导静电装置。

正常运输状态下主要安全措施及备用应急设施	（6）仪表：压力表、液位计、温度计。 ＊厢车气瓶运输时： （1）使用限充限流装置、紧急切断装置、压力表、阻火器、装卸阀门。 （2）使用倾覆保护装置、三角木垫。 2. 备用应急设施：灭火器具、反光背心、便携式照明设备、防护性手套、眼部防护装备（如护目镜）、应急逃生面具、堵漏工具。

4. 应急措施

企业配备应急器材	反光三角锥、反光背心、防静电工作服、防化学品手套、防爆铲、防爆手电筒、急救箱或急救包、吸附材料、灭火器。
未着火情况下泄漏（扩散）处置措施	1. 储罐及其接管发生液相泄漏： （1）侦检警戒疏散。根据气体扩散的影响区域及气体检测浓度划定警戒区，无关人员从侧风、上风向撤离至安全区，初始泄漏隔离距离100m。 （2）停止作业，关闭所有紧急切断阀，开启水雾喷淋系统，连接消防水枪，对泄漏出的一氯甲烷进行驱散。如泄漏发生在储罐底部，应开启高压水向储罐内注水，气相一氯甲烷向其他储罐连通回流，将一氯甲烷浮到裂口以上，使水从破裂口流出。 （3）堵漏。以棉被、麻袋片包裹泄漏罐体本体，让其结冰以减少泄漏量，如接管泄漏，则用管卡型堵漏装置实施堵漏。 （4）倒罐输转。实施烃泵倒罐作业，将储罐内的一氯甲烷倒入其他储罐内。
	2. 储罐及其接管发生气相泄漏： （1）侦检警戒疏散。根据气体扩散的影响区域及气体检测浓度划定警戒区，无关人员从侧风、上风向撤离至安全区，初始泄漏隔离距离100m。 （2）停止作业，切断与之相连的气源，开启水雾喷淋系统，根据现场情况，实施倒罐、抽空、放空等处理。
	3. 储罐第一道密封面发生泄漏： （1）侦检警戒疏散。根据气体扩散的影响区域及气体检测浓度划定警戒区，无关人员从侧风、上风向撤离至安全区，初始泄漏隔离距离100m。 （2）停止作业，关闭所有紧急切断阀，开启水雾喷淋系统，连接消防水枪，对泄漏出的一氯甲烷进行驱散。

未着火情况下泄漏（扩散）处置措施	（3）启动高压水向储罐内注水，连通气相系统，将一氯甲烷浮到裂口以上，使水从破裂口流出。 （4）堵漏。以法兰式带压堵漏设备进行堵漏作业。 （5）倒罐输转。实施烃泵倒罐作业，将储罐内一氯甲烷倒入其他储罐内。
	4. 与储罐相连的第一个阀门本体破损发生泄漏： （1）侦检警戒疏散。根据气体扩散的影响区域及气体检测浓度划定警戒区，无关人员从侧风、上风向撤离至安全区，初始泄漏隔离距离100m。 （2）停止作业，切断与之相连的气源，开启水雾喷淋系统，根据现场情况，实施倒罐、抽空、放空等处理。
火灾爆炸处置措施	1. 使用灭火剂类型： （1）可使用的类型：雾状水、泡沫、二氧化碳。 （2）禁止使用的类型：干粉、直流水。
	2. 个人防护装备：正压自给式空气呼吸器、防静电、防寒服、防护手套（高浓度下：防毒面具、安全防护眼镜）。
	3. 抢险装备：气体浓度检测仪、吸附器材或堵漏器材、无人机、灭火机器人。
	4. 应急处置方法、流程： ＊处置方法： （1）首先对储罐及周围环境进行检测，对着火情况进行侦查警戒，疏散无关人员和车辆，若出现阀门发出声响或罐体变色等爆裂征兆时，立即撤退至安全地带。 （2）切断火势蔓延途径，控制燃烧范围，使其稳定燃烧，防止爆炸。 （3）如果火势中有压力容器或有受到火焰辐射热威胁的压力容器，尽可能在水枪喷雾的掩护下疏散到安全地带，不能疏散的应部署足够水枪进行冷却保护。 ＊处置流程： （1）警戒疏散。 （2）围堤堵截。 （3）降温灭火。 （4）收容洗消。 ＊超出自身处置能力以外需要外部支援情况： （1）泄漏量、火势增大，需要响应升级。 （2）应急救援物资、器材消耗大，需要补充。 （3）发生爆炸。 （4）人员体力不支、数量不够。

一氧化碳

1. 理化特性

UN 号：1016	CAS 号：630-08-0
分子式：CO	分子量：28.01
熔点：-199.1℃	沸点：-191.4℃
相对蒸气密度：0.97	临界压力：3.50MPa
临界温度：-140.2℃	饱和蒸气压力：330kPa（20℃）
闪点：<-50℃	爆炸极限：12.5%~74.2%（体积分数）
自燃温度：610℃	最小点火能：<0.3mJ
最大爆炸压力：0.720MPa	综合危险性质分类：2.1 类易燃气体
外观形态及溶解性：无色、无味、无臭气体。微溶于水，溶于乙醇、苯等有机溶剂。	

火灾爆炸特性	1. 火灾危险性分类：乙类。
	2. 特殊火灾特性描述：易燃，与空气混合能形成爆炸性混合物，遇明火、高热能引起燃烧爆炸。
毒性特性	高毒；一氧化碳在血中与血红蛋白结合而造成组织缺氧。引发急性中毒。长期反复吸入一定量的一氧化碳可致神经和心血管系统损害。职业接触限值：时间加权平均容许浓度（PC-TWA）为 20mg/m^3；短时间接触容许浓度（PC-STEL）为 30mg/m^3。

2. 物料储存安全措施

储存方式和储存状态	1. 储存方式：瓶装。
	2. 储存状态：常温/正压/气态。

正常储存状态下主要安全措施及备用应急设施	1. 主要安全措施： （1）储存场所设置一氧化碳泄漏检测报警仪，使用防爆型的通风系统和设备。 （2）储罐等压力容器和设备应设置安全阀、压力表、温度计，并应装有带压力、温度远传记录和报警功能的安全装置。 （3）设置防雷、防静电措施。 （4）设置安全警示标志。 2. 备用应急设施：事故风机、便携式一氧化碳检测仪、灭火器具。

3. 物料运输安全措施

运输车辆和物料状态	运输车辆种类：厢车。 容器内物料状态：常温/正压/气态。
正常运输状态下主要安全措施及备用应急设施	1. 主要安全措施： （1）使用安全标志类：标志灯、危险化学品标志牌和标记、三角警示牌。 （2）使用卫星定位装置、阻火器、轮挡。 ＊厢车气瓶运输时： （1）使用限充限流装置、紧急切断装置、安全泄压装置、压力表、阻火器、导静电装置、装卸阀门。 （2）使用倾覆保护装置、三角木垫。 2. 备用应急设施：干粉灭火器、反光背心、防爆手电筒。

4. 应急措施

企业配备应急器材	正压式空气呼吸器、过滤式防毒面具、防静电工作服、便携式一氧化碳检测仪、防爆手电筒、防爆对讲机、急救箱或急救包、应急处置工具箱。
未着火情况下泄漏（扩散）处置措施	1. 储罐泄漏： （1）侦检警戒疏散。根据气体扩散的影响区域及气体检测浓度划定警戒区，无关人员从侧风、上风向撤离至安全区。 （2）停止作业，消除火种。关闭所有紧急切断阀，开启水雾喷淋系统，连接消防水枪，对泄漏出的一氧化碳进行驱散。 （3）稀释泄漏区一氧化碳，对泄漏污染区进行通风，若不能及时切断泄漏源，应采用蒸汽进行稀释，防止一氧化碳积聚形成爆炸性气体混合物。 （4）器具堵漏。选择合适的防静电堵漏工具在安全情况下进行堵漏。

未着火情况下泄漏（扩散）处置措施	2. 气瓶泄漏时： （1）侦检警戒疏散。根据气体扩散的影响区域及气体检测浓度划定警戒区，无关人员从侧风、上风向撤离至安全区。 （2）稀释降毒。对泄漏污染区进行通风，若不能及时切断泄漏源，应采用蒸汽进行稀释，防止一氧化碳积聚形成爆炸性气体混合物。 （3）若泄漏发生在室内，采用吸风系统或将泄漏的钢瓶移至室外，以避免中毒窒息。
	3. 泄漏隔离：小量泄漏，初始隔离30m，下风向疏散白天100m、夜晚100m；大量泄漏，初始隔离150m，下风向疏散白天700m、夜晚2700m，具体以气体检测仪实际检测量为准。
火灾爆炸处置措施	1. 使用灭火剂类型： （1）可使用的类型：雾状水、泡沫、二氧化碳、干粉。 （2）禁止使用的类型：直流水。
	2. 个人防护装备：过滤式防毒面具、空气呼吸器、化学安全防护眼镜、防火防毒服、橡胶手套。
	3. 抢险装备：一氧化碳气体检测仪、应急指挥车、泡沫消防车、化学洗消车、抢险救援车、应急工具箱、堵漏工器具。
	4. 应急处置方法、流程： ＊处置方法： （1）首先对储罐及周围环境进行检测，对着火情况进行侦查警戒，疏散无关人员和车辆，若出现阀门发出声响或罐体变色等爆裂征兆时，立即撤退至安全地带。 （2）切断火势蔓延途径，控制燃烧范围，使其稳定燃烧，防止爆炸。 （3）如果火势中有压力容器或有受到火焰辐射热威胁的压力容器，尽可能在水枪喷雾的掩护下疏散到安全地带，不能疏散的应部署足够多的水枪以进行冷却保护。 ＊处置流程： （1）警戒疏散。 （2）围堤堵截。 （3）降温灭火。 （4）收容洗消。 ＊超出自身处置能力以外需要外部支援情况： （1）泄漏量、火势增大，需要响应升级。 （2）应急救援物资、器材消耗大，需要补充。 （3）发生爆炸。 （4）人员体力不支、数量不够。

乙炔

1. 理化特性

UN号：3374	CAS号：74-86-2
分子式：C_2H_2	分子量：26.04
熔点：-81.8℃	沸点：-83.8℃
相对蒸气密度：0.91	临界压力：6.14MPa
临界温度：35.2℃	饱和蒸气压力：4460kPa（20℃）
闪点：-18.15℃	爆炸极限：2.1%~80%（体积分数）
自燃温度：305℃	引燃温度：305℃
最大爆炸压力：/（无资料）	综合危险性质分类：2.1类易燃气体
外观及形态：无色、无臭气体，工业品有使人不愉快的大蒜气味。微溶于水，溶于乙醇、丙酮、氯仿、苯。	
火灾爆炸特性	1. 火灾危险性分类：甲类。
	2. 特殊火灾特性描述：易燃烧爆炸，能与空气形成爆炸性混合物，爆炸范围非常宽，遇明火、高热和氧化剂有燃烧、爆炸危险。
毒性特性	具有弱麻醉作用。高浓度吸入可引起单纯窒息，引发急性中毒。

2. 物料储存安全措施

储存方式和储存状态	1. 储存方式：瓶装。
	2. 储存状态：常温/正压/气态。
正常储存状态下主要安全措施及备用应急设施	1. 主要安全措施： （1）储存乙炔的场所，设置可燃气体检测报警仪，并与应急通风联锁。 （2）设置安全警示标志。

正常储存状态下主要安全措施及备用应急设施	（3）采用防爆型照明、通风设施。 （4）禁止使用含铜、汞金属工具。 （5）库房温度不宜超过30℃。
	2. 备用应急设施：事故风机、灭火器具。

3. 物料运输安全措施

运输车辆和物料状态	1. 运输车辆种类：专用槽车、厢车。
	2. 容器内物料状态：常温/正压/气态。
正常运输状态下主要安全措施及备用应急设施	1. 主要安全措施： （1）使用安全标志类：标志灯、危险化学品标志牌和标记、三角警示牌。 （2）使用卫星定位装置、阻火器、轮挡。 *槽车运输时： （1）使用防波板。 （2）使用阻火器（火星熄灭器）。 （3）使用导静电拖线。 （4）要有遮阳措施，防止阳光直射。 *厢车气瓶运输时： （1）使用限充限流装置、紧急切断装置、安全泄压装置、压力表、阻火器、导静电装置、装卸阀门。 （2）使用倾覆保护装置、三角木垫。
	2. 备用应急设施：灭火器具、反光背心、便携式照明设备、防护性手套、眼部防护装备（如护目镜）、应急逃生面具。

4. 应急措施

企业配备应急器材	正压式空气呼吸器、重型防护服、防静电工作服、过滤式防毒面具、防护眼镜、防化学品手套、气体浓度检查仪、防爆手电筒、防爆对讲机、急救箱或急救包、吸附材料、洗消设施或清洁剂、应急处置工具箱。

未着火情况下泄漏（扩散）处置措施	1. 小量和中量泄漏时： （1）侦检警戒疏散。根据气体扩散的影响区域及现场泄漏气体检测浓度划定初始警戒区，无关人员从侧风、上风向撤离至安全区，初始隔离30m，下风向疏散白天100m、夜晚200m，具体以气体检测仪检测到的可燃气体浓度为准。 （2）尽可能切断泄漏源，消除所有点火源，避免与酸类、碱类、醇类接触。 （3）喷雾状水抑制蒸气或改变蒸气云流向，避免水流接触泄漏物，禁止用水直接冲击泄漏物或泄漏源。防止气体通过下水道、通风系统和密闭性空间扩散。 （4）堵漏。选择合适的堵漏器具进行堵漏。
	2. 大量泄漏时： （1）侦检警戒疏散。根据气体扩散的影响区域及现场泄漏气体检测浓度划定初始警戒区，无关人员从侧风、上风向撤离至安全区，初始隔离150m，下风向疏散白天800m、夜晚2500m，具体以气体检测仪检测到的可燃气体浓度为准。 （2）尽可能切断泄漏源，消除所有点火源，避免与酸类、碱类、醇类接触。 （3）喷雾状水抑制蒸气或改变蒸气云流向，避免水流接触泄漏物，禁止用水直接冲击泄漏物或泄漏源。防止气体通过下水道、通风系统和密闭性空间扩散。 （4）隔离泄漏区直至气体散尽。
火灾爆炸处置措施	1. 使用灭火剂类型： （1）可使用的类型：雾状水、抗溶性泡沫、二氧化碳、干粉。 （2）禁止使用的类型：直流水。
	2. 个人防护装备：自吸过滤式防毒面具（半面罩）、防静电工服、橡胶手套（高浓度下使用正压自给式空气呼吸器、安全防护眼镜）。
	3. 抢险装备：气体浓度检测仪、吸附器材或堵漏器材、无人机、灭火机器人。

火灾爆炸处置措施	4. 应急处置方法、流程： *处置方法： （1）首先对储罐及周围环境进行检测，对着火情况进行侦查警戒，疏散无关人员和车辆，若出现阀门发出声响或罐体变色等爆裂征兆时，立即撤退至安全地带。 （2）切断火势蔓延途径，控制燃烧范围，使其稳定燃烧，防止爆炸。 （3）工艺关断，切断泄漏源。 （4）如果火势中有压力容器或有受到火焰辐射热威胁的压力容器，尽可能在水枪喷雾的掩护下疏散到安全地带，不能疏散的应部署足够水枪进行冷却保护。 *处置流程： （1）警戒疏散。 （2）切断泄漏源。 （3）控制爆炸，稳定燃烧。 *超出自身处置能力以外需要外部支援情况： （1）泄漏量、火势增大，需要响应升级。 （2）应急救援物资、器材消耗大，需要补充。 （3）发生爆炸。 （4）人员体力不支、数量不够。

乙烷

1. 理化特性

UN 号：1035	CAS 号：74-84-0
分子式：C_2H_6	分子量：30.08
熔点：-183.3℃	沸点：-88.6℃
相对蒸气密度：1.05	临界压力：4.87MPa
临界温度：32.2℃	饱和蒸气压力：3850kPa（20℃）
闪点：-135℃	爆炸极限：3.0%~16.0%（体积分数）
自燃温度：472℃	引燃温度：472℃
最大爆炸压力：/（无资料）	综合危险性质分类：2.1 类易燃气体
外观及形态：无色、无臭气体。微溶于水和丙酮，溶于苯。	
火灾爆炸特性	1. 火灾危险性分类：甲类。
	2. 特殊火灾特性描述：极易燃，与空气混合能形成爆炸性混合物，遇热源和明火有燃烧爆炸的危险。与氟、氯等接触会发生剧烈的化学反应。
毒性特性	高浓度有窒息和轻度麻醉作用。空气中浓度大于6%时，会致人眩晕、恶心并有轻度麻醉作用。

2. 物料储存安全措施

储存方式和储存状态	1. 储存方式：瓶装。
	2. 储存状态：常温/正压/气态。

正常储存状态下主要安全措施及备用应急设施	1. 主要安全措施： （1）设置固定式可燃气体报警器，或配备便携式可燃气体报警器。 （2）使用防爆型通风系统和设备。 （3）储罐等压力容器和设备应设置安全阀、压力表、温度计，并应装有带压力、温度远传记录和报警功能的安全装置。 （4）设置防雷、防静电装置。 （5）钢瓶应配备完好的瓶帽、防震圈，立放时采取防止钢瓶倾倒的措施。 （6）安全警示标志。 2. 备用应急设施：防事故风机、灭火器具。

3. 物料运输安全措施

运输车辆和物料状态	1. 运输车辆种类：厢车。 2. 容器内物料状态：常温/正压/气态。
正常运输状态下主要安全措施及备用应急设施	1. 主要安全措施： （1）使用安全标志类：标志灯、危险化学品标志牌和标记、三角警示牌。 （2）使用卫星定位装置、阻火器、轮挡。 ＊厢车气瓶运输时： （1）使用限充限流装置、紧急切断装置、安全泄压装置、压力表、阻火器、导静电装置、装卸阀门。 （2）使用倾覆保护装置、三角木垫。 2. 备用应急设施：干粉灭火器、反光背心、防爆手电筒。

4. 应急措施

企业配备应急器材	正压式空气呼吸器、防静电工作服、便携式气体泄漏检测报警器、防爆手电筒、防爆对讲机、急救箱或急救包、应急处置工具箱。
未着火情况下泄漏（扩散）处置措施	1. 储罐及其接管发生液相泄漏： （1）侦检警戒疏散。根据气体扩散的影响区域及气体检测浓度划定警戒区，无关人员从侧风、上风向撤离至安全区，初始泄漏隔离距离100m。

	(2）停止作业，关闭所有紧急切断阀，开启水雾喷淋系统，连接消防水枪，对泄漏出的乙烷气进行驱散。如泄漏发生在储罐底部，应开启高压水向储罐内注水，气相石油气向其他储罐连通回流，将乙烷气浮到裂口以上，使水从破裂口流出。 （3）堵漏。小量泄漏时用堵漏夹具进行堵漏，注意防火防爆。
未着火情况下泄漏（扩散）处置措施	2. 储罐及其接管发生气相泄漏： （1）侦检警戒疏散。根据气体扩散的影响区域及气体检测浓度划定警戒区，无关人员从侧风、上风向撤离至安全区，初始泄漏隔离距离100m。 （2）停止作业，切断与之相连的气源，开启水雾喷淋系统，根据现场情况，实施倒罐、抽空、放空等处理。
	3. 储罐第一道密封面发生泄漏： （1）侦检警戒疏散。根据气体扩散的影响区域及气体检测浓度划定警戒区，无关人员从侧风、上风向撤离至安全区，初始泄漏隔离距离100m。 （2）停止作业，关闭所有紧急切断阀，开启水雾喷淋系统，连接消防水枪，对泄漏出的乙烷气进行驱散。 （3）启动高压水向储罐内注水，连通气相系统，将乙烷气浮到裂口以上，使水从破裂口流出。 （4）堵漏。以法兰式带压堵漏设备进行堵漏作业。
	4. 与储罐相连的第一个阀门本体破损发生泄漏： （1）侦检警戒疏散。根据气体扩散的影响区域及气体检测浓度划定警戒区，无关人员从侧风、上风向撤离至安全区，初始泄漏隔离距离100m。 （2）停止作业，切断与之相连的气源，开启水雾喷淋系统，根据现场情况，实施倒罐、抽空、放空等处理。
	5. 泄漏物处置：未污染的泄漏物应运回生产、使用单位或具有资质的专业危险废物处理机构进行回收利用。被污染的泄漏物收集后运至具有资质的专业危险废物处理机构进行处理。

火灾爆炸处置措施	1. 使用灭火剂类型： （1）可使用的类型：**雾状水、抗溶性泡沫、二氧化碳、沙土**。 （2）禁止使用的类型：**直流水**。
	2. 个人防护装备：内置正压自给式空气呼吸器的全封闭防化服、氧气呼吸器、面罩式胶布防毒衣、防静电工作服、防化学品手套、过滤式防毒面具。
	3. 抢险装备：可燃气体检测仪、气体浓度检测仪、吸附器材或堵漏器材、无人机、灭火机器人。
	4. 应急处置方法、流程： ＊处置方法： （1）首先对储罐及周围环境进行检测，对着火情况进行侦查警戒，疏散无关人员和车辆，若出现阀门发出声响或罐体变色等爆裂征兆时，立即撤退至安全地带。 （2）切断火势蔓延途径，控制燃烧范围，使其稳定燃烧，防止爆炸。 （3）工艺关断，切断泄漏源。 （4）如果火势中有压力容器或有受到火焰辐射热威胁的压力容器，尽可能在水枪喷雾的掩护下疏散到安全地带，不能疏散的应部署足够水枪进行冷却保护。 ＊处置流程： （1）警戒疏散。 （2）切断泄漏源。 （3）控制爆炸，稳定燃烧。 ＊超出自身处置能力以外需要外部支援情况： （1）泄漏量、火势增大，需要响应升级。 （2）应急救援物资、器材消耗大，需要补充。 （3）发生爆炸。 （4）人员体力不支、数量不够。

乙烯

1. 理化特性

UN 号：1962	CAS 号：74-85-1
分子式：C_2H_4	分子量：28.06
熔点：-169.4℃	沸点：-103.9℃
相对蒸气密度：0.98	临界压力：5.04MPa
临界温度：9.2℃	饱和蒸气压力：8100kPa（15℃）
闪点：-135℃	爆炸极限：2.7%~36%（体积分数）
自燃温度：425℃	引燃温度：425℃
最大爆炸压力：/（无资料）	综合危险性质分类：2.1 类易燃气体
外观及形态：无色气体，带有甜味。不溶于水，微溶于乙醇，溶于乙醚、丙酮和苯。	
火灾爆炸特性	1. 火灾危险性分类：甲类。
	2. 特殊火灾特性描述：极易燃，与空气混合能形成爆炸性混合物，遇明火、高热或接触氧化剂，有引起燃烧爆炸的危险，与氟、氯等接触会发生剧烈的化学反应。
毒性特性	具有较强的麻醉作用。急性中毒：吸入高浓度乙烯可立即引起意识丧失，无明显的兴奋期，但吸入新鲜空气，可很快苏醒。对眼及呼吸道黏膜有轻微刺激性。液态乙烯可致皮肤冻伤。慢性影响：长期接触，可引起头昏、全身不适、乏力、思维不集中。个别人有胃肠道功能紊乱。

2. 物料储存安全措施

储存方式和储存状态	1. 储存方式：瓶装、球罐。
	2. 储存状态：常温/正压/气态。

正常储存状态下主要安全措施及备用应急设施	1. 主要安全措施： （1）储存场所应设置泄漏检测报警仪。 （2）使用防爆型的通风系统和设备。 （3）储罐等压力容器和设备应设置安全阀、压力表、液位计、温度计，并应装有带压力、液位、温度远传记录和报警功能的安全装置，输入、输出管线等设置紧急切断装置。 （4）球罐设置注水设施。 （5）设置安全警示标志。 （6）设置防雷、防静电措施。 2. 备用应急设施：事故风机、灭火器具。

3. 物料运输安全措施

运输车辆和物料状态	1. 运输车辆种类：专用槽车、厢车。
	2. 容器内物料状态：常温/正压/气态。
正常运输状态下主要安全措施及备用应急设施	1. 主要安全措施： （1）使用安全标志类：标志灯、危险化学品标志牌和标记、三角警示牌。 （2）使用卫星定位装置、阻火器、轮挡。 槽车运输时： （1）使用防波板。 （2）使用阻火器（火星熄灭器）。 （3）使用导静电拖线。 （4）要有遮阳措施，防止阳光直射。 （5）充装时使用万向节管道充装系统，严防超装。 厢车气瓶运输时： （1）使用限充限流装置、紧急切断装置、安全泄压装置、压力表、阻火器、导静电装置、装卸阀门。 （2）使用倾覆保护装置、三角木垫。 2. 备用应急设施：干粉灭火器、反光背心、防爆手电筒。

4. 应急措施

企业配备应急器材	正压式空气呼吸器、防静电工作服、气体浓度检查仪、防爆手电筒、防爆对讲机、急救箱或急救包、吸附材料、洗消设施或清洁剂、应急处置工具。
未着火情况下泄漏（扩散）处置措施	1. 小量和中量泄漏时： （1）侦检警戒疏散。根据液体流动和蒸气扩散的影响区域及有毒有害气体检测浓度划定初始警戒区，无关人员从侧风、上风向撤离至安全区，初始隔离100m，下风向隔离800m。 （2）消除所有点火源（泄漏区附近禁止吸烟、消除所有明火、火花或火焰、严禁使用非防爆类工具）。 （3）稀释降毒。自吸过滤式防毒面罩，戴化学安全防护眼镜，穿防静电工作服，戴一般作业防护手套在泄漏容器四周设置水幕，并利用水枪喷射雾状水或开花水流进行稀释降毒，防止向外扩散。 （4）器具堵漏。根据事故现场、管道或阀门等发生泄漏的部位、泄漏口形状及余压大小等情况，研制堵漏方案，采用不同方法实施。 （5）倒罐输转。储罐、容器壁发生泄漏，无法堵漏时，可在水枪进行掩护采用疏导方法将乙烯导入其他容器或储罐。 （6）洗消收容。在事故现场使用喷雾水、蒸汽、惰性气体清扫事故现场。在泄漏区域挖沟渠收容污染溶液，后收集至槽车或专用容器内进行安全处理。 2. 大量泄漏时： （1）侦检警戒疏散。根据气体扩散的影响区域及有毒有害气体检测浓度划定警戒区，无关人员从侧风、上风向撤离至安全区，初始隔离300m，下风向疏散800m。 （2）稀释降毒。自吸过滤式防毒面罩，戴化学安全防护眼镜，穿防静电工作服，一般作业防护手套在泄漏容器四周设置水幕，并利用水枪喷射雾状水或开花水流进行稀释降毒，防止向外扩散。 （3）洗消收容。在泄漏区域挖沟渠收容污染溶液，后收集至槽车或专用容器内进行安全处理。

火灾爆炸处置措施	1. 使用灭火剂类型： （1）可使用的类型：泡沫、雾状水、二氧化碳。 （2）禁止使用的类型：卤代烷灭火剂。
	2. 个人防护装备：正压自给式空气呼吸器、防静电、防寒服、防护手套（高浓度下使用防毒面具、安全防护眼镜）。
	3. 抢险装备：可燃气体检测仪、应急指挥车、泡沫消防车、化学洗消车抢险救援车、应急工具箱。
	4. 应急处置方法、流程： ＊处置方法： （1）首先对储罐及周围环境进行检测，对着火情况进行侦查警戒，疏散无关人员和车辆，若出现阀门发出声响或罐体变色等爆裂征兆时，立即撤退至安全地带。 （2）切断火势蔓延途径，控制燃烧范围，使其稳定燃烧，防止爆炸。 （3）工艺关断，切断泄漏源。 （4）如果火势中有压力容器或有受到火焰辐射热威胁的压力容器，尽可能在水枪喷雾的掩护下疏散到安全地带，不能疏散的应部署足够多的水枪进行冷却保护。 ＊处置流程： （1）警戒疏散。 （2）围堤堵截。 （3）降温灭火。 （4）收容洗消。 ＊超出自身处置能力以外需要外部支援情况： （1）泄漏量、火势增大，需要响应升级。 （2）应急救援物资、器材消耗大，需要补充。 （3）发生爆炸。 （4）人员体力不支、数量不够。

苯（含粗苯）

1. 理化特性

UN 号：1114	CAS 号：71-43-2
分子式：C_6H_6	分子量：78.11
熔点：55℃	沸点：80.1℃
相对蒸气密度：2.77	临界压力：4.92MPa
临界温度：289.5℃	饱和蒸气压力：10kPa（20℃）
闪点：-11℃	爆炸极限：1.2%~8.0%（体积分数）
自燃温度：560℃	最小点火能：0.55mJ
最大爆炸压力：0.880MPa	综合危险性质分类：3类易燃液体
外观形态及溶解性：无色透明液体，有强烈芳香味。微溶于水，与乙醇、乙醚、丙酮、四氯化碳、二硫化碳和乙酸混溶。	
火灾爆炸特性	1. 火灾危险性分类：甲类。 2. 特殊火灾特性描述：其蒸气与空气形成爆炸性混合物，遇明火、高热能引起燃烧爆炸。与氧化剂能发生强烈反应。其蒸气比空气重，能在较低处扩散到相当远的地方，遇火源引着回燃。若遇高热，容器内压增大，有开裂和爆炸的危险。流速过快，容易产生和积聚静电。
毒性特性	高毒；吸入高浓度苯对中枢神经系统有麻醉作用，引起急性中毒；长期接触苯对造血系统有损害，引起白细胞和血小板减少，重者导致再生障碍性贫血。可引起白血病。具有生殖毒性。皮肤损害有脱脂、干燥、皲裂、皮炎。 职业接触限值：时间加权平均容许浓度（PC-TWA）为 $6mg/m^3$（皮）；短时间接触容许浓度（PC-STEL）为 $10mg/m^3$（皮）。 IARC 认定为确认人类致癌物。

2. 物料储存安全措施

储存方式和储存状态	1. 储存方式：桶装、立罐、卧罐。
	2. 储存状态：常温/常压/液态。
正常储存状态下主要安全措施及备用应急设施	1. 主要安全措施： （1）储苯场所应设置泄漏检测报警仪，使用防爆型的通风系统和设备。 （2）储罐等容器和设备应设置安全装置，重点储罐等应设置紧急切断装置。 （3）设置安全警示标志。 （4）用防爆型照明、通风设施。 （5）采取防雷、防静电措施。
	2. 备用应急设施：事故风机、围堰、灭火器具。

3. 物料运输安全措施

运输车辆和物料状态	运输车辆种类：厢车、罐车。 容器内物料状态：常温/常压/液态。
正常运输状态下主要安全措施及备用应急设施	1. 主要安全措施： （1）使用安全标志类：标志灯、危险化学品标志牌和标记、三角警示牌。 （2）使用卫星定位装置、阻火器、轮挡。 * 罐车运输时： （1）使用防波板。 （2）使用倾覆保护装置（罐体顶部设有安全附件和装卸附件时，且应设积液收集装置）。 （3）装卸管路：根据罐体构造不同，设置2道或3道相互独立或串联的紧急切断阀、卸料阀及关闭装置。 （4）装卸口设置阀门箱或防碰撞护栏等保护装置，且应设置有密封盖或密封式集漏器。 （5）使用扶梯、罐顶操作平台及护栏。 （6）使用安全泄放装置（安全阀、爆破片以及两者的串联组合装置，紧急泄放装置和呼吸阀组合装置）。 （7）呼吸阀应具有阻火功能。 （8）真空减压阀应具有阻火功能。

正常运输状态下主要安全措施及备用应急设施	（9）使用紧急切断装置。 （10）使用仪表：压力表、液位计、温度计。 （11）装卸阀门：阀门不得选用铸铁或非金属材料制造；易燃介质罐体，应采用不产生火花的铜、铝合金或不锈钢材质阀门。 （12）充装时使用万向节管道充装系统，严防超装。 *厢车运输时： （1）使用阻火器（火星熄灭器）。 （2）使用导静电拖线。 （3）要有遮阳措施，防止阳光直射。 （4）使用倾覆保护装置、三角木垫。
	2. 备用应急设施：灭火器具、反光背心、便携式照明设备、防护性手套、眼部防护装备（如护目镜）、应急逃生面具、防爆铲、堵漏器具（如堵漏垫、堵漏袋）、眼部冲洗液。

4. 应急措施

企业配备应急器材	正压式空气呼吸器、过滤式防毒面具、防护眼镜、防静电工作服、防毒物渗透工作服、橡胶手套、便携式气体探测器、防爆手电筒、防爆对讲机、急救箱或急救包、吸附材料、洗消设施或清洁剂，应急处置工具箱。
未着火情况下泄漏（扩散）处置措施	1. 小量和中量泄漏时： （1）侦检警戒疏散。根据泄漏影响区域及有毒有害气体检测浓度划定初始警戒区，无关人员从侧风、上风向撤离至安全区，初始泄漏隔离距离至少为50m。 （2）消除所有点火源（泄漏区附近禁止吸烟、消除所有明火、火花或火焰、严禁使用非防爆类工具）。 （3）收集围堵泄漏物。勿使泄漏物与有机物、还原剂、易燃物接触，用惰性、湿润的不燃材料吸收，使用洁净的非火花工具收集，置于密闭的容器中，并将容器移离泄漏区。 （4）堵漏。制订堵漏方案，利用合适的堵漏工具进行堵漏。 （5）倒罐输转。事故现场不能有效堵漏的情况下，可采取防爆泵抽取等措施转移至专用收容器内，倒罐必须由操作经验丰富的专业技术人员进行，同时用水枪掩护，管线、设备做好良好接地。 （6）洗消收容。用防爆泵等器材对消防废水进行收容和地面洗消处理。

未着火情况下泄漏（扩散）处置措施	2. 大量泄漏时： （1）侦检警戒疏散。根据泄漏影响区域及有毒有害气体检测浓度划定初始警戒区，无关人员从侧风、上风向撤离至安全区，下风向的初始疏散距离应至少为300m。 （2）消除所有点火源（泄漏区附近禁止吸烟、消除所有明火、火花或火焰、严禁使用非防爆类工具）。 （3）收集泄漏物。勿使泄漏物与有机物、还原剂、易燃物接触，避免扬尘，利用防爆工具将泄漏物收集回收或运至废物处理场所处置，泄漏物回收后，用水冲洗泄漏区。 （4）洗消收容。用防爆泵等器材对消防废水进行收容和地面洗消处理。
火灾爆炸处置措施	1. 使用灭火剂类型： （1）可使用的类型：雾状水、泡沫、干粉。 （2）禁止使用的类型：直流水。 2. 个人防护装备：正压自给式空气呼吸器，防静电、防腐、防毒服，橡胶手套，化学防护眼镜，防毒面具。 3. 抢险装备：气体浓度检测仪、吸附器材或堵漏器材、无人机、灭火机器人。 4. 应急处置方法、流程： ＊处置方法： （1）首先对泄漏及周围环境进行检测，对着火情况进行侦查警戒，疏散无关人员和车辆，若阀门发出声响或罐体变色，立即撤离火场。 （2）若发生在普通城市道路上，使用围油栏或沙袋等在道路两侧液体流散下方向安全处进行围堤堵截，并用沙土或沙袋对市政管网井口、盖板等四周围堤堵截，防止消防废水污染环境。 （3）如果是储罐泄漏的情况，应在确保安全的前提下，消防人员穿消防灭火战斗服将容器移离火场。 （4）消防员从远处或使用遥控水枪、水炮对容器进行降温、灭火，无水时使用泡沫或干粉在上风向灭火，直至灭火结束。 （5）使用防爆泵等器材对消防废水进行收容和地面洗消处理。 ＊处置流程： （1）警戒疏散。 （2）切断泄漏源。 （3）控制爆炸，稳定燃烧。 ＊现场管控范围要求： 下风向的初始疏散距离应至少为1600m（具体还要根据现场实际情况确定）。

苯胺

1. 理化特性

UN 号：1547	CAS 号：62-53-3
分子式：C_6H_7N	分子量：93.13
熔点：-6.2℃	沸点：184.4℃
相对蒸气密度：3.3	临界压力：5.30MPa
临界温度：425.6℃	饱和蒸气压力：2.00kPa（25℃）
闪点：70℃	爆炸极限：1.2%~11.0%（体积分数）
自燃温度：615℃	引燃温度：615℃
最大爆炸压力：/（无资料）	综合危险性质分类：6.1 类毒性物质
外观及形态：无色至浅黄色透明液体，有强烈气味。暴露在空气中或在日光下变成棕色。微溶于水，溶于乙醇、乙醚、苯。	
火灾爆炸特性	1. 火灾危险性分类：丙类。 2. 特殊火灾特性描述：遇明火、高热可燃。与酸类、卤素、醇类、胺类发生强烈反应，会引起燃烧。
毒性特性	高毒；主要引起高铁血红蛋白血症、溶血性贫血和肝、肾损害。易经皮肤吸收。可出现溶血性黄疸、中毒性肝炎及肾损害。可出现化学性膀胱炎。眼接触引起结膜、角膜炎。慢性中毒患者有神经衰弱综合征表现，伴有轻度紫绀、贫血和肝、脾肿大。皮肤接触可引起湿疹。 职业接触限值：时间加权平均容许浓度（PC-TWA）为 $3mg/m^3$。

2. 物料储存安全措施

储存方式和储存状态	1. 储存方式：桶装、立罐、卧罐。 2. 储存状态：常温/正压/液态。

正常储存状态下主要安全措施及备用应急设施	1. 主要安全措施： （1）储存场所设置泄漏检测报警仪。 （2）储存场所设置防雷、防静电装置。 （3）储罐等容器和设备应设置液位计、温度计，并应装有带液位、温度远传记录和报警功能的安全装置，重点储罐需设置紧急切断装置。 （4）储存区设置围堰，地面进行防渗透处理，并配备倒装罐或储液池。 （5）储存场所设置安全警示标志。 2. 备用应急设施：防爆型照明、水雾喷淋系统、灭火器具。

3. 物料运输安全措施

运输车辆和物料状态	1. 运输车辆种类：罐车、厢车。
	2. 容器内物料状态：常温/常压/液态。
正常运输状态下主要安全措施及备用应急设施	1. 主要安全措施： （1）使用安全标志类：标志灯、危险化学品标志牌和标记、三角警示牌。 （2）使用卫星定位装置、阻火器、轮挡。 ＊罐车运输时： （1）使用防波板。 （2）使用倾覆保护装置。 （3）装卸管路：根据罐体构造不同，设置2道或3道相互独立或串联的紧急切断阀、卸料阀及关闭装置。 （4）充装时使用万向节管道充装系统，严防超装。 （5）使用扶梯、罐顶操作平台及护栏。 （6）使用紧急切断装置。 （7）使用仪表：液位计、温度计。 ＊厢车运输时： （1）要有遮阳措施，防止阳光直射。 （2）使用倾覆保护装置、三角木垫。 2. 备用应急设施：灭火器具、反光背心、便携式照明设备、防护性手套、眼部防护装备（如护目镜）、应急逃生面具、防爆铲、堵漏器具（如堵漏垫、堵漏袋）、眼部冲洗液。

4. 应急措施

企业配备应急器材	正压式空气呼吸器、重型防护服、过滤式防毒面具、安全防护眼镜、防毒物渗透工作服、耐油橡胶手套、防爆手电筒、防爆对讲机、急救箱或急救包、吸附器材、洗消设施或清洁剂、应急处置工具箱。
未着火情况下泄漏（扩散）处置措施	1. 常液体储罐小量和中量泄漏时： （1）个体防护：须佩戴空气呼吸器、穿全身消防服。 （2）侦检警戒疏散。根据周边情况，影响区域及泄漏情况划定警戒区，隔离泄漏污染区，限制出入，液体泄漏隔离距离至少为50m。 （3）关闭前置阀门，切断泄漏源。 （4）器具堵漏： ①据现场泄漏情况，研究制定堵漏方案，实施堵漏； ②所有堵漏行动必须采取防爆措施，确保安全。 （5）倒罐输转。无法堵漏时，可在水枪掩护下利用工艺措施导流。 （6）覆盖清理。用干燥的沙土或其他不燃材料吸收或覆盖，收集于容器中。 （7）洗消处理： ①用大量清水进行洗消； ②洗消的对象：被困人员、救援人员及现场医务人员； ③废水收容。
	2. 液体储罐大量泄漏时： （1）个体防护：须佩戴空气呼吸器、穿全身消防服。 （2）侦检警戒疏散。根据周边情况，影响区域及泄漏情况划定警戒区，隔离泄漏污染区，限制出入；在原有初始隔离距离50m的基础上加大下风向的疏散距离。 （3）关闭前置阀门，切断泄漏源。 （4）器具堵漏： ①据现场泄漏情况，研究制订堵漏方案，实施堵漏； ②所有堵漏行动必须采取防爆措施，确保安全。 （5）倒罐输转。无法堵漏时，可用水枪进行掩护，利用工艺措施导流。 （6）覆盖清理。构筑围堤或挖坑收容。用沙土、惰性材料或蛭石吸收大量液体。用泵转移至槽车或专用收集器内。 （7）洗消处理： ①用大量清水进行洗消； ②洗消的对象：被困人员、救援人员及现场医务人员； ③废水收容。

火灾爆炸处置措施	1. 使用灭火剂类型： （1）可使用的类型：雾状水、泡沫、二氧化碳、沙土。 （2）禁止使用的类型：直流水。
	2. 个人防护装备：隔热服、正压自给式空气呼吸器、防毒面具、消防灭火战斗服、防护眼镜、重型防化服、高温手套。
	3. 抢险装备：气体浓度检测仪、吸附器材或堵漏器材、无人机、灭火机器人。
	4. 应急处置方法、流程： ＊处置方法： （1）首先对周围环境进行检测，对着火情况进行侦查警戒，疏散无关人员和车辆。 （2）用沙土或沙袋等封堵下水道口，防止消防废水污染环境。 （3）消防人员须戴好防毒面具，从远处或使用遥控水枪、水炮对容器进行降温，使用泡沫在上风向灭火，直至灭火结束。 （4）使用防爆泵等器材对消防废水进行收容和地面洗消处理。 ＊处置流程： （1）警戒疏散。 （2）围堤堵截。 （3）降温灭火。 （4）收容洗消。 ＊超出自身处置能力以外需要外部支援情况： （1）泄漏量、火势增大，需要响应升级。 （2）应急救援物资、器材消耗大，需要补充。 （3）发生爆炸。 （4）人员体力不支、数量不够。

苯乙烯

1. 理化特性

UN 号：2055	CAS 号：100-42-5
分子式：C_8H_8	分子量：104.15
熔点：-30.6℃	沸点：146℃
相对蒸气密度：3.6	临界压力：3.81MPa
临界温度：369℃	饱和蒸气压力：0.670kPa（20℃）
闪点：32℃	爆炸极限：1.1%~6.1%（体积分数）
自燃温度：490℃	引燃温度：490℃
最大爆炸压力：/（无资料）	综合危险性质分类：3.3 类高闪点易燃液体
外观及形态：无色透明油状液体，有芳香味。不溶于水，溶于乙醇和乙醚。	
火灾爆炸特性	1. 火灾危险性分类：乙类。
	2. 特殊火灾特性描述：易燃，蒸气与空气能形成爆炸性混合物，遇明火、高热或与氧化剂接触，能引起燃烧爆炸。遇酸性催化剂能产生猛烈聚合。蒸气比空气重，能在较低处扩散到相当远的地方，遇火源会着火回燃和爆炸。
毒性特性	对眼、皮肤、黏膜和呼吸道有刺激作用，高浓度时有麻醉作用。职业接触限值：时间加权平均容许浓度（PC-TWA）为 50mg/m^3；短时间接触容许浓度（PC-STEL）为 100mg/m^3。IARC 认定为可疑人类致癌物。

2. 物料储存安全措施

储存方式和储存状态	1. 储存方式：桶装、立罐。
	2. 储存状态：常温/常压/液态。

正常储存状态下主要安全措施及备用应急设施	1. 主要安全措施： （1）储存场所设置固定式可燃气体报警器，或配备便携式可燃气体报警器，宜增设有毒气体报警仪。 （2）使用防爆型的通风系统和设备。 （3）储罐等容器和设备应设置液位计、温度计，并应装有带液位、温度远传记录和报警功能的安全装置。 （4）储存添加稳定剂，储罐加氮封。 （5）储罐设固定或移动式消防冷却水系统。
	2. 备用应急设施：水雾喷淋系统和设备、灭火器具、安全淋浴和洗眼设备、石灰粉等吸收材料。

3. 物料运输安全措施

运输车辆和物料状态	1. 运输车辆种类：罐车、厢车。
	2. 容器内物料状态：常温/常压/液态。
正常运输状态下主要安全措施及备用应急设施	1. 主要安全措施： （1）使用安全标志类：标志灯、危险化学品标志牌和标记、三角警示牌。 （2）使用卫星定位装置、阻火器、轮挡。 ＊罐车运输时： （1）使用防波板。 （2）使用倾覆保护装置（罐体顶部设有安全附件和装卸附件时，且应设积液收集装置）。 （3）装卸管路：根据罐体构造不同，设置 2 道或 3 道相互独立或串联的紧急切断阀、卸料阀及关闭装置。 （4）装卸口设置阀门箱或防碰撞护栏等保护装置，且应设置有密封盖或密封式集漏器。 （5）使用扶梯、罐顶操作平台及护栏。 （6）使用安全泄放装置（安全阀、爆破片以及两者的串联组合装置，紧急泄放装置和呼吸阀组合装置）。 （7）呼吸阀应具有阻火功能。 （8）真空减压阀应具有阻火功能。 （9）使用紧急切断装置。

正常运输状态下主要安全措施及备用应急设施	（10）使用仪表：压力表、液位计、温度计。 （11）装卸阀门：阀门不得选用铸铁或非金属材料制造；易燃介质罐体，应采用不产生火花的铜、铝合金或不锈钢材质阀门。 （12）装卸用管及快装接头应有导静电功能。 ＊厢车运输时： （1）使用阻火器（火星熄灭器）。 （2）使用导静电拖线。 （3）要有遮阳措施，防止阳光直射。 （4）使用倾覆保护装置、三角木垫。
	2. 备用应急设施：灭火器具、反光背心、便携式照明设备、防护性手套、眼部防护装备（如护目镜）、应急逃生面具、防爆铲、堵漏器具（如堵漏垫、堵漏袋）、眼部冲洗液。

4. 应急措施

企业配备应急器材	正压式空气呼吸器、重型防护服、有毒气体检测报警仪、过滤式防毒面具、防护眼镜、防毒物渗透工作服、耐油橡胶手套、防爆手电筒、防爆对讲机、急救箱或急救包、吸附材料、洗消设施或清洁剂、应急处置工具。
未着火情况下泄漏（扩散）处置措施	1. 常压罐储存小量泄漏时： （1）侦检警戒疏散。根据液体流动和蒸气扩散的影响区域及有毒有害气体检测浓度划定初始警戒区，无关人员从侧风、上风向撤离至安全区，泄漏隔离距离至少为100m。 （2）消除所有点火源（泄漏区附近禁止吸烟、消除所有明火、火花或火焰、严禁使用非防爆类工具）。作业时使用的所有设备应接地。禁止接触或跨越泄漏物。 （3）切断泄漏源。尽可能切断泄漏源，制订堵漏方案，在水雾掩护下利用木塞或专业工具进行堵漏。防止泄漏物进入水体、下水道、地下室或密闭性空间。 （4）泄漏物处置。应急处理人员用沙土或其他不燃材料吸收泄漏物，使用洁净的无火花工具收集吸收材料，并收集转运至空旷安全地带，保证安全的情况下点火焚烧，彻底消除危害。也可以用不燃性分散剂制成的乳液刷洗，洗液稀释后放入废水系统。

未着火情况下泄漏（扩散）处置措施	2. 中量、大量泄漏时： （1）侦检警戒疏散。根据液体流动和蒸气扩散的影响区域及有毒有害气体检测浓度划定初始警戒区，无关人员从侧风、上风向撤离至安全区，下风向的初始疏散距离应至少为800m。 （2）消除所有点火源（泄漏区附近禁止吸烟、消除所有明火、火花或火焰、严禁使用非防爆类工具）。作业时使用的所有设备应接地。禁止接触或跨越泄漏物。 （3）稀释防爆。利用水枪喷射雾状水或开花水流稀释、驱散苯乙烯蒸气云团，禁止用强直流水柱直接冲击容器及泄漏物，以防产生爆炸。 （4）围堵收集泄漏介质。应急处理人员戴正压式空气呼吸器，用泡沫覆盖或喷射水雾，减少蒸发，用无火花工具收集泄漏介质至收容器内，控制苯乙烯流淌扩散，防止进入水体、下水道、地下污水管网或密闭性空间。 （5）堵漏。制订堵漏方案，在水枪掩护下利用木塞或专业工具进行堵漏。 （6）倒罐输转。事故现场不能有效堵漏的情况下，可采取防爆泵抽取等输转措施转移至专用收容器内，倒罐必须由操作经验丰富的专业技术人员进行，同时用水枪掩护，管线、设备做好良好接地。 （7）洗消收容。用防爆泵等器材对消防废水进行收容和地面洗消处理。
火灾爆炸处置措施	1. 使用灭火剂类型： （1）可使用的类型：泡沫、干粉、二氧化碳、沙土。 （2）禁止使用的类型：水。 2. 个人防护装备：正压自给式空气呼吸器、自吸过滤式防毒面具、防静电防毒物渗透工作服、化学安全防护眼镜、耐油橡胶手套。 3. 抢险装备：复合式气体检测仪、吸附器材或堵漏器材、无人机、灭火机器人。

火灾爆炸处置措施	4. 应急处置方法、流程： ＊处置方法： （1）首先对储罐及周围环境进行检测，对着火情况进行侦查警戒，疏散无关人员和车辆，若阀门发出声响或罐体变色，立即撤离火场。 （2）用沙土或沙袋等封堵下水道口，关闭管网控制阀，防止泄漏介质进入水体、下水道、地下室或密闭性空间，防止消防废水污染环境。 （3）消防人员穿消防灭火战斗服从远处或使用遥控水枪、水炮对容器进行降温，使用泡沫或干粉在上风向灭火，直至灭火结束。 （4）使用防爆泵等器材对消防废水进行收容和地面洗消处理。 ＊处置流程： （1）警戒疏散。 （2）围堤堵截。 （3）降温灭火。 （4）收容洗消。 ＊超出自身处置能力以外需要外部支援情况： （1）泄漏量、火势增大，需要响应升级。 （2）应急救援物资、器材消耗大，需要补充。 （3）发生爆炸。 （4）人员体力不支、数量不够。

丙酮氰醇

1. 理化特性

UN 号：1541	CAS 号：75-86-5
分子式：C_4H_7ON	分子量：85.11
熔点：-19℃	沸点：95℃
相对蒸气密度：2.93	临界压力：/（无资料）
临界温度：346.85℃	饱和蒸气压力：2.07kPa（20℃）
闪点：74℃	爆炸极限：2.2%~12.0%（体积分数）
自燃温度：687.8℃	引燃温度：687.8℃
最大爆炸压力：/（无资料）	综合危险性质分类：6.1 类毒性物质
外观及形态：无色或亮黄色液体。易溶于水，易溶于乙醇、乙醚，溶于丙酮、苯，微溶于石油醚、二硫化碳。	
火灾爆炸特性	1. 火灾危险性分类：丙类。
	2. 特殊火灾特性描述：易燃，蒸气与空气可形成爆炸性混合物，遇明火、高热能引起燃烧爆炸，放出有毒烟雾。蒸气比空气重，能在较低处扩散到相当远的地方，遇火源会着火回燃。
毒性特性	剧毒；本品的蒸气或液体对皮肤、黏膜均有刺激作用，毒作用与氢氰酸相同。早期中毒症状有无力、头昏、头痛、胸闷、心悸、恶心、呕吐和食欲减退，严重者可致死。可引起皮炎。职业接触限值：最高容许浓度（MAC）为 $3mg/m^3$（皮）。

2. 物料储存安全措施

储存方式和储存状态	1. 储存方式：桶装。
	2. 储存状态：常温/常压/液态。

正常储存状态下主要安全措施及备用应急设施	1. 主要安全措施： （1）设置泄漏检测报警仪。 （2）使用防爆型的通风系统和设备。 （3）设置防雷、防静电装置。 （4）设置安全警示标志。
	2. 备用应急设施：应急池、灭火器具。

3. 物料运输安全措施

运输车辆和物料状态	1. 运输车辆种类：厢车。
	2. 容器内物料状态：常温/常压/液态。
正常运输状态下主要安全措施及备用应急设施	1. 主要安全措施： ＊厢车运输时： （1）使用安全标志类：危险化学品标志牌和标记、三角警示牌。 （2）使用倾覆保护装置、三角木垫。
	2. 备用应急设施：灭火器具、反光背心、便携式照明设备、防护性手套、眼部防护装备（如护目镜）、应急逃生面具、密闭型防毒服、耐油橡胶手套。

4. 应急措施

企业配备应急器材	正压式空气呼吸器、重型防护服、密闭型防毒服、耐油橡胶手套、过滤式防毒面具（全面罩）、防爆手电筒、防爆对讲机、急救箱或急救包、吸附材料、洗消设施或清洁剂、应急处置工具箱。
未着火情况下泄漏（扩散）处置措施	1. 储罐储存小量和中量泄漏时： （1）侦检警戒疏散。根据液体和蒸气扩散的影响区域及检测浓度划定警戒区，无关人员从侧风、上风向撤离至安全区；在所有方向上隔离泄漏区至少 50m。 （2）隔离火源。消除所有点火源。 （3）固体吸附。戴正压自给式空气呼吸器，穿防毒服。用干燥的沙土或其他不燃材料覆盖泄漏物，防止泄漏物进入水体、下水道、地下室或密闭性空间。严禁用水处理。

未着火情况下泄漏（扩散）处置措施	（4）器具堵漏。根据事故现场、管道或阀门等发生泄漏的部位、泄漏口形状及余压大小等情况，研制堵漏方案，采用不同方法实施。 （5）倒罐收容。无法堵漏时，用疏导方法将丙酮氰醇导入其他容器或储罐。 （6）洗消处理。使用专用药剂化学处理，一般采用硫代硫酸钠与丙酮氰醇中和产生无毒物质。
	2. 与储罐连接的管道储存小量和中量泄漏时： （1）侦检警戒疏散。根据液体和蒸气扩散的影响区域及检测浓度划定警戒区，无关人员从侧风、上风向撤离至安全区；在所有方向上隔离泄漏区至少50m。 （2）隔离火源。消除所有点火源。 （3）固体吸附。戴正压自给式空气呼吸器，穿防毒服。用干燥的沙土或其他不燃材料覆盖泄漏物，防止泄漏物进入水体、下水道、地下室或密闭性空间。严禁用水处理。 （4）关阀断源。泄漏点处在阀门下游且阀门尚未损坏时，穿戴好个人防护的情况下进行关闭阀门、切断物料源的措施制止泄漏。若泄漏点处在阀门上游或关阀失败时，则选择合适的堵漏工具进行堵漏。 （5）洗消处理。使用专用药剂化学处理，一般采用硫代硫酸钠与丙酮氰醇中和产生无毒物质。
	3. 大量泄漏时： （1）侦检警戒疏散。根据液体和蒸气扩散的影响区域及检测浓度划定警戒区，无关人员从侧风、上风向撤离至安全区；在所有方向上隔离泄漏区至少50m，并在初始隔离距离的基础上加大下风向的疏散距离。 （2）隔离火源。消除所有点火源。 （3）筑堤收容。戴正压自给式空气呼吸器，穿防毒服。在泄漏液体周围筑堤收容。 （4）用石灰粉吸收大量液体。用泡沫覆盖抑制蒸气的生成，喷雾状水驱散蒸气、稀释液体泄漏物。 （5）洗消处理。用泵将堤内泄漏物转移至槽车或专用收集器内，用大量水对污染区域进行冲洗，防止造成二次污染和中毒，并对冲洗区域的废水集中回收处理。

火灾爆炸处置措施	1. 使用灭火剂类型： （1）可使用的类型：小火用干粉灭火器、二氧化碳灭火器、抗溶性泡沫、沙土灭火、雾状水；大火用水幕、雾状水、抗溶性泡沫。 （2）禁止使用的类型：直流水。
	2. 个人防护装备：内置正压自给式空气呼吸器的全封闭防化服、氧气呼吸器、面罩式胶布防毒衣、防静电工作服、防化学品手套、过滤式防毒面具。
	3. 抢险装备：水罐泡沫车、化学洗消车、抢险救援车及侦检、传输、洗消应急装备。
	4. 应急处置方法、流程： 发生火灾，应立即启动应急救援预案的紧急停车程序，在火灾尚未扩大到不可控制前，应适当移动灭火器来控制火灾。迅速关闭火灾部位上下游阀门，切断进入火灾事故地点的一切物料，然后启用各种消防设备、器材扑灭初期火灾和控制火源。如火灾扩大到不可控制时应有专业消防人员进行扑火，同时应在火灾周围根据容器容量大小筑堤围堵，如无围堵条件，则用毛毡或沙袋堵住下水井、阴井口等处，防止火灾蔓延和有毒消防尾水扩散。 发生爆炸，应立即启动应急救援预案的紧急停车程序，在确保人员安全的前提下就近切断上下游阀门，进行隔离。同时启用各种消防设备、器材对爆炸设备及周边设备进行冷却，防止二次爆炸事故和火灾的发生。

丙烯腈

1. 理化特性

UN 号：1093	CAS 号：107-13-1
分子式：C_3H_3N	分子量：53.06
熔点：-83.6℃	沸点：77.3℃
相对蒸气密度：1.83	临界压力：3.5MPa
临界温度：263℃	饱和蒸气压力：11kPa（20℃）
闪点：-5℃	爆炸极限：2.8%~28%（体积分数）
自燃温度：480℃	引燃温度：480℃
最大爆炸压力：/（无资料）	综合危险性质分类：3.2 类中闪点易燃液体
外观及形态：无色透明液体。微溶于水，与苯、丙酮、甲醇等有机溶剂互溶。	
火灾爆炸特性	1. 火灾危险性分类：甲类。 2. 特殊火灾特性描述：高度易燃，蒸气与空气能形成爆炸性混合物，遇明火、高热易引起燃烧或爆炸，并放出有毒气体。
毒性特性	高毒；可经呼吸道、胃肠道和完整皮肤进入体内。在体内析出氰根，抑制呼吸酶；对呼吸中枢有直接麻痹作用。重度中毒出现癫痫大发作样抽搐、昏迷、肺水肿。职业接触限值：时间加权平均容许浓度（PC-TWA）为 $1mg/m^3$（皮）；短时间接触容许浓度（PC-STEL）为 $2mg/m^3$（皮）。 IARC 认定为可疑人类致癌物。

2. 物料储存安全措施

储存方式和储存状态	1. 储存方式：桶装、立罐、卧罐。 2. 储存状态：常温/常压/液态。

正常储存状态下主要安全措施及备用应急设施	1. 主要安全措施： （1）设置有毒气体报警器。 （2）使用防爆型的通风系统和设备。 （3）储罐等容器和设备应设置液位计、温度计，并应装有带液位、温度远传记录和报警功能的安全装置，重点储罐需设置紧急切断装置。 （4）设置安全警示标志。 （5）储罐应设固定或移动式消防冷却水系统。 2. 备用应急设施：安全淋浴和洗眼设备、灭火器具。

3. 物料运输安全措施

运输车辆和物料状态	1. 运输车辆种类：罐车、厢车。
	2. 容器内物料状态：常温/常压/液态。
正常运输状态下主要安全措施及备用应急设施	1. 主要安全措施： （1）使用安全标志类：标志灯、危险化学品标志牌和标记、三角警示牌。 （2）使用卫星定位装置、阻火器、轮挡。 *罐车运输时： （1）使用防波板。 （2）使用倾覆保护装置（罐体顶部设有安全附件和装卸附件时，且应设积液收集装置）。 （3）装卸管路：根据罐体构造不同，设置2道或3道相互独立或串联的紧急切断阀、卸料阀及关闭装置。 （4）装卸口设置阀门箱或防碰撞护栏等保护装置，且应设置有密封盖或密封式集漏器。 （5）使用扶梯、罐顶操作平台及护栏。 （6）使用安全泄放装置（安全阀、爆破片以及两者的串联组合装置，紧急泄放装置和呼吸阀组合装置）。 （7）呼吸阀应具有阻火功能。 （8）真空减压阀应具有阻火功能。 （9）使用紧急切断装置。 （10）使用仪表：压力表、液位计、温度计。

正常运输状态下主要安全措施及备用应急设施	（11）装卸阀门：阀门不得选用铸铁或非金属材料制造；易燃介质罐体，应采用不产生火花的铜、铝合金或不锈钢材质阀门。 （12）装卸用管及快装接头应有导静电功能。 ＊厢车运输时： （1）使用阻火器（火星熄灭器）。 （2）使用导静电拖线。 （3）要有遮阳措施，防止阳光直射。 （4）使用倾覆保护装置、三角木垫。 （5）厢体基本要求： ①封闭式、防火、防雨、防盗功能，具有防雨功能的通风窗； ②货箱内不得装设照明灯光，不得敷设电气线路； ③货厢门铰链固定可靠，旋转自如，锁止机构安全可靠； ④货厢内应设置货物固定禁锢装置，在货厢前壁、侧壁设置一定数量的固定绳钩； ⑤货厢内设置货物起火燃烧报警装置；货厢门上设置防盗报警装置，总质量不小于9000kg的车辆驾驶室内应装监视器； ⑥货厢门应安装密封条，防雨防尘密封良好，固定可靠。 2. 备用应急设施：灭火器具、反光背心、便携式照明设备、防护性手套、眼部防护装备（如护目镜）、应急逃生面具、防爆铲、堵漏器具、眼部冲洗液。

4. 应急措施

企业配备应急器材	正压式空气呼吸器、重型防护服、过滤式防毒面具、防护眼镜、连体式胶布防毒衣、橡胶耐油手套、便携式气体探测器、防爆手电筒、防爆对讲机、急救箱或急救包、吸附材料、洗消设施或清洁剂、应急处置工具箱。
未着火情况下泄漏（扩散）处置措施	1. 小量和中量泄漏时： （1）侦检警戒疏散。根据液体流动和蒸气扩散的影响区域及有毒有害气体检测浓度划定初始警戒区，无关人员从侧风、上风向撤离至安全区，泄漏隔离距离至少为50m。 （2）消除所有点火源（泄漏区附近禁止吸烟、消除所有明火、火花或火焰、严禁使用非防爆类工具）。

未着火情况下泄漏（扩散）处置措施	（3）围堵收集泄漏物。应急处理人员戴合适的呼吸面具，用惰性、湿润的不燃材料吸收，使用洁净的非火花工具收集，置于盖子较松的塑料容器中以待处理。防止泄漏物进入水体、下水道、地下室或密闭性空间。 （4）稀释防爆。利用水枪喷射雾状水或开花水流稀释，禁止用强直流水柱直接冲击容器及泄漏物，以防产生爆炸。 （5）堵漏。制订堵漏方案，在水枪掩护下利用专业工具进行堵漏。 （6）洗消收容。用防爆泵等器材对消防废水进行收容和地面洗消处理。
	2. 大量泄漏时： （1）侦检警戒疏散。根据液体流动和蒸气扩散的影响区域及有毒有害气体检测浓度划定初始警戒区，无关人员从侧风、上风向撤离至安全区，下风向的初始疏散距离应至少为250m。 （2）消除所有点火源（泄漏区附近禁止吸烟、消除所有明火、火花或火焰、严禁使用非防爆类工具）。 （3）构筑围堤或挖坑收容。用泡沫覆盖，减少蒸气灾害。用防爆、耐腐蚀泵转移至槽车或专用收集器内。喷雾状水驱散蒸气、稀释液体泄漏物。防止泄漏物进入水体、下水道、地下室或密闭性空间。 （4）稀释防爆。利用水枪喷射雾状水或开水花流稀释，禁止用强直流水柱直接冲击容器及泄漏物，以防产生爆炸。 （5）堵漏。制订堵漏方案，在水枪掩护下利用专业工具进行堵漏。 （6）洗消收容。用防爆泵等器材对消防废水进行收容和地面洗消处理。
火灾爆炸处置措施	1. 使用灭火剂类型： （1）可使用的类型：雾状水、泡沫、干粉。 （2）禁止使用的类型：直流水。
	2. 个人防护装备：正压自给式空气呼吸器，穿防静电、防腐、防毒服、橡胶手套、化学防护眼镜、防毒面具。
	3. 抢险装备：气体浓度检测仪、吸附器材或堵漏器材、无人机、灭火机器人。

火灾爆炸处置措施	4. 应急处置方法、流程： ＊处置方法： （1）首先进行对槽罐车及周围环境进行检测，对着火情况进行侦查警戒，疏散无关人员和车辆，若阀门发出声响或罐体变色，立即撤离火场。 （2）若发生在普通城市道路上，使用沙袋等在道路两侧液体流散下方向安全处进行围堤堵截，并用沙土或沙袋对市政管网井口、盖板等四周围堤堵截，防止消防废水污染环境。 （3）消防人员穿消防灭火战斗服从远处或使用遥控水枪、水炮对容器进行降温，在上风向灭火，直至灭火结束。 （4）使用防爆泵等器材对消防废水进行收容和地面洗消处理。 ＊处置流程： （1）警戒疏散。 （2）围堤堵截。 （3）降温灭火。 （4）收容洗消。 ＊现场管控范围要求：下风向的初始疏散距离应至少为 50m（具体还要根据现场实际情况确定）。

丙烯醛、2-丙烯醛

1. 理化特性

UN 号：1092	CAS 号：107-02-8
分子式：C_3H_4O	分子量：56.06
熔点：-87.2℃	沸点：52.5℃
相对蒸气密度：1.94	临界压力：5.06MPa
临界温度：/（无资料）	饱和蒸气压力：28.5kPa（20℃）
闪点：-26℃	爆炸极限：2.8%~31.0%（体积分数）
自燃温度：234℃	引燃温度：234℃
最大爆炸压力：/（无资料）	综合危险性质分类：3.1 类低闪点易燃液体
外观及形态：无色或淡黄色液体，有恶臭。溶于水，易溶于醇、丙酮、等多数有机溶剂。	

火灾爆炸特性	1. 火灾危险性分类：甲类。 2. 特殊火灾特性描述：其蒸气与空气可形成爆炸性混合物，遇明火、高热极易燃烧爆炸。受热分解释出高毒蒸气。在空气中久置后能生成有爆炸性的过氧化物。与酸类、碱类、氨、胺类、二氧化硫、硫脲、金属盐类、氧化剂等剧烈反应。在火场高温下，能发生聚合放热，使容器破裂。
毒性特性	剧毒；有强烈刺激性。吸入蒸气损害呼吸道，出现咽喉炎、胸部压迫感、支气管炎；大量吸入可致肺炎、肺水肿，还可出现休克、肾炎及心力衰竭。可致死。液体及蒸气损害眼睛；皮肤接触可致灼伤。口服引起口腔及胃刺激或灼伤。 职业接触限值：最高容许浓度（MAC）为 $1mg/m^3$（皮）。

2. 物料储存安全措施

储存方式和储存状态	1. 储存方式：桶装、立罐、卧罐。
	2. 储存状态：常温/正压/液态。
正常储存状态下主要安全措施及备用应急设施	1. 主要安全措施： （1）设置固定式可燃气体报警器，或配备便携式可燃气体报警器。 （2）使用防爆型的通风系统和设备。 （3）储罐等容器和设备应设置液位计、温度计，并应装有带液位、温度远传记录和报警功能的安全装置，重点储罐需设置紧急切断装置。 （4）设置安全警示标志。 （5）储罐应设固定或移动式消防冷却水系统。
	2. 备用应急设施：安全淋浴和洗眼设备、灭火器具。

3. 物料运输安全措施

运输车辆和物料状态	1. 运输车辆种类：罐车、厢车。
	2. 容器内物料状态：常温/常压/液态。
正常运输状态下主要安全措施及备用应急设施	1. 主要安全措施： （1）使用安全标志类：标志灯、危险化学品标志牌和标记、三角警示牌。 （2）使用卫星定位装置、阻火器、轮挡。 ＊罐车运输时： （1）使用防波板。 （2）使用倾覆保护装置（罐体顶部设有安全附件和装卸附件时，且应设积液收集装置）。 （3）装卸管路：根据罐体构造不同，设置 2 道或 3 道相互独立或串联的紧急切断阀、卸料阀及关闭装置。 （4）装卸口设置阀门箱或防碰撞护栏等保护装置，且应设置有密封盖或密封式集漏器。 （5）使用扶梯、罐顶操作平台及护栏。 （6）使用安全泄放装置（安全阀、爆破片以及两者的串联组合装置，紧急泄放装置和呼吸阀组合装置）。

正常运输状态下主要安全措施及备用应急设施	（7）呼吸阀应具有阻火功能。 （8）真空减压阀应具有阻火功能。 （9）使用紧急切断装置。 （10）使用仪表：压力表、液位计、温度计。 （11）装卸阀门：阀门不得选用铸铁或非金属材料制造；易燃介质罐体，应采用不产生火花的铜、铝合金或不锈钢材质阀门。 （12）充装时使用万向节管道充装系统，严防超装。 ＊厢车运输时： （1）使用阻火器（火星熄灭器）。 （2）使用导静电拖线。 （3）要有遮阳措施，防止阳光直射。 （4）使用倾覆保护装置、三角木垫。
	2. 备用应急设施：灭火器具、反光背心、便携式照明设备、防护性手套、眼部防护装备（如护目镜）、应急逃生面具、防爆铲、堵漏器具（如堵漏垫、堵漏袋）、眼部冲洗液。

4. 应急措施

企业配备应急器材	正压式空气呼吸器、重型防护服、吸过滤式防毒面具（全面罩）、防静电工作服、耐油橡胶手套、气体浓度检测仪、防爆手电筒、防爆对讲机、急救箱或急救包、吸附材料、洗消设施或清洗剂、应急处置工具箱。
未着火情况下泄漏（扩散）处置措施	1. 储罐储存小量和中量泄漏时： （1）侦检警戒疏散。根据气体扩散的影响区域及现场泄漏气体检测浓度划定初始警戒区，无关人员从侧风、上风向撤离至安全区，小量泄漏隔离初始隔离100m，下风向疏散白天1100m、夜晚3300m。 （2）消除所有点火源（泄漏区附近禁止吸烟、消除所有明火、火花或火焰、严禁使用非防爆类工具）。 （3）稀释降毒。穿内置正压自给式空气呼吸器的全封闭防化服，戴橡胶手套在泄漏容器四周设置水幕，并利用水枪喷射雾状水或开花水流进行稀释降毒，经稀释的洗水放入废水系统，或用活性炭或其他材料吸收。

未着火情况下泄漏（扩散）处置措施	（4）器具堵漏。根据事故现场、管道或阀门等发生泄漏的部位、泄漏口形状及余压大小等情况，研制堵漏方案，采用不同方法实施。 （5）倒罐输转。储罐、容器壁发生泄漏，无法堵漏时，可在水枪进行掩护采用疏导方法将丙烯醛导入其他容器或储罐。 （6）化学中和。储罐、容器壁发生少量泄漏，可将泄漏的丙烯醛导入硫酸氢钠，使其发生中和反应形成无害或低毒废水。 （7）洗消收容。将硫酸氢钠溶液喷洒在污染区域或受污染体表面，或用吸附垫、活性炭等具有吸附能力的物质，吸收回收后收集至槽车或专用容器内进行安全处理。 2. 大量泄漏时： （1）侦检警戒疏散。根据液体流动和蒸气扩散的影响区域及有毒有害气体检测浓度划定初始警戒区，无关人员从侧风、上风向撤离至安全区，初始隔离1000m，下风向疏散白天11000m、夜晚11000m。 （2）消除所有点火源（泄漏区附近禁止吸烟、消除所有明火、火花或火焰、严禁使用非防爆类工具）。 （3）筑堤围堵泄漏丙烯醛。应急处理人员戴正压式空气呼吸器，用沙石、泥土、水泥等材料在地面适当部位构筑围堤，用泡沫覆盖或喷射水雾，减少蒸发，用挖掘机等挖坑收容泄漏丙烯醛，控制丙烯醛流淌扩散。封堵事故区域内的下水道口，严防丙烯醛进入地下排污管网。 （4）稀释防爆。利用水枪喷射雾状水或开花水流稀释、驱散丙烯醛蒸气云团，禁止用强直流水柱直接冲击容器及泄漏物，以防产生爆炸。 （5）堵漏。制订堵漏方案，在水枪掩护下利用木塞或专业工具进行堵漏。 （6）倒罐输转。事故现场不能有效堵漏的情况下，应迅速将车辆转移到邻近化工厂等具有一定条件的场所进行倒罐处置，倒罐必须由操作经验丰富的专业技术人员进行，同时用水枪掩护，管线、设备做好良好接地。 （7）转移焚烧。用沙土等吸收残留于事故现场的丙烯醛，并收集转运至空旷安全地带，保证安全的情况下点火焚烧，彻底消除危害。
火灾爆炸处置措施	1. 使用灭火剂类型： （1）可使用的类型：抗溶性泡沫、二氧化碳、干粉、沙土。 （2）禁止使用的类型：直流水。

火灾爆炸处置措施	2. 个人防护装备：隔热服、正压自给式空气呼吸器、防毒面具、消防灭火战斗服、防护眼镜、耐油橡胶手套、高温手套。
	3. 抢险装备：复合式气体浓度检测仪、吸附器材或堵漏器材、无人机、灭火机器人。
	4. 应急处置方法、流程： *处置方法： （1）首先对槽罐车及周围环境进行检测，对着火情况进行侦查警戒，疏散无关人员和车辆，若阀门发出声响或罐体变色，立即撤离火场。 （2）使用沙袋等在道路两侧液体流散下方向安全处进行围堤堵截，并用沙土或沙袋对市政管网井口、盖板等四周围堤堵截，防止消防废水污染环境。 （3）消防人员穿消防灭火战斗服从远处或使用遥控水枪、水炮对容器进行降温，使用泡沫或干粉在上风向灭火，直至灭火结束。 （4）使用防爆泵等器材对消防废水进行收容和地面洗消处理。 *处置流程： （1）警戒疏散。 （2）围堤堵截。 （3）降温灭火。 （4）收容洗消。 *超出自身处置能力以外需要外部支援情况： （1）泄漏量、火势增大，需要响应升级。 （2）应急救援物资、器材消耗大，需要补充。 （3）发生爆炸。 （4）人员体力不支、数量不够。

丙烯酸

1. 理化特性

UN 号：2218	CAS 号：79-10-7
分子式：$C_3H_4O_2$	分子量：72.06
熔点：14℃	沸点：141℃
相对蒸气密度：2.45	临界压力：5.66MPa
临界温度：/（无资料）	饱和蒸气压力：1.33kPa（39.9℃）
闪点：50℃	爆炸极限：2.4%~8.0%（体积分数）
自燃温度：438℃	最小点火能：/（无资料）
最大爆炸压力：/（无资料）	综合危险性质分类：8 类毒性及腐蚀性物质、3 类易燃液体
外观及形态：无色液体，有刺激性气味。与水混溶，可混溶于乙醇、乙醚。	
火灾爆炸特性	火灾危险性分类：乙类。
	特殊火灾特性描述：易燃，其蒸气与空气可形成爆炸性混合物，遇明火、高热能引起燃烧爆炸。与氧化剂能发生强烈反应。若遇高热，可发生聚合反应，放出大量热量而引起容器破裂和爆炸事故。遇热、光、水分、过氧化物及铁质易自聚而引起爆炸。
毒性特性	本品对皮肤、眼睛有强烈刺激作用，伤处愈合慢。接触后可发生呼吸道刺激症状。
	职业接触限值：短时间接触容许浓度（PC-STEL）为 $6mg/m^3$。

2. 物料储存安全措施

储存方式和储存状态	1. 储存方式：桶装、立罐、卧罐。
	2. 储存状态：常温/正压/液态。

正常储存状态下主要安全措施及备用应急设施	1. 主要安全措施： （1）储存场所应设置泄漏检测报警仪。 （2）使用防爆型的通风系统和设备。 （3）储存场所设置防雷、防静电装置。 （4）在丙烯酸储罐四周设置围堰，围堰的容积等于酸（储）罐的容积，围堰与地面作防腐处理。 （5）储罐要有防凝措施。 （6）设置安全警示标志。 2. 备用应急设施：事故风机、喷淋洗眼器、灭火器具。

3. 物料运输安全措施

运输车辆和物料状态	1. 运输车辆种类：罐车、厢车。 2. 容器内物料状态：常温/常压/液态。
正常运输状态下主要安全措施及备用应急设施	1. 主要安全设施： （1）使用安全标志类：标志灯、危险化学品标志牌和标记、三角警示牌。 （2）使用卫星定位装置、阻火器、轮挡。 ＊罐车运输时： （1）使用防波板。 （2）使用倾覆保护装置（罐体顶部设有安全附件和装卸附件时，且应设积液收集装置）。 （3）装卸管路：根据罐体构造不同，设置2道或3道相互独立或串联的紧急切断阀、卸料阀及关闭装置。 （4）装卸口设置阀门箱或防碰撞护栏等保护装置，且应设置有密封盖或密封式集漏器。 （5）使用扶梯、罐顶操作平台及护栏。 （6）使用安全泄放装置（安全阀、爆破片以及两者的串联组合装置，紧急泄放装置和呼吸阀组合装置）。 （7）呼吸阀应具有阻火功能。 （8）真空减压阀应具有阻火功能。 （9）使用紧急切断装置。 （10）使用仪表：压力表、液位计、温度计。

正常运输状态下主要安全措施及备用应急设施	（11）装卸阀门：阀门不得选用铸铁或非金属材料制造；易燃介质罐体，应采用不产生火花的铜、铝合金或不锈钢材质阀门。 （12）装卸用管及快装接头应有导静电功能。 （13）槽（罐）车应有接地链。 （14）槽内可设孔隔板以减少震荡产生静电。 ＊厢车运输时： （1）使用阻火器（火星熄灭器）。 （2）使用导静电拖线。 （3）要有遮阳措施，防止阳光直射。 （4）使用倾覆保护装置、三角木垫。 2. 备用应急设施：灭火器具、反光背心、便携式照明设备、防护性手套、眼部防护装备（如护目镜）、应急逃生面具、防爆铲、堵漏器具（如堵漏垫、堵漏袋）、眼部冲洗液。

4. 应急措施

企业配备应急器材	重型防护服、自吸过滤式防毒面具、橡胶耐酸碱服、橡胶耐酸碱手套。
未着火情况下泄漏（扩散）处置措施	1. 常压罐储存小量、中量泄漏时： （1）侦检警戒疏散。根据液体流动和蒸气扩散的影响区域及有毒有害气体检测浓度划定初始警戒区，无关人员从侧风、上风向撤离至安全区，泄漏隔离距离至少为50m。 （2）消除所有点火源（泄漏区附近禁止吸烟、消除所有明火、火花或火焰、严禁使用非防爆类工具）。 （3）稀释防爆。利用水枪喷射雾状水或开花水流稀释、驱散汽油蒸气云团，或用泡沫覆盖泄漏物，禁止用强直流水柱直接冲击容器及泄漏物，以防产生爆炸。 （5）围堵收集泄漏物。应急处理人员戴合适的呼吸面具，用泡沫覆盖或喷射水雾，减少蒸发，用收容器收集泄漏物品，控制丙烯酸流淌扩散，防止进入水体、下水道、地下污水管网或密闭性空间。 （6）倒罐输转。事故现场不能有效堵漏的情况下，可采取防爆泵抽取等输转措施转移至专用收容器内，倒罐必须由操作经验丰富的专业技术人员进行，同时用水枪掩护，管线、设备做好良好接地。 （7）洗消收容。用防爆泵等器材对消防废水进行收容和地面洗消处理。

未着火情况下泄漏（扩散）处置措施	2. 大量泄漏时： （1）侦检警戒疏散。根据液体流动和蒸气扩散的影响区域及有毒有害气体检测浓度划定初始警戒区，无关人员从侧风、上风向撤离至安全区，则在初始隔离距离 50m 的基础上加大下风向的疏散距离。 （2）消除所有点火源（泄漏区附近禁止吸烟、消除所有明火、火花或火焰、严禁使用非防爆类工具）。 （3）稀释防爆。利用水枪喷射雾状水或开花水流稀释、驱散汽油蒸气云团，禁止用强直流水柱直接冲击容器及泄漏物，以防产生爆炸。 （4）围堵收集泄漏物品。应急处理人员戴正压式空气呼吸器，用泡沫覆盖或喷射水雾，减少蒸发，用无火花工具收集泄漏物至收容器内，控制汽油流淌扩散，防止进入水体、下水道、地下污水管网或密闭性空间。 （5）堵漏。制订堵漏方案，在水枪掩护下利用木塞或专业工具进行堵漏。 （6）倒罐输转。事故现场不能有效堵漏的情况下，可采取防爆泵抽取等输转措施转移至专用收容器内，倒罐必须由操作经验丰富的专业技术人员进行，同时用水枪掩护，管线、设备做好良好接地。 （7）洗消收容。用防爆泵等器材对消防废水进行收容和地面洗消处理。
火灾爆炸处置措施	1. 使用灭火剂类型： （1）可使用的类型：抗溶性泡沫、干粉、二氧化碳。 （2）禁止使用的类型：直流水。
	2. 个人防护装备：自吸式过滤式防毒面具、橡胶耐酸碱服、橡胶耐酸碱手套、正压自给式空气呼吸器。
	3. 抢险装备：可燃气体浓度检测仪、吸附器材或堵漏器材、无人机、灭火机器人。
	4. 应急处置方法、流程： ＊处置方法： （1）首先对储罐及周围环境进行检测，对着火情况进行侦查警戒，疏散无关人员和车辆，若阀门发出声响或罐体变色，立即撤离火场。 （2）用沙土或沙袋等封堵下水道口，关闭管网控制阀，防止泄漏物进入水体、下水道、地下室或密闭性空间，防止消防废水污染环境。

火灾爆炸处置措施	（3）消防人员穿消防灭火战斗服从远处或使用遥控水枪、水炮对容器进行降温，使用泡沫或干粉在上风向灭火，直至灭火结束。 （4）使用防爆泵等器材对消防废水进行收容和地面洗消处理。 ＊处置流程： （1）警戒疏散。 （2）围堤堵截。 （3）降温灭火。 （4）收容洗消。 ＊超出自身处置能力以外需要外部支援情况： （1）泄漏量、火势增大，需要响应升级。 （2）应急救援物资、器材消耗大，需要补充。 （3）发生爆炸。 （4）人员体力不支、数量不够。

二硫化碳

1. 理化特性

UN 号：1131	CAS 号：75-15-0
分子式：CS_2	分子量：76.14
熔点：-110.8℃	沸点：46.5℃
相对蒸气密度：2.63	临界压力：7.39MPa
临界温度：279℃	饱和蒸气压力：40kPa（20℃）
闪点：-30℃	爆炸极限：1.0%～60.0%（体积分数）
自燃温度：90℃	引燃温度：90℃
最大爆炸压力：/（无资料）	综合危险性质分类：3.1类低闪点易燃液体
外观及形态：无色或淡黄色透明液体，有刺激性气味，易挥发。不溶于水，溶于乙醇、乙醚等多数有机溶剂。	
火灾爆炸特性	1. 火灾危险性分类：甲类。 2. 特殊火灾特性描述：极易燃，高速冲击、流动、激荡后可因产生静电火花放电引起燃烧爆炸。
毒性特性	高毒；二硫化碳急性轻度中毒时表现为麻醉症状，二硫化碳重度中毒时出现中毒性脑病，甚至呼吸衰竭死亡。皮肤接触二硫化碳可引起局部红斑，甚至大疱。慢性中毒表现有神经衰弱综合征，自主神经功能紊乱，中毒性脑病，中毒性神经病。眼底检查出现视网膜微动脉瘤。 职业接触限值：时间加权平均容许浓度（PC-TWA）为 $5mg/m^3$（皮）；短时间接触容许浓度（PC-STEL）为 $10mg/m^3$（皮）。

2. 物料储存安全措施

储存方式和储存状态	1. 储存方式：桶装、立罐、卧罐。
	2. 储存状态：常温/常压/液态。
正常储存状态下主要安全措施及备用应急设施	1. 主要安全措施： （1）设置泄漏检测报警仪。 （2）使用防爆型的通风系统和设备。 （3）储罐等容器和设备应设置液位计、温度计，并应装有带液位、温度远传记录和报警功能的安全装置。 （4）储存罐安装于地下，上有通风阴凉的房子防日晒。为防止夏天高温和防止泄漏事故，储存罐用循环水加以冷却降温。 （5）设置安全警示标志。 （6）防雷防静电措施。 （7）储罐应设固定或移动式消防冷却水系统。
	2. 备用应急设施：安全淋浴和洗眼设备、灭火器具。

3. 物料运输安全措施

运输车辆和物料状态	1. 运输车辆种类：罐车、厢车。
	2. 容器内物料状态：常温/常压/液态。
正常运输状态下主要安全措施及备用应急设施	1. 主要安全措施： （1）使用安全标志类：标志灯、危险化学品标志牌和标记、三角警示牌。 （2）使用卫星定位装置、阻火器、轮挡。 ＊罐车运输时： （1）使用防波板。 （2）使用倾覆保护装置（罐体顶部设有安全附件和装卸附件时，且应设积液收集装置）。 （3）装卸管路：根据罐体构造不同，设置2道或3道相互独立或串联的紧急切断阀、卸料阀及关闭装置。 （4）装卸口设置阀门箱或防碰撞护栏等保护装置，且应设置有密封盖或密封式集漏器。 （5）使用扶梯、罐顶操作平台及护栏。

正常运输状态下主要安全措施及备用应急设施	（6）呼吸阀应具有阻火功能。 （7）真空减压阀应具有阻火功能。 （8）使用紧急切断装置。 （9）使用仪表：压力表、液位计、温度计。 （10）装卸阀门：阀门不得选用铸铁或非金属材料制造；易燃介质罐体，应采用不产生火花的铜、铝合金或不锈钢材质阀门。 （11）装卸用管及快装接头应有导静电功能。 ＊厢车运输时： （1）使用阻火器（火星熄灭器）。 （2）使用导静电拖线。 （3）要有遮阳措施，防止阳光直射。 （4）使用倾覆保护装置、三角木垫。
	2. 备用应急设施：灭火器具、反光背心、便携式照明设备、防护性手套、眼部防护装备（如护目镜）、应急逃生面具、防爆铲、堵漏器具（如堵漏垫、堵漏袋）、眼部冲洗液。

4. 应急措施

企业配备应急器材	正压式空气呼吸器、防静电工作服、防护手套、自吸过滤式防毒面具（半面罩）、化学安全防护眼镜、气体浓度检查仪、防爆手电筒、防爆对讲机、急救箱或急救包、吸附材料、洗消设施或清洁剂、应急处置工具箱。
未着火情况下泄漏（扩散）处置措施	1. 常压罐储存小量、中量泄漏时： （1）侦检警戒疏散。根据液体流动和蒸气扩散的影响区域及有毒有害气体检测浓度划定初始警戒区，无关人员从侧风、上风向撤离至安全区，泄漏隔离距离至少为50m。 （2）消除所有点火源（泄漏区附近禁止吸烟、消除所有明火、火花或火焰、严禁使用非防爆类工具）。 （3）稀释防爆。利用水枪喷射雾状水或开花水流稀释、驱散二硫化碳蒸气云团，或用泡沫覆盖泄漏物，禁止用强直流水柱直接冲击容器及泄漏物，以防产生爆炸。

	（4）围堵收集泄漏物。应急处理人员戴合适的呼吸面具，用泡沫覆盖或喷射水雾，减少蒸发，用收容器收集泄漏物，控制二硫化碳流淌扩散，防止进入水体、下水道、地下污水管网或密闭性空间。 （5）堵漏。制订堵漏方案，在水枪掩护下利用木塞或专业工具进行堵漏。 （6）倒罐输转。事故现场不能有效堵漏的情况下，可采取防爆泵抽取等输转措施转移至专用收容器内，倒罐必须由操作经验丰富的专业技术人员进行，同时用水枪掩护，管线、设备做好良好接地。 （7）洗消收容。用防爆泵等器材对消防废水进行收容和地面洗消处理。
未着火情况下泄漏（扩散）处置措施	2. 大量泄漏时： （1）侦检警戒疏散。根据液体流动和蒸气扩散的影响区域及有毒有害气体检测浓度划定初始警戒区，无关人员从侧风、上风向撤离至安全区，下风向的初始疏散距离应至少为300m。 （2）消除所有点火源（泄漏区附近禁止吸烟、消除所有明火、火花或火焰、严禁使用非防爆类工具）。 （3）稀释防爆。利用水枪喷射雾状水或开花水流稀释、驱散二硫化碳蒸气云团，禁止用强直流水柱直接冲击容器及泄漏物，以防产生爆炸。 （4）围堵收集泄漏物品。应急处理人员戴正压式空气呼吸器，用泡沫覆盖或喷射水雾，减少蒸发，用无火花工具收集泄漏物至收容器内，控制二硫化碳流淌扩散，防止进入水体、下水道、地下污水管网或密闭性空间。 （5）堵漏。制订堵漏方案，在水枪掩护下利用木塞或专业工具进行堵漏。 （6）倒罐输转。事故现场不能有效堵漏的情况下，可采取防爆泵抽取等输转措施转移至专用收容器内，倒罐必须由操作经验丰富的专业技术人员进行，同时用水枪掩护，管线、设备做好良好接地。 （7）洗消收容。用防爆泵等器材对消防废水进行收容和地面洗消处理。
火灾爆炸处置措施	1. 使用灭火剂类型： （1）可使用的类型：泡沫、干粉、二氧化碳。 （2）禁止使用的类型：水。

	2. 个人防护装备：隔热服、正压自给式空气呼吸器、防毒面具、消防灭火战斗服、防护眼镜、耐油橡胶手套、高温手套。
	3. 抢险装备：气体浓度检测仪、吸附器材或堵漏器材、无人机、灭火机器人。
火灾爆炸处置措施	4. 应急处置方法、流程： ＊处置方法： （1）首先对储罐及周围环境进行检测，对着火情况进行侦查警戒，疏散无关人员和车辆，若阀门发出声响或罐体变色，立即撤离火场。 （2）用沙土或沙袋等封堵下水道口，关闭管网控制阀，防止泄漏物进入水体、下水道、地下室或密闭性空间，防止消防废水污染环境。 （3）消防人员穿消防灭火战斗服从远处或使用遥控水枪、水炮对容器进行降温，使用泡沫或干粉在上风向灭火，直至灭火结束。 （4）使用防爆泵等器材对消防废水进行收容和地面洗消处理。 ＊处置流程： （1）警戒疏散。 （2）围堤堵截。 （3）降温灭火。 （4）收容洗消。 ＊超出自身处置能力以外需要外部支援情况： （1）泄漏量、火势增大，需要响应升级。 （2）应急救援物资、器材消耗大，需要补充。 （3）发生爆炸。 （4）人员体力不支、数量不够。

过氧化苯甲酸叔丁酯

1. 理化特性

UN 号：3103	CAS 号：614-45-9
分子式：$C_{11}H_{14}O_3$	分子量：194.27
熔点：8℃	沸点：112℃
相对蒸气密度：6.7	临界压力：/（无资料）
临界温度：/（无资料）	饱和蒸气压力：0.044kPa（50℃）
闪点：93℃	爆炸极限：/（无资料）
自燃温度：/（无资料）	最小点火能：/（无资料）
最大爆炸压力：/（无资料）	综合危险性质分类：5.2类有机过氧化物
外观及形态：无色至微黄色液体，略有芳香味。不溶于水，溶于多数有机溶剂。	
火灾爆炸特性	1. 火灾危险性分类：甲类。 2. 特殊火灾特性描述：遇明火、高热、摩擦、振动、撞击可能引起激烈燃烧或爆炸。加热至115℃以上有爆炸危险。
毒性特性	对眼睛、皮肤、黏膜和呼吸道有刺激性。

2. 物料储存安全措施

储存方式和储存状态	1. 储存方式：桶装。
	2. 储存状态：常温/常压/液态。
正常储存状态下主要安全措施及备用应急设施	1. 主要安全措施： （1）使用防爆通风系统。 （2）使用安全警示标志。 （3）库房设置保冷措施。 2. 备用应急设施：喷淋洗眼器、灭火器材。

3. 物料运输安全措施

运输车辆和物料状态	1. 运输车辆种类：厢车。
	2. 容器内物料状态：常温/常压/液态。
正常运输状态下主要安全措施及备用应急设施	1. 主要安全措施： ＊厢车运输： （1）使用静电接地装置。 （2）使用安全标志类：危险化学品标志牌和标记、三角警示牌。 （3）使用阻火装置。
	2. 备用应急设施：三角木、灭火器具、反光背心、便携式照明设备、防静电工作服、化学安全防护眼镜、橡胶防护手套、佩戴防毒面具、遮雨篷布、收容器。

4. 应急措施

企业配备应急器材	防静电工作服、化学安全防护眼镜、橡胶防护手套、防毒面具。
未着火情况下泄漏（扩散）处置措施	1. 小量、中量泄漏时： （1）侦检警戒疏散。根据液体流动和蒸气扩散的影响区域及有毒有害气体检测浓度划定初始警戒区，无关人员从侧风、上风向撤离至安全区，泄漏隔离距离至少为50m。 （2）消除所有点火源（泄漏区附近禁止吸烟、消除所有明火、火花或火焰、严禁使用非防爆类工具）。 （3）围堵收集泄漏物。应急处理人员戴合适的呼吸面具，用惰性、湿润的不燃材料吸收，使用洁净的非火花工具收集，置于盖子较松的塑料容器中以待处理。防止泄漏物进入水体、下水道、地下室或密闭性空间。 （4）稀释防爆。利用水枪喷射雾状水或开花水流稀释，禁止用强直流水柱直接冲击容器及泄漏物，以防产生爆炸。 （5）堵漏。制订堵漏方案，在水枪掩护下利用专业工具进行堵漏。 （6）倒罐输转。事故现场不能有效堵漏的情况下，可采取防爆泵抽取等输转措施转移至专用收容器内，倒罐必须由操作经验丰富的专业技术人员进行，同时用水枪掩护。 （7）洗消收容。用防爆泵等器材对消防废水进行收容和地面洗消处理。

未着火情况下泄漏（扩散）处置措施	2. 大量泄漏时： （1）侦检警戒疏散。根据液体流动和蒸气扩散的影响区域及有毒有害气体检测浓度划定初始警戒区，无关人员从侧风、上风向撤离至安全区，下风向的初始疏散距离应至少为250m。 （2）消除所有点火源（泄漏区附近禁止吸烟、消除所有明火、火花或火焰、严禁使用非防爆类工具）。 （3）构筑围堤或挖坑收容。用泡沫覆盖，减少蒸气灾害。用防爆、耐腐蚀泵转移至槽车或专用收集器内。喷雾状水驱散蒸气、稀释液体泄漏物。防止泄漏物进入水体、下水道、地下室或密闭性空间。 （4）稀释防爆。利用水枪喷射雾状水或开花水流稀释，禁止用强直流水柱直接冲击容器及泄漏物，以防产生爆炸。 （5）堵漏。制订堵漏方案，在水枪掩护下利用专业工具进行堵漏。 （6）洗消收容。用防爆泵等器材对消防废水进行收容和地面洗消处理。
火灾爆炸处置措施	1. 使用灭火剂类型： （1）可使用的类型：雾状水、泡沫、干粉。 （2）禁止使用的类型：直流水。 2. 个人防护装备：正压自给式空气呼吸器，防静电、防腐、防毒服，橡胶手套，化学防护眼镜，防毒面具。 3. 抢险装备：气体浓度检测仪、吸附器材或堵漏器材、无人机、灭火机器人。 4. 应急处置方法、流程： ＊处置方法： （1）首先对储罐及周围环境进行检测，对着火情况进行侦查警戒，疏散无关人员和车辆，若阀门发出声响或罐体变色，立即撤离火场。 （2）用沙土或沙袋等封堵下水道口，关闭管网控制阀，防止泄漏物进入水体、下水道、地下室或密闭性空间，防止消防废水污染环境。 （3）消防人员穿消防灭火战斗服从远处或使用遥控水枪、水炮对容器进行降温，使用泡沫或干粉在上风向灭火，直至灭火结束。 （4）使用防爆泵等器材对消防废水进行收容和地面洗消处理。

火灾爆炸处置措施	*处置流程： （1）警戒疏散。 （2）围堤堵截。 （3）降温灭火。 （4）收容洗消。 *超出自身处置能力以外需要外部支援情况： （1）泄漏量、火势增大，需要响应升级。 （2）应急救援物资、器材消耗大，需要补充。 （3）发生爆炸。 （4）人员体力不支、数量不够。

过氧化甲乙酮

1. 理化特性

UN号：3101	CAS号：1338-23-4
分子式：$C_8H_{18}O_6$	分子量：176.20
熔点：<-20℃	沸点：304.9℃
相对蒸气密度：/(无资料)	临界压力：/(无资料)
临界温度：/(无资料)	饱和蒸气压力：/(无资料)
闪点：>60℃	爆炸极限：/(无资料)
自燃温度：/(无资料)	最小点火能：/(无资料)
最大爆炸压力：/(无资料)	综合危险性质分类：5.2类有机过氧化物
外观及形态：无色或微黄色液体，带有刺激性气味。不溶于水，溶于乙醇、乙醚等多数有机溶剂。	
火灾爆炸特性	火灾危险性分类：甲类。
	特殊火灾特性描述：可燃，受撞击、摩擦、遇明火或点火源可能引起激烈燃烧或爆炸。
毒性特性	蒸气有强烈刺激性，吸入引起咽痛、咳嗽、呼吸困难，严重者可引起迟发性肺水肿。口服灼伤消化道，可有肝肾损伤，可致死。可致眼和皮肤灼伤。

2. 物料储存安全措施

储存方式和储存状态	1. 储存方式：桶装。
	2. 储存状态：低温/常压/液态。

正常储存状态下主要安全措施及备用应急设施	1. 主要安全措施： （1）使用防爆通风系统。 （2）使用安全警示标志。 （3）库房设置保冷措施。
	2. 备用应急设施：喷淋洗眼器、灭火器材。

3. 物料运输安全措施

运输车辆和物料状态	1. 运输车辆种类：厢车。
	2. 容器内物料状态：低温/常压/液态。
正常运输状态下主要安全措施及备用应急设施	1. 主要安全设施： ＊厢车运输时： （1）使用静电接地装置。 （2）使用安全标志类：危险化学品标志牌和标记、三角警示牌。 （3）使用阻火装置。
	2. 备用应急设施：三角木、灭火器具、反光背心、便携式照明设备、自给正压式呼吸器、防毒服、防毒面具、遮雨篷布、收容器。

4. 应急措施

企业配备应急器材	胶布防毒衣、化学安全防护眼镜、橡胶防护手套、防毒面具。
未着火情况下泄漏（扩散）处置措施	1. 小量、中量泄漏时： （1）侦检警戒疏散。根据液体流动和蒸气扩散的影响区域及有毒有害气体检测浓度划定初始警戒区，无关人员从侧风、上风向撤离至安全区，泄漏隔离距离至少为50m。 （2）消除所有点火源（泄漏区附近禁止吸烟、消除所有明火、火花或火焰、严禁使用非防爆类工具）。 （3）围堵收集泄漏物。应急处理人员戴合适的呼吸面具，用惰性、湿润的不燃材料吸收，使用洁净的非火花工具收集，置于盖子较松的塑料容器中以待处理。防止泄漏物进入水体、下水道、地下室或密闭性空间。

未着火情况下泄漏（扩散）处置措施	（4）稀释防爆。利用水枪喷射雾状水或开花水流稀释，禁止用强直流水柱直接冲击容器及泄漏物，以防产生爆炸。 （5）堵漏。制订堵漏方案，在水枪掩护下利用专业工具进行堵漏。 （6）倒罐输转。事故现场不能有效堵漏的情况下，可采取防爆泵抽取等输转措施转移至专用收容器内，倒罐必须由操作经验丰富的专业技术人员进行，同时用水枪掩护。 （7）洗消收容。用防爆泵等器材对消防废水进行收容和地面洗消处理。 2. 大量泄漏时： （1）侦检警戒疏散。根据液体流动和蒸气扩散的影响区域及有毒有害气体检测浓度划定初始警戒区，无关人员从侧风、上风向撤离至安全区，下风向的初始疏散距离应至少为250m。 （2）消除所有点火源（泄漏区附近禁止吸烟、消除所有明火、火花或火焰、严禁使用非防爆类工具）。 （3）构筑围堤或挖坑收容。用泡沫覆盖，减少蒸气灾害。用防爆、耐腐蚀泵转移至槽车或专用收集器内。喷雾状水驱散蒸气、稀释液体泄漏物。防止泄漏物进入水体、下水道、地下室或密闭性空间。 （4）稀释防爆。利用水枪喷射雾状水或开花水流稀释，禁止用强直流水柱直接冲击容器及泄漏物，以防产生爆炸。
火灾爆炸处置措施	1. 使用灭火剂类型： （1）可使用的类型：雾状水、泡沫、二氧化碳、干粉。 （2）禁止使用的类型：直流水、沙土。 2. 个人防护装备：正压自给式空气呼吸器，防静电、防腐、防毒服，橡胶手套，化学防护眼镜，防毒面具。 3. 抢险装备：气体浓度检测仪、吸附器材或堵漏器材、无人机、灭火机器人。 4. 应急处置方法、流程： ＊处置方法： （1）首先对周围环境进行检测，对着火情况进行侦查警戒，疏散无关人员和车辆；若阀门发出声响或瓶体变色，立即撤离火场。

火灾爆炸处置措施	（2）用沙土或沙袋等封堵下水道口，防止消防废水污染环境。 （3）喷水冷却容器，尽可能将容器从火场移至空旷处。处在火场中的容器若已变色或从安全泄压装置中产生声音，必须马上撤离。 （4）对消防废弃物进行收容和地面洗消处理。 ＊处置流程： （1）警戒疏散。 （2）围堤堵截。 （3）降温灭火。 （4）收容洗消。 ＊超出自身处置能力以外需要外部支援情况： （1）泄漏量、火势增大，需要响应升级。 （2）应急救援物资、器材消耗大，需要补充。 （3）发生爆炸。 （4）人员体力不支、数量不够。

过氧乙酸

1. 理化特性

UN 号：2131	CAS 号：79-21-0
分子式：$C_2H_4O_3$	分子量：76.05
熔点：0.1℃	沸点：105℃
相对蒸气密度：2.6	临界压力：6.4MPa
临界温度：/（无资料）	饱和蒸气压力：2.6kPa（20℃）
闪点：40.56℃	爆炸极限：/（无资料）
自燃温度：/（无资料）	引燃温度：/（无资料）
最大爆炸压力：/（无资料）	综合危险性质分类：5.2类有机过氧化物
外观及形态：无色液体，有难闻气味。一般商品过乙酸不超过40%，过氧化氢不超过6%，含水和微量硫酸。	
火灾爆炸特性	1. 火灾危险性分类：乙类。 2. 特殊火灾特性描述：受热，接触明火、高热或受到摩擦震动、撞击时可发生爆炸。
毒性特性	对皮肤、黏膜有腐蚀性。口服可引起中毒性休克和肺水肿。

2. 物料储存安全措施

储存方式和储存状态	1. 储存方式：桶装、立罐、卧罐。 2. 储存状态：常温/常压/液态。
正常储存状态下主要安全措施及备用应急设施	1. 主要安全措施： （1）储存场所应设置泄漏检测报警仪。 （2）储罐等压力容器和设备应设置安全阀、压力表、液位计、温度计，并应装有带压力、液位、温度远传记录和报警功能的安全装置。 （3）设置安全警示标志。 2. 备用应急设施：事故风机、灭火器具。

3. 物料运输安全措施

运输车辆和物料状态	1. 运输车辆种类：罐车、厢车。
	2. 容器内物料状态：常温/常压/液态。
正常运输状态下主要安全措施及备用应急设施	1. 主要安全措施： ＊罐车运输时： （1）使用防波板。 （2）使用安全标志类：危险化学品标志牌和标记、三角警示牌。 （3）使用安全附件：真空减压阀、紧急切断装置、导静电接地装置。 （4）使用仪表（温度计、液位计）。 ＊厢车运输时： （1）使用安全标志类：危险化学品标志牌和标记、三角警示牌。 （2）使用倾覆保护装置、三角木垫。
	2. 备用应急设施：灭火器具、反光背心、便携式照明设备、眼部防护装备（如护目镜）。

4. 应急措施

企业配备应急器材	正压式空气呼吸器、自吸过滤式防毒面具、橡胶手套、聚乙烯防毒服、化学防护眼镜、手电筒、对讲机、急救箱或急救包、吸附材料、洗消设施或清洁剂、应急处置工具箱。
未着火情况下泄漏（扩散）处置措施	泄漏处置措施： （1）侦检警戒疏散。根据液体流动和蒸气扩散的影响区域及有毒有害气体检测浓度划定初始警戒区，无关人员从侧风、上风向撤离至安全区，污染范围不明的情况下，初始隔离至少 100m，下风向疏散至少 500m，然后根据有害气体浓度检测的实际浓度，调整隔离、疏散距离。 （2）消除所有点火源（泄漏区附近禁止吸烟、消除所有明火、火花或火焰、严禁使用非防爆类工具），远离易燃、可燃物。 （3）围堵收集泄漏物。建议应急处理人员戴正压式空气呼吸器，小量泄漏时用惰性、湿润的不燃材料吸收泄漏物，用洁净的非火花工具收集于一盖子较松的塑料容器中，待处理；大量泄漏时，用泡沫覆盖，减少蒸发，并使用防爆泵将泄漏液体抽至收容坑中，防止泄漏物进入水体、下水道、地下室或密闭性空间。 （4）稀释防爆。利用水枪喷射雾状水或开花水流稀释，禁止用强直流水柱直接冲击容器及泄漏物，以防产生爆炸。

未着火情况下泄漏（扩散）处置措施	（5）堵漏。制订堵漏方案，在水枪掩护下利用木塞或专业工具进行堵漏。 （6）倒罐输转。事故现场不能有效堵漏的情况下，应迅速将车辆转移到邻近化工厂等具有一定条件的场所进行倒罐处置，倒罐必须由操作经验丰富的专业技术人员进行，同时用水枪掩护。 （7）洗消收容。用防爆泵等器材对消防废水进行收容和地面洗消处理。
火灾爆炸处置措施	1. 使用灭火剂类型： （1）可使用的类型：水、雾状水、抗溶性泡沫。 （2）禁止使用的类型：直流水。 2. 个人防护装备：正压自给式空气呼吸器，防静电、防腐、防毒服，橡胶手套，化学防护眼镜。 3. 抢险装备：气体浓度检测仪、吸附器材或堵漏器材、无人机、灭火机器人。 4. 应急处置方法、流程： *处置方法： （1）首先对周围环境进行检测，对着火情况进行侦查警戒，疏散无关人员和车辆；若阀门发出声响或瓶体变色，立即撤离火场。 （2）用沙土或沙袋等封堵下水道口，防止消防废水污染环境。 （3）消防人员须在有防爆掩蔽处操作。遇大火切勿轻易接近。在物料附近失火，须用水保持容器冷却；禁止用沙土压盖；在上风方向用抗溶性泡沫灭火。 （4）使用防爆泵等器材对消防废水进行收容和地面洗消处理。 *处置流程： （1）警戒疏散。 （2）围堤堵截。 （3）降温灭火。 （4）收容洗消。 *超出自身处置能力以外需要外部支援情况： （1）泄漏量、火势增大，需要响应升级。 （2）应急救援物资、器材消耗大，需要补充。 （3）发生爆炸。 （4）人员体力不支、数量不够。

环氧丙烷

1. 理化特性

UN 号：1280	CAS 号：75-56-9
分子式：C_3H_6O	分子量：58.08
熔点：-112.13℃	沸点：34.25℃
相对蒸气密度：2.0	临界压力：4.93MPa
临界温度：209.1℃	饱和蒸气压力：75.86kPa（20℃）
闪点：-37℃	爆炸极限：2.8%~37%（体积分数）
自燃温度：420℃	引燃温度：/（无资料）
最大爆炸压力：0.804MPa	综合危险性质分类：3.1 类低闪点易燃液体
外观及形态：无色透明的易挥发液体，有类似乙醚的气味。溶于水以及乙醇、乙醚等有机溶剂。	

火灾爆炸特性	1. 火灾危险性分类：甲类。 2. 特殊火灾特性描述：极易燃，与空气可形成爆炸性混合物，遇明火、高热、遇氧化剂有燃烧爆炸的危险。蒸气比空气重，能在较低处扩散到相当远的地方，遇火源会着火回燃和爆炸。
毒性特性	接触高浓度蒸气，会出现眼和呼吸道刺激症状，中枢神经系统抑制症状。重者可见有烦躁不安、多语、谵妄，甚至昏迷。少数出现中毒性肠麻痹、消化道出血以及心、肝、肾损害。眼和皮肤接触可致灼伤。 职业接触限值：时间加权平均容许浓度（PC-TWA）为 $5mg/m^3$（敏）。 IARC 认定为可疑人类致癌物。

2. 物料储存安全措施

储存方式和储存状态	1. 储存方式：桶装、立罐、卧罐。
	2. 储存状态：常温/常压/液态。
正常储存状态下主要安全措施及备用应急设施	1. 主要安全措施： （1）储存场所设置泄漏检测报警仪。 （2）使用防爆型的通风系统和设备。 （3）储罐等压力容器和设备应设置安全装置等压力容器和设备应设置安全阀、压力表、液位计、温度计，并应装有带压力、液位、温度远传记录和报警功能的安全装置。 （4）设置安全警示标志。 （5）设置围堰，围堰的容积等于储罐的容积。 （6）设置防雷、防静电设施。 2. 备用应急设施：事故风机、灭火器具、安全淋浴和洗眼设备。

3. 物料运输安全措施

运输车辆和物料状态	1. 运输车辆种类：罐车、厢车。
	2. 容器内物料状态：常温/常压/液态。
正常运输状态下主要安全措施及备用应急设施	1. 主要安全措施： （1）使用安全标志类：标志灯、危险化学品标志牌和标记、三角警示牌。 （2）使用卫星定位装置、阻火器、轮挡。 ＊罐车运输时： （1）使用防波板。 （2）使用倾覆保护装置（罐体顶部设有安全附件和装卸附件时，且应设积液收集装置）。 （3）使用装卸管路：根据罐体构造不同，设置2道或3道相互独立或串联的紧急切断阀、卸料阀及关闭装置。 （4）装卸口设置阀门箱或防碰撞护栏等保护装置，且应设置有密封盖或密封式集漏器。 （5）使用扶梯、罐顶操作平台及护栏。 （6）使用安全泄放装置（安全阀、爆破片以及两者的串联组合装置，紧急泄放装置和呼吸阀组合装置）。

正常运输状态下主要安全措施及备用应急设施	（7）呼吸阀应具有阻火功能。 （8）真空减压阀应具有阻火功能。 （9）使用紧急切断装置。 （10）仪表：压力表、液位计、温度计。 （11）装卸阀门：阀门不得选用铸铁或非金属材料制造；易燃介质罐体，应采用不产生火花的铜、铝合金或不锈钢材质阀门。 （12）装卸用管及快装接头应有导静电功能。 ＊厢车运输时： （1）使用阻火器（火星熄灭器）。 （2）使用导静电拖线。 （3）要有遮阳措施，防止阳光直射。 （4）倾覆保护装置、三角木垫。
	2. 备用应急设施：灭火器具、反光背心、便携式照明设备、防护性手套、眼部防护装备（如护目镜）、应急逃生面具、防爆铲、堵漏器具（如堵漏垫、堵漏袋）、眼部冲洗液。

4. 应急措施

企业配备应急器材	正压式空气呼吸器、过滤式防毒面具、防护眼镜、防静电工作服、橡胶耐油手套、泄漏检测报警仪、防爆手电筒、防爆对讲机、急救箱或急救包、吸附材料、洗消设施或清洁剂、应急处置工具。
未着火情况下泄漏（扩散）处置措施	1. 常压罐储存小量泄漏时： （1）侦检警戒疏散。根据液体流动和蒸气扩散的影响区域及有毒有害气体检测浓度划定初始警戒区，无关人员从侧风、上风向撤离至安全区，泄漏隔离距离至少为50m。 （2）消除所有点火源（泄漏区附近禁止吸烟、消除所有明火、火花或火焰、严禁使用非防爆类工具）。作业时使用的所有设备应接地。禁止接触或跨越泄漏物。 （3）切断泄漏源。尽可能切断泄漏源，制订堵漏方案，在水雾掩护下利用木塞或专业工具进行堵漏。防止泄漏物进入水体、下水道、地下室或密闭性空间。 （4）泄漏物处置。应急处理人员用沙土或其他不燃材料吸收泄漏物，使用洁净的无火花工具收集吸收材料，并收集转运至空旷安全地带，保证安全的情况下点火焚烧，彻底消除危害。也可以用不燃性分散剂制成的乳液刷洗，洗液稀释后放入废水系统。

未着火情况下泄漏（扩散）处置措施	2. 中量、大量泄漏时： （1）侦检警戒疏散。根据液体流动和蒸气扩散的影响区域及有毒有害气体检测浓度划定初始警戒区，无关人员从侧风、上风向撤离至安全区，下风向的初始疏散距离应至少为300m。 （2）消除所有点火源（泄漏区附近禁止吸烟、消除所有明火、火花或火焰、严禁使用非防爆类工具）。作业时使用的所有设备应接地。禁止接触或跨越泄漏物。 （3）稀释防爆。利用水枪喷射雾状水或开花水流稀释、驱散环氧丙烷蒸气云团，禁止用强直流水柱直接冲击容器及泄漏物，以防产生爆炸。 （4）围堵收集泄漏介质。应急处理人员戴正压式空气呼吸器，用泡沫覆盖或喷射水雾，减少蒸发，用无火花工具收集泄漏介质至收容器内，控制环氧丙烷流淌扩散，防止进入水体、下水道、地下污水管网或密闭性空间。 （5）堵漏。制订堵漏方案，在水枪掩护下利用木塞或专业工具进行堵漏。 （6）倒罐输转。事故现场不能有效堵漏的情况下，可采取防爆泵抽取等输转措施转移至专用收容器内，倒罐必须由操作经验丰富的专业技术人员进行，同时用水枪掩护，管线、设备做好良好接地。 （7）洗消收容。用防爆泵等器材对消防废水进行收容和地面洗消处理。
火灾爆炸处置措施	1. 使用灭火剂类型： （1）可使用的类型：抗溶性泡沫、干粉、二氧化碳、沙土。 （2）禁止使用的类型：水。 2. 个人防护装备：正压自给式空气呼吸器、自吸过滤式防毒面具、防静电防毒物渗透工作服、化学安全防护眼镜、耐油橡胶手套。 3. 抢险装备：复合式气体检测仪、吸附器材或堵漏器材、无人机、灭火机器人。 4. 应急处置方法、流程： ＊处置方法： （1）首先对储罐及周围环境进行检测，对着火情况进行侦查警戒，疏散无关人员和车辆，若阀门发出声响或罐体变色，立即撤离火场。

火灾爆炸处置措施	（2）用沙土或沙袋等封堵下水道口，关闭管网控制阀，防止泄漏介质进入水体、下水道、地下室或密闭性空间，防止消防废水污染环境。 （3）消防人员穿消防灭火战斗服从远处或使用遥控水枪、水炮对容器进行降温，使用泡沫或干粉在上风向灭火，直至灭火结束。 （4）使用防爆泵等器材对消防废水进行收容和地面洗消处理。 ＊处置流程： （1）警戒疏散。 （2）围堤堵截。 （3）降温灭火。 （4）收容洗消。 ＊超出自身处置能力以外需要外部支援情况： （1）泄漏量、火势增大，需要响应升级。 （2）应急救援物资、器材消耗大，需要补充。 （3）发生爆炸。 （4）人员体力不支、数量不够。

环氧氯丙烷

1. 理化特性

UN 号：2023	CAS 号：106-89-8
分子式：C_3H_5OCl	分子量：92.53
熔点：-25.6℃	沸点：116℃
相对蒸气密度：3.29	临界压力：/（无资料）
临界温度：/（无资料）	饱和蒸气压力：1.8kPa（20℃）
闪点：34℃	爆炸极限：3.8%~21%（体积分数）
自燃温度：411℃	引燃温度：415.6℃
最大爆炸压力：/（无资料）	综合危险性质分类：6.1 类毒性物质
外观及形态：无色油状液体，有氯仿样刺激气味。微溶于水，可混溶于醇、醚、四氯化碳、苯。	
火灾爆炸特性	1. 火灾危险性分类：乙类。 2. 特殊火灾特性描述：易燃，与空气可形成爆炸性混合物，遇明火、高热能引起燃烧和爆炸。在火场，由于发生剧烈分解，受热的容器或者储罐有破裂或者爆炸的危险。
毒性特性	蒸气对呼吸道有强烈刺激性。反复和长时间吸入能引起肺、肝和肾损害。高浓度吸入致中枢神经系统抑制，可致死。蒸气对眼有强烈刺激性，液体可致眼灼伤。皮肤直接接触液体可致灼伤。口服引起肝、肾损害，可致死。 职业接触限值：时间加权平均容许浓度（PC-TWA）为 $1mg/m^3$（皮）；短时间接触容许浓度（PC-STEL）为 $2mg/m^3$（皮）。 IARC 认定为可能人类致癌物。

2. 物料储存安全措施

储存方式和储存状态	1. 储存方式：桶装、立罐、卧罐。
	2. 储存状态：常温/常压/液态。
正常储存状态下主要安全措施及备用应急设施	1. 主要安全措施： （1）设置可燃气体报警仪和有毒（氯气）气体报警仪。 （2）使用防爆型的通风系统和设备。 （3）储罐等容器和设备应设置液位计、温度计，并应装有带液位、温度远传记录和报警功能的安全装置。 （4）设置安全警示标志。 （5）环氧氯丙烷罐区设置围堰，地面进行防渗透处理。 （6）常压储罐顶部设置冷却系统、临时放空管。
	2. 备用应急设施：倒装罐或储液池；适量的消防泡沫推车等灭火器具。

3. 物料运输安全措施

运输车辆和物料状态	1. 运输车辆种类：罐车、厢车。
	2. 容器内物料状态：常温/常压/液态。
正常运输状态下主要安全措施及备用应急设施	1. 主要安全措施： （1）使用安全标志类：标志灯、危险化学品标志牌和标记、三角警示牌。 （2）使用卫星定位装置、阻火器、轮挡。 ＊罐车运输时： （1）使用防波板。 （2）使用倾覆保护装置（罐体顶部设有安全附件和装卸附件时，且应设积液收集装置）。 （3）装卸管路：根据罐体构造不同，设置2道或3道相互独立或串联的紧急切断阀、卸料阀及关闭装置。 （4）装卸口设置阀门箱或防碰撞护栏等保护装置，且应设置有密封盖或密封式集漏器。 （5）使用扶梯、罐顶操作平台及护栏。 （6）使用安全泄放装置（安全阀、爆破片以及两者的串联组合装置，紧急泄放装置和呼吸阀组合装置）。

正常运输状态下主要安全措施及备用应急设施	（7）呼吸阀应具有阻火功能。 （8）真空减压阀应具有阻火功能。 （9）使用紧急切断装置。 （10）使用仪表：压力表、液位计、温度计。 （11）装卸阀门：阀门不得选用铸铁或非金属材料制造；易燃介质罐体，应采用不产生火花的铜、铝合金或不锈钢材质阀门。 （12）装卸用管及快装接头应有导静电功能。 ＊厢车运输时： （1）使用阻火器（火星熄灭器）。 （2）使用导静电拖线。 （3）要有遮阳措施，防止阳光直射。 （4）使用倾覆保护装置、三角木垫。
	2. 备用应急设施：灭火器具、反光背心、便携式照明设备、防护性手套、眼部防护装备（如护目镜）、应急逃生面具、防爆铲、堵漏器具（如堵漏垫、堵漏袋）、眼部冲洗液。

4. 应急措施

企业配备应急器材	正压式空气呼吸器、防护眼镜、防静电工作服、过滤式防毒面具（全面罩）或隔离式呼吸器、防化学品手套、气体浓度检查仪、防爆手电筒、防爆对讲机、急救箱或急救包、吸附材料、洗消设施或清洁剂、应急处置工具箱。
未着火情况下泄漏（扩散）处置措施	1. 液体储罐小量和中量泄漏时： （1）个体防护。采用正压式空气呼吸器或全防型滤毒面罩、防化服和防化学品手套进行防护。 （2）侦检警戒疏散。根据周边情况，影响区域及泄漏情况划定警戒区，隔离泄漏污染区，限制出入；泄漏隔离距离至少为50m。 （3）控险。启用自动喷淋系统，冷却罐体，驱散蒸气。 （4）围堤堵截。有毒液体泄漏及时围堤收容，禁止进入水源。 （5）器具堵漏。会商确定处置方案和安全措施，堵漏过程做好水雾掩护。 （6）倒罐输转。无法堵漏时，可用水枪进行掩护，利用工艺措施导流。

	(7) 覆盖清理。用沙土或其他不燃材料吸收。使用洁净的无火花工具收集吸收材料。 (8) 洗消处理。 ①用大量清水进行洗消； ②洗消的对象：被困人员、救援人员及现场医务人员； ③废水收容。
未着火情况下泄漏（扩散）处置措施	2. 液体储罐大量泄漏时： (1) 个体防护：采用正压式空气呼吸器或全防型滤毒面罩、防化服和防化学品手套进行防护。 (2) 侦检警戒疏散。根据周边情况，影响区域及泄漏情况划定警戒区，隔离泄漏污染区，限制出入；泄漏隔离距离至少为50m。如果为大量泄漏，在初始隔离距离的基础上加大下风向的疏散距离。 (3) 控险：消除所有点火源；启用自动喷淋、泡沫等灭火设施；利用水枪喷射雾状水或开花水流稀释、驱散蒸气，禁止用强直流水柱直接冲击容器及泄漏物云团。用泡沫覆盖，减少蒸发。 (4) 关闭前置阀门，切断泄漏源。 (5) 围堤堵截：有毒液体大量泄漏时立即用围油栏、沙袋等在道路两侧液体流散下方向安全处进行围堤堵截，用沙土和沙袋对雨污管网井口周围构堤堵截。 (6) 器具堵漏。 ①据现场泄漏情况，研究制订堵漏方案，实施堵漏； ②所有堵漏行动必须采取防爆措施，水雾掩护，确保安全。 (7) 倒罐输转。无法堵漏时，可用水枪进行掩护，利用工艺措施导流。 (8) 覆盖清理。构筑围堤或挖坑收容。用石灰粉吸收大量液体。喷水雾能减少蒸发，但不能降低泄漏物在受限制空间内的易燃性。用防爆、耐腐蚀泵转移至槽车或专用收集器内。喷雾状水驱散蒸气、稀释液体泄漏物。 (9) 洗消处理。 ①用大量清水进行洗消； ②洗消的对象：被困人员、救援人员及现场医务人员； ③废水收容。

火灾爆炸处置措施	1. 使用灭火剂类型： (1) 可使用的类型：雾状水、泡沫、干粉、二氧化碳、沙土。 (2) 禁止使用的类型：胺类、酸类、碱类。
	2. 个人防护装备：正压自给式空气呼吸器、安全防护眼镜、防化服和防化学品手套。
	3. 抢险装备：堵漏器具、洗消设备、通信设备等。
	4. 应急处置方法、流程： ＊处置方法： (1) 个体防护。 (2) 询情侦检：及时了解和掌握着火液体的品名、密度、水溶性以及有无毒害、腐蚀、沸溢、喷溅等危险性，以便采取相应的灭火和防护措施。 (3) 警戒疏散：根据周边情况，影响区域及泄漏情况划定警戒区，隔离泄漏污染区，限制出入。 (4) 降温灭火：切断火势蔓延的途径，冷却和疏散受火势威胁的密闭容器和可燃物，控制燃烧范围，并积极抢救受伤和被困人员；可用普通氟蛋白泡沫或轻水泡沫扑灭。用干粉扑救时，灭火效果要视燃烧面积大小和燃烧条件而定，最好用水冷却罐壁。 (5) 围堤堵截：液体流淌时，应筑堤（或用围油栏）拦截飘散流淌的易燃液体或挖沟导流。 (6) 器具堵漏。 ①关闭前置阀门，切断泄漏源； ②据现场泄漏情况，研究制定堵漏方案，实施堵漏； ③所有堵漏行动必须采取防爆措施，水雾掩护，确保安全。 (7) 倒罐输转。无法堵漏时，可用水枪进行掩护，利用工艺措施导流。 (8) 覆盖清理。用沙土或其他不燃材料吸收。使用洁净的无火花工具收集吸收材料。 (9) 洗消处理。 ①用大量清水进行洗消； ②洗消的对象：被困人员、救援人员及现场医务人员； ③废水收容。

火灾爆炸处置措施	＊处置流程： （1）询情侦检。 （2）警戒疏散。 （3）围堤堵截。 （4）降温灭火。 （5）收容洗消。 ＊超出自身处置能力以外需要外部支援情况： （1）泄漏量、火势增大，需要响应升级。 （2）应急救援物资、器材消耗大，需要补充。 （3）发生爆炸。 （4）人员体力不支、数量不够。

甲苯

1. 理化特性

UN 号：1294	CAS 号：108-88-3
分子式：C_7H_8	分子量：92.14
熔点：-94.9℃	沸点：110.6℃
相对蒸气密度：3.14	临界压力：4.11MPa
临界温度：318.6℃	饱和蒸气压力：3.8kPa（25℃）
闪点：4℃	爆炸极限：1.2%~7.0%（体积分数）
自燃温度：535℃	引燃温度：535℃
最大爆炸压力：0.784MPa	综合危险性质分类：3.2类中闪点易燃液体
外观及形态：无色透明液体，有芳香气味。不溶于水，与乙醇、乙醚、丙酮、氯仿等混溶。	
火灾爆炸特性	1. 火灾危险性分类：甲类。 2. 特殊火灾特性描述：高度易燃；蒸气与空气能形成爆炸性混合物，遇明火、高热能引起燃烧爆炸。蒸气比空气重，能在较低处扩散到相当远的地方，遇火源会着火回燃和爆炸。
毒性特性	短时间内吸入较高浓度本品表现为麻醉作用，重症者可有躁动、抽搐、昏迷。对眼和呼吸道有刺激作用。直接吸入肺内可引起吸入性肺炎。可出现明显的心脏损害。 职业接触限值：时间加权平均容许浓度（PC-TWA）为 $50mg/m^3$（皮）；短时间接触容许浓度（PC-STEL）为 $100mg/m^3$（皮）。

2. 物料储存安全措施

储存方式和储存状态	1. 储存方式：桶装、立罐、卧罐。 2. 储存状态：常温/常压/液态。

正常储存状态下主要安全措施及备用应急设施	1. 主要安全措施： （1）设置固定式可燃气体报警器，或配备便携式可燃气体报警器，宜增设有毒气体报警仪。 （2）采用防爆型的通风系统和设备。 （3）储罐等容器和设备应设置液位计、温度计，并应装有带液位、温度远传记录和报警功能的安全装置。 （4）设置安全警示标志。 （5）采用防爆型照明及通风设施。 （6）设置防雷、防静电设施。 （7）储罐采用金属浮舱式的浮顶或内浮顶罐。储罐应设固定或移动式消防冷却水系统。
	2. 备用应急设施：事故风机、灭火器具、安全淋浴和洗眼设备。

3. 物料运输安全措施

运输车辆和物料状态	1. 运输车辆种类：罐车、厢车。
	2. 容器内物料状态：常温/常压/液态。
正常运输状态下主要安全措施及备用应急设施	1. 主要安全措施： （1）使用安全标志类：标志灯、危险化学品标志牌和标记、三角警示牌。 （2）使用卫星定位装置、阻火器、轮挡。 *罐车运输时： （1）使用防波板。 （2）使用倾覆保护装置（罐体顶部设有安全附件和装卸附件时，且应设积液收集装置）。 （3）装卸管路：根据罐体构造不同，设置2道或3道相互独立或串联的紧急切断阀、卸料阀及关闭装置。 （4）装卸口设置阀门箱或防碰撞护栏等保护装置，且应设置有密封盖或密封式集漏器。 （5）使用扶梯、罐顶操作平台及护栏。 （6）使用安全泄放装置（安全阀、爆破片以及两者的串联组合装置，紧急泄放装置和呼吸阀组合装置）。 （7）呼吸阀应具有阻火功能。 （8）真空减压阀应具有阻火功能。 （9）使用紧急切断装置。

正常运输状态下主要安全措施及备用应急设施	（10）使用仪表：压力表、液位计、温度计。 （11）装卸阀门：阀门不得选用铸铁或非金属材料制造；易燃介质罐体，应采用不产生火花的铜、铝合金或不锈钢材质阀门。 （12）充装时使用万向节管道充装系统，严防超装。 ＊厢车运输时： （1）使用阻火器（火星熄灭器）。 （2）使用导静电拖线。 （3）要有遮阳措施，防止阳光直射。 （4）使用倾覆保护装置、三角木垫。
	2. 备用应急设施：灭火器具、反光背心、便携式照明设备、防护性手套、眼部防护装备（如护目镜）、应急逃生面具、防爆铲、堵漏器具（如堵漏垫、堵漏袋）、眼部冲洗液。

4. 应急措施

企业配备应急器材	正压式空气呼吸器、过滤式防毒面具、防护眼镜、防静电工作服、防化学品手套、泄漏检测报警仪、防爆手电筒、防爆对讲机、急救箱或急救包、吸附材料、洗消设施或清洁剂、应急处置工具箱。
未着火情况下泄漏（扩散）处置措施	1. 常压罐储存小量泄漏时： （1）侦检警戒疏散。根据液体流动和蒸气扩散的影响区域及有毒有害气体检测浓度划定初始警戒区，无关人员从侧风、上风向撤离至安全区，泄漏隔离距离至少为50m。 （2）消除所有点火源（泄漏区附近禁止吸烟、消除所有明火、火花或火焰、严禁使用非防爆类工具）。作业时使用的所有设备应接地。禁止接触或跨越泄漏物。 （3）切断泄漏源。尽可能切断泄漏源，制订堵漏方案，在水雾掩护下利用木塞或专业工具进行堵漏。防止泄漏物进入水体、下水道、地下室或密闭性空间。 （4）泄漏物处置。应急处理人员用沙土或其他不燃材料吸收泄漏物，使用洁净的无火花工具收集吸收材料，并收集转运至空旷安全地带，保证安全的情况下点火焚烧，彻底消除危害。也可以用不燃性分散剂制成的乳液刷洗，洗液稀释后放入废水系统。

未着火情况下泄漏（扩散）处置措施	2. 中量、大量泄漏时： （1）侦检警戒疏散。根据液体流动和蒸气扩散的影响区域及有毒有害气体检测浓度划定初始警戒区，无关人员从侧风、上风向撤离至安全区，下风向的初始疏散距离应至少为300m。 （2）消除所有点火源（泄漏区附近禁止吸烟、消除所有明火、火花或火焰、严禁使用非防爆类工具）。作业时使用的所有设备应接地。禁止接触或跨越泄漏物。 （3）稀释防爆。利用水枪喷射雾状水或开花水流稀释、驱散甲苯蒸气云团，禁止用强直流水柱直接冲击容器及泄漏物，以防产生爆炸。 （4）围堵收集泄漏介质。应急处理人员戴正压式空气呼吸器，用泡沫覆盖或喷射水雾，减少蒸发，用无火花工具收集泄漏介质至收容器内，控制甲苯流淌扩散，防止进入水体、下水道、地下污水管网或密闭性空间。 （5）堵漏。制订堵漏方案，在水枪掩护下利用木塞或专业工具进行堵漏。 （6）倒罐输转。事故现场不能有效堵漏的情况下，可采取防爆泵抽取等输转措施转移至专用收容器内，倒罐必须由操作经验丰富的专业技术人员进行，同时用水枪掩护，管线、设备做好良好接地。 （7）洗消收容。用防爆泵等器材对消防废水进行收容和地面洗消处理。
火灾爆炸处置措施	1. 使用灭火剂类型： （1）可使用的类型：泡沫、干粉、二氧化碳、沙土。 （2）禁止使用的类型：水。 2. 个人防护装备：正压自给式空气呼吸器、自吸过滤式防毒面具、防静电防毒物渗透工作服、化学安全防护眼镜、耐油橡胶手套。 3. 抢险装备：复合式气体检测仪、吸附器材或堵漏器材、无人机、灭火机器人。 4. 应急处置方法、流程： ＊处置方法： （1）首先对储罐及周围环境进行检测，对着火情况进行侦查警戒，疏散无关人员和车辆，若阀门发出声响或罐体变色，立即撤离火场。 （2）用沙土或沙袋等封堵下水道口，关闭管网控制阀，防止泄漏介质进入水体、下水道、地下室或密闭性空间，防止消防废水污染环境。

火灾爆炸处置措施	（3）消防人员穿消防灭火战斗服从远处或使用遥控水枪、水炮对容器进行降温，使用泡沫或干粉在上风向灭火，直至灭火结束。 （4）使用防爆泵等器材对消防废水进行收容和地面洗消处理。 *处置流程： （1）警戒疏散。 （2）围堤堵截。 （3）降温灭火。 （4）收容洗消。 *超出自身处置能力以外需要外部支援情况： （1）泄漏量、火势增大，需要响应升级。 （2）应急救援物资、器材消耗大，需要补充。 （3）发生爆炸。 （4）人员体力不支、数量不够。

甲苯二异氰酸酯

1. 理化特性

UN 号：2078	CAS 号：584-84-9
分子式：$C_9H_6O_2N_2$	分子量：174.16
熔点：3.5~5.5℃（TDI-65）； 　　　11.5~13.5℃（TDI-80）； 　　　19.5~21.5（TDI-100）	沸点：251℃
相对蒸气密度：6.0	临界压力：/（无资料）
临界温度：/（无资料）	饱和蒸气压力：3.07Pa（25℃）
闪点：132.2℃（TDI-80）	爆炸极限：0.9%~9.5%（TDI-100，体积分数）
自燃温度：/（无资料）	引燃温度：621℃
最大爆炸压力：/（无资料）	综合危险性质分类：6.1 类毒性物质
外观及形态：有 2,4-TDI 和 2,6-TDI 两种异构体。无色或浅黄色透明液体，有刺激性臭味。与丙酮、乙醚、二甘醇、四氯化碳、苯、氯苯、煤油、橄榄油混溶。	
火灾爆炸特性	1. 火灾危险性分类：丙类。 2. 特殊火灾特性描述：可燃，蒸气与空气可形成爆炸性混合物，遇明火、高热能引起燃烧或爆炸。燃烧产生有毒。蒸气比空气重，能在较低处扩散到相当远的地方，遇火源会着火回燃。
毒性特性	高毒；高浓度接触直接损害呼吸道黏膜，发生喘息性支气管炎，可引起肺炎和肺水肿。蒸气和液体对眼有刺激性。部分工人在多次接触本品后产生过敏，以后即使接触极微量，也能引起典型的哮喘发作。对皮肤有致敏性。 职业接触限值：时间加权平均容许浓度（PC-TWA）为 $0.1mg/m^3$（敏）；短时间接触容许浓度（PC-STEL）为 $0.2mg/m^3$（敏）。 IARC 认定为可疑人类致癌物。

2. 物料储存安全措施

储存方式和储存状态	1. 储存方式：桶装、立罐、卧罐。
	2. 储存状态：常温/常压/液态。
正常储存状态下主要安全措施及备用应急设施	1. 主要安全措施： （1）储存场所应设置泄漏检测报警仪。 （2）储罐等压力容器和设备应设置安全阀、压力表、液位计、温度计，并应装有带压力、液位、温度远传记录和报警功能的安全装置。 （3）重点储罐需设置紧急切断装置。 （4）设置安全警示标志。 2. 备用应急设施：事故风机、灭火器具。

3. 物料运输安全措施

运输车辆和物料状态	1. 运输车辆种类：罐车、厢车。
	2. 容器内物料状态：常温/常压/液态。
正常运输状态下主要安全措施及备用应急设施	1. 主要安全措施： （1）使用安全标志类：标志灯、危险化学品标志牌和标记、三角警示牌。 （2）使用卫星定位装置、阻火器、轮挡。 ＊罐车运输时： （1）使用防波板。 （2）使用倾覆保护装置。 （3）装卸管路：根据罐体构造不同，设置2道或3道相互独立或串联的紧急切断阀、卸料阀及关闭装置。 （4）充装时使用万向节管道充装系统，严防超装。 （5）使用扶梯、罐顶操作平台及护栏。 （6）使用紧急切断装置。 （7）使用仪表：液位计、温度计。 ＊厢车运输时： （1）要有遮阳措施，防止阳光直射。 （2）使用倾覆保护装置、三角木垫。 2. 备用应急设施：灭火器具、反光背心、便携式照明设备、防护性手套、眼部防护装备（如护目镜）、应急逃生面具、防爆铲、堵漏器具（如堵漏垫、堵漏袋）、眼部冲洗液。

4. 应急措施

企业配备应急器材	正压式空气呼吸器、重型防护服、自吸过滤式防毒面具、化学安全防护眼镜、防毒物渗透工作服、耐油橡胶手套、气体浓度检查仪、防爆手电筒、防爆对讲机、急救箱或急救包、吸附材、洗消设施或清洁剂、应急处置工具箱。
未着火情况下泄漏（扩散）处置措施	1. 储罐储存小量和中量泄漏时： （1）侦检警戒疏散。在所有方向上设置隔离泄漏区，液体至少50m。 （2）稀释降毒。穿内置正压自给式空气呼吸器的全封闭防化服，戴橡胶手套在泄漏容器四周设置水幕，并利用水枪喷射雾状水或开花水流进行稀释降毒，防止向外扩散。 （3）断源。在条件允许的情况下，关断槽车阀门，切断泄漏源制止泄漏。 （4）器具堵漏。根据事故现场、管道或阀门等发生泄漏的部位、泄漏口形状及余压大小等情况，研制堵漏方案，采用不同方法实施。 （5）倒罐输转。储罐、容器壁发生泄漏，无法堵漏时，可用水枪进行掩护，采用疏导方法导入其他容器或储罐。 （6）收容：用干土、干沙或其他不燃性材料覆盖，接着盖上塑料薄膜，以减少扩散或避免淋雨。使用洁净的无火花工具收集泄漏物，置于盖子较松的塑料容器中待稍后处理。
	2. 大量泄漏时： （1）侦检警戒疏散。在所有方向上设置隔离泄漏区，液体至少50m。 （2）稀释降毒。穿内置正压自给式空气呼吸器的全封闭防化服，戴橡胶手套在泄漏容器四周设置水幕，并利用水枪喷射雾状水或开花水流进行稀释降毒，防止向外扩散。 （3）洗消收容。构筑围堤或挖坑收容。用泵转移至槽车或专用收集器内。
火灾爆炸处置措施	1. 使用灭火剂类型： （1）可使用的类型：用干粉、二氧化碳、沙土灭火。 （2）禁止使用的类型：直流水。
	2. 个人防护装备：正压自给式空气呼吸器、耐油橡胶手套、自吸过滤式防毒面具、化学防护眼镜、全身消防服。
	3. 抢险装备：气体浓度检测仪、应急指挥车、泡沫消防车、化学洗消车、抢险救援车、应急工具箱。

火灾爆炸处置措施	4. 应急处置方法、流程： ＊处置方法： （1）首先对周围环境进行检测，对着火情况进行侦查警戒，疏散无关人员和车辆；若阀门发出声响或瓶体变色，立即撤离火场。 （2）用沙土或沙袋等封堵下水道口，防止消防废水污染环境。 （3）消防人员必须佩戴自供气式呼吸器。禁止污染的灭火用水流入土壤，地下水或地表水中。尽可能将容器从火场移至空旷处。喷水保持火场容器冷却，直至灭火结束。用干粉、二氧化碳、沙土灭火。 （4）使用防爆泵等器材对消防废水进行收容和地面洗消处理。 ＊处置流程： （1）警戒疏散。 （2）围堤堵截。 （3）降温灭火。 （4）收容洗消。 ＊超出自身处置能力以外需要外部支援情况： （1）泄漏量、火势增大，需要响应升级。 （2）应急救援物资、器材消耗大，需要补充。 （3）发生爆炸。 （4）人员体力不支、数量不够。

甲醇

1. 理化特性

UN 号：1230	CAS 号：67-56-1
分子式：CH_4O	分子量：32.04
熔点：-97.8℃	沸点：64.8℃
相对蒸气密度：1.11	临界压力：7.95MPa
临界温度：240℃	饱和蒸气压力：12.26kPa（20℃）
闪点：11℃	爆炸极限：5.5%~44%（体积分数）
自燃温度：385℃	引燃温度：385℃
最大爆炸压力：/（无资料）	综合危险性质分类：3.2类中闪点易燃气体
外观及形态：无色透明的易挥发液体，有刺激性气味。溶于水，可混溶于乙醇、乙醚、酮类、苯等有机溶剂。	
火灾爆炸特性	1. 火灾危险性分类：甲类。 2. 特殊火灾特性描述：高度易燃，蒸气与空气能形成爆炸性混合物，遇明火、高热能引起燃烧爆炸。蒸气比空气重，能在较低处扩散到相当远的地方，遇火源会着火回燃和爆炸。
毒性特性	易经胃肠道、呼吸道和皮肤吸收。引发急性中毒，引起代谢性酸中毒。甲醇可致视神经损害，重者引起失明。 职业接触限值：时间加权平均容许浓度（PC-TWA）为 $25mg/m^3$（皮）；短时间接触容许浓度（PC-STEL）为 $50mg/m^3$（皮）。

2. 物料储存安全措施

储存方式和储存状态	1. 储存方式：桶装、立罐、卧罐。
	2. 储存状态：常温/常压/液态。

正常储存状态下主要安全措施及备用应急设施	1. 主要安全措施： （1）储存场所设置可燃气体检测报警器。 （2）储罐等压力设备应设置压力表、液位计、温度计，并应装有带压力、液位、温度远传记录和报警功能的安全装置。 （3）采用防爆型照明、通风设施。 （4）设置防雷、防静电设施。 （5）库房设置防液体流散措施。 （6）在甲醇储罐四周设置围堰。 （7）设置安全警示标志。 2. 备用应急设施：事故风机、应急池、灭火器具。

3. 物料运输安全措施

运输车辆和物料状态	1. 运输车辆种类：罐车/厢车。
	2. 容器内物料状态：常温/常压/液态。
正常运输状态下主要安全措施及备用应急设施	1. 主要安全措施： （1）使用安全标志类：标志灯、危险化学品标志牌和标记、三角警示牌。 （2）使用卫星定位装置、阻火器、轮挡。 ＊罐车运输时： （1）使用防波板。 （2）使用倾覆保护装置（罐体顶部设有安全附件和装卸附件时，且应设积液收集装置）。 （3）装卸管路：根据罐体构造不同，设置2道或3道相互独立或串联的紧急切断阀、卸料阀及关闭装置。 （4）装卸口设置阀门箱或防碰撞护栏等保护装置，且应设置有密封盖或密封式集漏器。 （5）使用扶梯、罐顶操作平台及护栏。 （6）使用安全泄放装置（安全阀、爆破片以及两者的串联组合装置，紧急泄放装置和呼吸阀组合装置）。 （7）呼吸阀应具有阻火功能。 （8）真空减压阀应具有阻火功能。 （9）使用紧急切断装置。 （10）使用仪表：压力表、液位计、温度计。

正常运输状态下主要安全措施及备用应急设施	（11）装卸阀门：阀门不得选用铸铁或非金属材料制造；易燃介质罐体，应采用不产生火花的铜、铝合金或不锈钢材质阀门。 （12）装卸用管及快装接头应有导静电功能。 ＊厢车运输时： （1）使用阻火器（火星熄灭器）。 （2）使用导静电拖线。 （3）要有遮阳措施，防止阳光直射。 （4）使用倾覆保护装置、三角木垫。
	2. 备用应急设施： 灭火器具、反光背心、便携式照明设备、防护性手套、眼部防护装备（如护目镜）、应急逃生面具、防爆铲、堵漏器具（如堵漏垫、堵漏袋）、眼部冲洗液。

4. 应急措施

企业配备应急器材	正压式空气呼吸器、防护眼镜、防静电工作服、橡胶手套、过滤式防毒面具（半面罩）、防爆手电筒，防爆对讲机，急救箱或急救包、吸附材料、洗消设施或清洁剂、应急处置工具箱。
未着火情况下泄漏（扩散）处置措施	1. 小量和中量泄漏时： （1）侦检警戒疏散。根据液体流动和蒸气扩散的影响区域及有毒有害气体检测浓度划定初始警戒区，无关人员从侧风、上风向撤离至安全区，初始泄漏隔离距离至少为50m。 （2）消除所有点火源（泄漏区附近禁止吸烟、消除所有明火、火花或火焰、严禁使用非防爆类工具）。 （3）围堵收集泄漏物。应急处理人员戴合适的呼吸面具，用沙土或其他不燃材料吸收或使用洁净的无火花工具收集吸收。防止泄漏物进入水体、下水道、地下室或密闭性空间。 （4）稀释防爆。利用水枪喷射雾状水或开花水流稀释，禁止用强直流水柱直接冲击容器及泄漏物，以防产生爆炸。 （5）堵漏。制订堵漏方案，在水枪掩护下利用专业工具进行堵漏。 （6）倒罐输转。事故现场不能有效堵漏的情况下，可采取防爆泵抽取等输转措施转移至专用收容器内，倒罐必须由操作经验丰富的专业技术人员进行，同时用水枪掩护。 （7）洗消收容。用防爆泵等器材对消防废水进行收容和地面洗消处理。

未着火情况下泄漏（扩散）处置措施	2. 大量泄漏时： （1）侦检警戒疏散。根据液体流动和蒸气扩散的影响区域及有毒有害气体检测浓度划定初始警戒区，无关人员从侧风、上风向撤离至安全区，下风向的初始疏散距离应至少为300m，具体以气体检测仪实际检测量为准。 （2）消除所有点火源（泄漏区附近禁止吸烟、消除所有明火、火花或火焰、严禁使用非防爆类工具）。 （3）收容转移。用抗溶性泡沫覆盖，减少蒸发。用防爆泵转移至槽车或专用收集器内。防止泄漏物进入水体、下水道、地下室或密闭性空间。 （4）稀释防爆。利用水枪喷射雾状水或开花水流稀释，禁止用强直流水柱直接冲击容器及泄漏物，以防产生爆炸。 （5）堵漏。制订堵漏方案，在水枪掩护下利用专业工具进行堵漏。 （6）倒罐输转。事故现场不能有效堵漏的情况下，应切换生产工艺流程倒罐，倒罐必须由操作经验丰富的专业技术人员进行，同时用水枪掩护。 （7）洗消收容。用防爆泵等器材对消防废水进行收容和地面洗消处理。
火灾爆炸处置措施	1. 使用灭火剂类型： （1）可使用的类型：雾状水、抗溶性泡沫、二氧化碳、干粉、沙土。 （2）禁止使用的类型：直流水。 2. 个人防护装备：正压自给式空气呼吸器，防毒、防静电服，橡胶手套，化学防护眼镜，过滤式防毒面具。 3. 抢险装备：气体浓度检测仪、吸附器材或堵漏器材、无人机、灭火机器人。 4. 应急处置方法、流程： ＊处置方法： （1）首先进行对罐体及周围环境进行检测，对着火情况进行侦查警戒，疏散无关人员和车辆，若阀门发出声响或罐体变色，立即撤离火场。 （2）用沙土或沙袋对市政管网井口、盖板等四周围堤堵截，防止消防废水污染环境。 （3）消防人员穿消防灭火战斗服从远处或使用遥控水枪、水炮对容器进行降温，使用抗溶性泡沫、二氧化碳在上风向灭火，直至灭火结束。 （4）使用防爆泵等器材对消防废水进行收容和地面洗消处理。

火灾爆炸处置措施	*处置流程： （1）警戒疏散。 （2）围堤堵截。 （3）降温灭火。 （4）收容洗消。 *超出自身处置能力以外需要外部支援情况： （1）泄漏量、火势增大，需要响应升级。 （2）应急救援物资、器材消耗大，需要补充。 （3）发生爆炸。 （4）人员体力不支、数量不够。

甲基肼

1. 理化特性

UN 号：1244	CAS 号：60-34-4
分子式：CH_6N_2	分子量：46.07
熔点：-20.9℃	沸点：87.8℃
相对蒸气密度：1.6	临界压力：6.61kPa（25℃）
临界温度：312℃	饱和蒸气压力：8.24MPa
闪点：-8℃	爆炸极限：2.5%~98.0%（体积分数）
自燃温度：194℃	最小点火能：/（无资料）
最大爆炸压力：/（无资料）	综合危险性质分类：6.1 类毒性物质
外观及形态：无色透明液体，有氨的气味。溶于水、乙醇、乙醚。	
火灾爆炸特性	火灾危险性分类：甲类。
	特殊火灾特性描述：极易燃，其蒸气与空气可形成爆炸性混合物，遇明火、高热极易燃烧爆炸。在空气中遇尘土、石棉、木材等疏松性物质能自燃。遇过氧化氢或硝酸等氧化剂，也能自燃。高热时其蒸气能发生爆炸。具有腐蚀性。
毒性特性	剧毒；吸入甲基肼蒸气可出现流泪、喷嚏、咳嗽，以后可见眼充血、支气管痉挛、呼吸困难，继之恶心、呕吐。皮肤接触引起灼伤。慢性吸入甲基肼可致轻度高铁血红蛋白形成，可引起溶血。 列入《剧毒化学品目录》。 职业接触限值：最高容许浓度（MAC）为 0.08mg/m^3（皮）。

2. 物料储存安全措施

储存方式和储存状态	1. 储存方式：桶转、立罐、卧罐。 2. 储存状态：常温/常压/液态。

正常储存状态下主要安全措施及备用应急设施	1. 主要安全措施： （1）储存场所应设置泄漏检测报警仪。 （2）使用防爆型的通风系统和设备。 （3）储存场所防雷、防静电装置。 （4）储罐等容器和设备应设置液位计、温度计，并应装有带液位、温度远传记录和报警功能的安全装置，重点储罐需设置紧急切断装置。 （5）安全警示标志。
	2. 备用应急设施：事故风机、灭火器具。

3. 物料运输安全措施

运输车辆和物料状态	1. 运输车辆种类：罐车、厢车。
	2. 容器内物料状态：常温/常压/液态。
正常运输状态下主要安全措施及备用应急设施	1. 主要安全设施 （1）使用安全标志类：标志灯、危险化学品标志牌和标记、三角警示牌。 （2）使用卫星定位装置、阻火器、轮挡。 ＊罐车运输时： （1）使用防波板。 （2）使用倾覆保护装置（罐体顶部设有安全附件和装卸附件时，且应设积液收集装置）。 （3）装卸管路：根据罐体构造不同，设置2道或3道相互独立或串联的紧急切断阀、卸料阀及关闭装置。 （4）装卸口设置阀门箱或防碰撞护栏等保护装置，且应设置有密封盖或密封式集漏器。 （5）使用扶梯、罐顶操作平台及护栏。 （6）呼吸阀应具有阻火功能。 （7）真空减压阀具有阻火功能。 （8）使用紧急切断装置。 （9）使用仪表：压力表、液位计、温度计。 （10）装卸阀门：阀门不得选用铸铁或非金属材料制造；易燃介质罐体，应采用不产生火花的铜、铝合金或不锈钢材质阀门。

正常运输状态下主要安全措施及备用应急设施	（11）装卸用管及快装接头应有导静电功能。 （12）槽（罐）车应有接地链。 （13）槽内可设孔隔板以减少震荡产生静电。 ＊厢车运输时： （1）使用阻火器（火星熄灭器）。 （2）使用导静电拖线。 （3）要有遮阳措施，防止阳光直射。 （4）使用倾覆保护装置、三角木垫。 2. 备用应急设施：灭火器具、反光背心、便携式照明设备、防护性手套、眼部防护装备（如护目镜）、应急逃生面具、防爆铲、堵漏器具（如堵漏垫、堵漏袋）、眼部冲洗液。

4. 应急措施

企业配备应急器材	重型防护服、连衣式胶布防毒衣、耐油橡胶手套、过滤式防毒面具（全面罩）、正压自给式空气呼吸器、氧气呼吸器或长管面具。
未着火情况下泄漏（扩散）处置措施	1. 小量和中量泄漏时： （1）侦检警戒疏散。根据液体流动和蒸气扩散的影响区域及有毒有害气体检测浓度划定初始警戒区，无关人员从侧风、上风向撤离至安全区，初始隔离30m，下风向疏散白天300m、夜晚700m。 （2）消除所有点火源（泄漏区附近禁止吸烟、消除所有明火、火花或火焰、严禁使用非防爆类工具）。 （3）围堵收集泄漏物。应急处理人员戴合适的呼吸面具，用沙土或其他不燃材料吸收或使用洁净的无火花工具收集吸收。防止泄漏物进入水体、下水道、地下室或密闭性空间。 （4）稀释防爆。利用水枪喷射雾状水或开花水流稀释，禁止用强直流水柱直接冲击容器及泄漏物，以防产生爆炸。 （5）堵漏。制订堵漏方案，在水枪掩护下利用专业工具进行堵漏。 （6）倒罐输转。事故现场不能有效堵漏的情况下，可采取防爆泵抽取等输转措施转移至专用收容器内，倒罐必须由操作经验丰富的专业技术人员进行，同时用水枪掩护。 （7）洗消收容。用防爆泵等器材对消防废水进行收容和地面洗消处理。

未着火情况下泄漏（扩散）处置措施	2. 大量泄漏时： （1）侦检警戒疏散。根据液体流动和蒸气扩散的影响区域及有毒有害气体检测浓度划定初始警戒区，无关人员从侧风、上风向撤离至安全区，初始隔离 150m，下风向疏散白天 1500m、夜晚 2500m。 （2）消除所有点火源（泄漏区附近禁止吸烟、消除所有明火、火花或火焰、严禁使用非防爆类工具）。 （3）收容转移。用抗溶性泡沫覆盖，减少蒸发。用防爆、耐腐蚀泵转移至槽车或专用收集器内。防止泄漏物进入水体、下水道、地下室或密闭性空间。 （4）稀释防爆。利用水枪喷射雾状水或开花水流稀释，禁止用强直流水柱直接冲击容器及泄漏物，以防产生爆炸。 （5）堵漏。制订堵漏方案，在水枪掩护下利用专业工具进行堵漏。 （6）倒罐输转。事故现场不能有效堵漏的情况下，应迅速将车辆转移到邻近化工厂等具有一定条件的场所进行倒罐处置，倒罐必须由操作经验丰富的专业技术人员进行，同时用水枪掩护。 （7）洗消收容。用防爆泵等器材对消防废水进行收容和地面洗消处理。
火灾爆炸处置措施	1. 使用灭火剂类型： （1）可使用的类型：雾状水、抗溶性泡沫、二氧化碳、干粉、沙土。 （2）禁止使用的类型：禁止用直流水。 2. 个人防护装备：正压自给式空气呼吸器，防静电、防腐、防毒服，橡胶手套，化学防护眼镜，防毒面具。 3. 抢险装备：气体浓度检测仪、吸附器材或堵漏器材、无人机、灭火机器人。 4. 应急处置方法、流程： ＊处置方法： （1）首先对周围环境进行检测，对着火情况进行侦查警戒，疏散无关人员和车辆；若阀门发出声响或瓶体变色，立即撤离火场。 （2）用沙土或沙袋等封堵下水道口，防止消防废水污染环境。 （3）喷水冷却容器，尽可能将容器从火场移至空旷处。处在火场中的容器若已变色或从安全泄压装置中产生声音，必须马上撤离。 （4）对消防废弃物进行收容和地面洗消处理。

火灾爆炸处置措施	＊处置流程： （1）警戒疏散。 （2）围堤堵截。 （3）降温灭火。 （4）收容洗消。 ＊超出自身处置能力以外需要外部支援情况： （1）泄漏量、火势增大，需要响应升级。 （2）应急救援物资、器材消耗大，需要补充。 （3）发生爆炸。 （4）人员体力不支、数量不够。

甲基叔丁基醚

1. 理化特性

UN 号：2398	CAS 号：1634-04-4
分子式：$C_5H_{12}O$	分子量：88.15
熔点：-109℃	沸点：53~56℃
相对蒸气密度：3.1	临界压力：3.4MPa
临界温度：-12.26℃	饱和蒸气压力：31.9kPa（20℃）
闪点：-10℃	爆炸极限：1.6%~15.1%（体积分数）
自燃温度：375℃	最小点火能：/（无资料）
最大爆炸压力：/（无资料）	综合危险性质分类：3 类易燃液体
外观及形态：无色透明、黏度低的可挥发性液体，具有醚样气味。不溶于水。	
火灾爆炸特性	火灾危险性分类：甲类。 特殊火灾特性描述：高度易燃，其蒸气与空气可形成爆炸性混合物，遇明火、高热或与氧化剂接触，有引起燃烧爆炸的危险。与氧化剂接触猛烈反应。蒸气比空气重，沿地面扩散并易积存于低洼处，遇火源会着火回燃。
毒性特性	本品对中枢神经系统有抑制作用和麻醉作用，对眼和呼吸道有轻度刺激性。国外曾有报道用其作为溶石剂治疗胆石症，患者出现意识浑浊、嗜睡、昏迷和无尿等。

2. 物料储存安全措施

储存方式和储存状态	1. 储存方式：罐车、厢车。
	2. 储存状态：常温/常压/液态。

正常储存状态下主要安全措施及备用应急设施	1. 主要安全措施： （1）储存场所设置可燃气体泄漏检测报警仪。 （2）使用防爆型的通风系统和设备。 （3）储罐等压力容器和设备应设置安全阀、压力表、液位计、温度计，并应装有带压力、液位、温度远传记录和报警功能的安全装置。 （4）设置安全警示标志。
	2. 备用应急设施：事故风机、灭火器具。

3. 物料运输安全措施

运输车辆和物料状态	1. 运输车辆种类：罐车、厢车。
	2. 容器内物料状态：常温/常压/液态。
正常运输状态下主要安全措施及备用应急设施	1. 主要安全设施： （1）使用安全标志类：标志灯、危险化学品标志牌和标记、三角警示牌。 （2）使用卫星定位装置、阻火器、轮挡。 *罐车运输时： （1）使用防波板。 （2）使用倾覆保护装置（罐体顶部设有安全附件和装卸附件时，且应设积液收集装置）。 （3）装卸管路：根据罐体构造不同，设置2道或3道相互独立或串联的紧急切断阀、卸料阀及关闭装置。 （4）装卸口设置阀门箱或防碰撞护栏等保护装置，且应设置有密封盖或密封式集漏器。 （5）使用扶梯、罐顶操作平台及护栏。 （6）呼吸阀应具有阻火功能。 （7）真空减压阀应具有阻火功能。 （8）使用紧急切断装置。 （9）使用仪表：压力表、液位计、温度计。 （10）装卸阀门：阀门不得选用铸铁或非金属材料制造；易燃介质罐体，应采用不产生火花的铜、铝合金或不锈钢材质阀门。

正常运输状态下主要安全措施及备用应急设施	（11）装卸用管及快装接头应有导静电功能。 （12）槽（罐）车应有接地链。 （13）槽内可设孔隔板以减少震荡产生静电。 ＊厢车运输时： （1）使用阻火器（火星熄灭器）。 （2）使用导静电拖线。 （3）要有遮阳措施，防止阳光直射。 （4）使用倾覆保护装置、三角木垫。
	2. 备用应急设施：灭火器具、反光背心、便携式照明设备、防护性手套、眼部防护装备（如护目镜）、应急逃生面具、防爆铲、堵漏器具（如堵漏垫、堵漏袋）、眼部冲洗液。

4. 应急措施

企业配备应急器材	正压自给式空气呼吸器，防静电服，无产生火花工具，泄漏检测报警仪、喷淋设施、吸附材料、急救箱、手电筒、对讲机、过滤式防毒面具、化学安全防护眼镜、耐油橡胶手套、防爆照明灯、防爆泵、防爆型的通风系统和设备。
未着火情况下泄漏（扩散）处置措施	1. 储罐及其接管发生液相泄漏： （1）侦检警戒疏散。根据气体扩散的影响区域及气体检测浓度划定警戒区，无关人员从侧风、上风向撤离至安全区，初始泄漏隔离距离100m。 （2）停止作业，关闭所有紧急切断阀，开启水雾喷淋系统，连接消防水枪，对泄漏出的甲醚进行驱散。如泄漏发生在储罐底部，应开启高压水向储罐内注水，气相甲醚向其他储罐连通回流，将甲醚浮到裂口以上，使水从破裂口流出。 （3）堵漏。以棉被、麻袋片包裹泄漏罐体本体，如接管泄漏，则用管卡型堵漏装置实施堵漏。 （4）倒罐输转。实施烃泵倒罐作业，将储罐内的甲醚倒入其他储罐内。

未着火情况下泄漏（扩散）处置措施	2. 储罐及其接管发生气相泄漏： （1）侦检警戒疏散。根据气体扩散的影响区域及气体检测浓度划定警戒区，无关人员从侧风、上风向撤离至安全区，初始泄漏隔离距离100m。 （2）停止作业，切断与之相连的气源，开启水雾喷淋系统，根据现场情况，实施倒罐、抽空、放空等处理。
	3. 储罐第一道密封面发生泄漏： （1）侦检警戒疏散。根据气体扩散的影响区域及气体检测浓度划定警戒区，无关人员从侧风、上风向撤离至安全区，初始泄漏隔离距离100m。 （2）停止作业，关闭所有紧急切断阀，开启水雾喷淋系统，连接消防水枪，对泄漏出的甲醚进行驱散。 （3）启动高压水向储罐内注水，连通气相系统，将甲醚浮到裂口以上，使水从破裂口流出。 （4）堵漏。以法兰式带压堵漏设备进行堵漏作业。 （5）倒罐输转。实施烃泵倒罐作业，将储罐内的甲醚倒入其他储罐内。
	4. 与储罐相连的第一个阀门本体破损发生泄漏： （1）侦检警戒疏散。根据气体扩散的影响区域及气体检测浓度划定警戒区，无关人员从侧风、上风向撤离至安全区，初始泄漏隔离距离100m。 （2）停止作业，切断与之相连的气源，开启水雾喷淋系统，根据现场情况，实施倒罐、抽空、放空等处理。
火灾爆炸处置措施	1. 使用灭火剂类型： （1）可使用的类型：雾状水、抗溶性泡沫、干粉、二氧化碳、沙土。 （2）禁止使用的类型：直流水。
	2. 个人防护装备：正压自给式空气呼吸器、防静电、防寒服、防护手套（高浓度下：自吸过滤式防毒面具、安全防护眼镜）。
	3. 抢险装备：可燃气体浓度检测仪、吸附器材或堵漏器材、无人机、灭火机器人。

火灾爆炸处置措施	4. 应急处置方法、流程： ＊处置方法： （1）首先对储罐及周围环境进行检测，对着火情况进行侦查警戒，疏散无关人员和车辆，若阀门发出声响或罐体变色，立即撤离火场。 （2）用沙土或沙袋等封堵下水道口，关闭管网控制阀，防止泄漏物进入水体、下水道、地下室或密闭性空间，防止消防废水污染环境。 （3）消防人员穿消防灭火战斗服从远处或使用遥控水枪、水炮对容器进行降温，使用泡沫或干粉在上风向灭火，直至灭火结束。 （4）使用防爆泵等器材对消防废水进行收容和地面洗消处理。 ＊处置流程： （1）警戒疏散。 （2）围堤堵截。 （3）降温灭火。 （4）收容洗消。 ＊超出自身处置能力以外需要外部支援情况： （1）泄漏量、火势增大，需要响应升级。 （2）应急救援物资、器材消耗大，需要补充。 （3）发生爆炸。 （4）人员体力不支、数量不够。

硫酸二甲酯

1. 理化特性

UN号：1595	CAS号：77-78-1
分子式：$C_2H_6O_4S$	分子量：126.13
熔点：-31.8℃	沸点：188℃
相对蒸气密度：4.35	临界压力：7.01MPa
临界温度：/(无资料)	饱和蒸气压力：2.00kPa（76℃）
闪点：83℃	爆炸极限：3.6%~23.3%
自燃温度：188℃	引燃温度：191℃
最大爆炸压力：/(无资料)	综合危险性质分类：6.1类毒性物质
外观及形态：无色或浅黄色透明液体，微带洋葱臭味。微溶于水，溶于醇。	
火灾爆炸特性	1. 火灾危险性分类：丙类。 2. 特殊火灾特性描述：遇热源、明火、氧化剂有燃烧爆炸的危险。若遇高热可发生剧烈分解，引起容器破裂或爆炸事故。
毒性特性	高毒；本品对黏膜和皮肤有强烈的刺激作用。误服灼伤消化道；可致眼、皮肤灼伤。长期接触低浓度，可致眼和上呼吸道刺激。 职业接触限值：时间加权平均容许浓度（PC-TWA）为0.5mg/m³（皮）。 IARC认定为可能人类致癌物。

2. 物料储存安全措施

储存方式和储存状态	1. 储存方式：桶装、立罐、卧罐。 2. 储存状态：常温/正压/液态。

正常储存状态下主要安全措施及备用应急设施	1. 主要安全措施： （1）储存场所设置泄漏检测报警仪。 （2）储存场所设置防雷、防静电装置。 （3）储罐等容器和设备应设置液位计、温度计，并应装有带液位、温度远传记录和报警功能的安全装置，重点储罐需设置紧急切断装置。 （4）储存区设置围堰，地面进行防渗透处理，并配备倒装罐或储液池。 （5）储存场所设置安全警示标志。
	2. 备用应急设施：水雾喷淋系统和设备、事故风机、灭火器具。

3. 物料运输安全措施

运输车辆和物料状态	1. 运输车辆种类：罐车、厢车。
	2. 容器内物料状态：常温/常压/液态。
正常运输状态下主要安全措施及备用应急设施	1. 主要安全措施： （1）使用安全标志类：标志灯、危险化学品标志牌和标记、三角警示牌。 （2）使用卫星定位装置、阻火器、轮挡。 ＊罐车运输时： （1）使用防波板。 （2）使用倾覆保护装置。 （3）装卸管路：根据罐体构造不同，设置2道或3道相互独立或串联的紧急切断阀、卸料阀及关闭装置。 （4）充装时使用万向节管道充装系统，严防超装。 （5）使用扶梯、罐顶操作平台及护栏。 （6）使用紧急切断装置。 （7）使用仪表：液位计、温度计。 ＊厢车运输时： （1）要有遮阳措施，防止阳光直射。 （2）使用倾覆保护装置、三角木垫。
	2. 备用应急设施：灭火器具、反光背心、便携式照明设备、防护性手套、眼部防护装备（如护目镜）、应急逃生面具、防爆铲、堵漏器具（如堵漏垫、堵漏袋）、眼部冲洗液。

4. 应急措施

企业配备应急器材	正压式空气呼吸机、重型防护服、过滤式防毒面具、防护眼镜、防毒物渗透工作服、橡胶手套、气体浓度检查仪、防爆手电筒、防爆对讲机、急救箱或急救包、吸附材料、洗消设施或清洁剂、应急处置工具箱。
未着火情况下泄漏（扩散）处置措施	1. 常压罐储存小量泄漏时： （1）侦检警戒疏散。根据液体流动和蒸气扩散的影响区域及有毒有害气体检测浓度划定初始警戒区，无关人员从侧风、上风向撤离至安全区，初始隔离30m，下风向疏散白天100m、夜晚200m。 （2）消除所有点火源（泄漏区附近禁止吸烟、消除所有明火、火花或火焰、严禁使用非防爆类工具）。作业时使用的所有设备应接地。穿上适当的防护服前严禁接触破裂的容器和泄漏物。 （3）切断泄漏源。尽可能切断泄漏源，制订堵漏方案，在水雾掩护下利用木塞或专业工具进行堵漏。防止泄漏物进入水体、下水道、地下室或密闭性空间。 （4）泄漏物处置。应急处理人员用沙土或其他不燃材料吸收泄漏物，使用洁净的无火花工具收集吸收材料，并收集转运至空旷安全地带，保证安全的情况下点火焚烧，彻底消除危害。 2. 中量、大量泄漏时： （1）侦检警戒疏散。根据液体流动和蒸气扩散的影响区域及有毒有害气体检测浓度划定初始警戒区，无关人员从侧风、上风向撤离至安全区，初始隔离60m，下风向疏散白天500m、夜晚700m。 （2）消除所有点火源（泄漏区附近禁止吸烟、消除所有明火、火花或火焰、严禁使用非防爆类工具）。作业时使用的所有设备应接地。穿上适当的防护服前严禁接触破裂的容器和泄漏物。 （3）稀释防爆。利用水枪喷射雾状水或开花水流稀释、驱散硫酸二甲酯蒸气云团，禁止用强直流水柱直接冲击容器及泄漏物，以防产生爆炸。 （4）围堵收集泄漏介质。应急处理人员戴正压式空气呼吸器，用泡沫覆盖或喷射水雾，减少蒸发，用无火花工具收集泄漏介质至收容器内，控制硫酸二甲酯流淌扩散，防止进入水体、下水道、地下污水管网或密闭性空间。 （5）堵漏。制订堵漏方案，在水枪掩护下利用木塞或专业工具进行堵漏。

未着火情况下泄漏（扩散）处置措施	（6）倒罐输转。事故现场不能有效堵漏的情况下，可采取防爆泵抽取等输转措施转移至专用容器内，倒罐必须由操作经验丰富的专业技术人员进行，同时用水枪掩护，管线、设备做好良好接地。 （7）洗消收容。用防爆泵等器材对消防废水进行收容和地面洗消处理。
火灾爆炸处置措施	1. 使用灭火剂类型： （1）可使用的类型：泡沫、雾状水、二氧化碳、沙土。 （2）禁止使用的类型：水。 2. 个人防护装备：正压自给式空气呼吸器、自吸过滤式防毒面具、胶布防毒衣、化学安全防护眼镜、橡胶手套、重型防护服。 3. 抢险装备：复合式气体检测仪、吸附器材或堵漏器材、无人机、灭火机器人。 4. 应急处置方法、流程： ＊处置方法： （1）首先对储罐及周围环境进行检测，对着火情况进行侦查警戒，疏散无关人员和车辆，若阀门发出声响或罐体变色，立即撤离火场。 （2）用沙土或沙袋等封堵下水道口，关闭管网控制阀，防止泄漏介质进入水体、下水道、地下室或密闭性空间，防止消防废水污染环境。 （3）消防人员佩戴防毒面具，穿消防灭火战斗服在上风向从远处或使用遥控水枪、水炮对容器进行降温，使用泡沫或二氧化碳在上风向灭火，直至灭火结束。 （4）使用防爆泵等器材对消防废水进行收容和地面洗消处理。 ＊处置流程： （1）警戒疏散。 （2）围堤堵截。 （3）降温灭火。 （4）收容洗消。 ＊超出自身处置能力以外需要外部支援情况： （1）泄漏量、火势增大，需要响应升级。 （2）应急救援物资、器材消耗大，需要补充。 （3）发生爆炸。 （4）人员体力不支、数量不够。

六氯环戊二烯

1. 理化特性

UN 号：2646	CAS 号：77-47-4
分子式：C_5Cl_6	分子量：272.77
熔点：-9.6℃	沸点：239℃
相对蒸气密度：9.42	临界压力：/（无资料）
临界温度：/（无资料）	饱和蒸气压力：0.012kPa（25℃）
闪点：/（无资料）	爆炸极限：/（无资料）
自燃温度：/（无资料）	引燃温度：/（无资料）
最大爆炸压力：/（无资料）	综合危险性质分类：6.1类毒性物质
外观及形态：黄色至琥珀色油状液体，有刺激性气味。不溶于水，溶于乙醚、四氯化碳等多数有机溶剂。	

火灾爆炸特性	1. 火灾危险性分类：丙类。 2. 特殊火灾特性描述：不燃。受高热分解放出腐蚀性、刺激性的烟雾。
毒性特性	剧毒；对黏膜和皮肤有明显刺激性。吸入高浓度本品蒸气可致化学性肺炎、肺水肿。皮肤接触可发生皮炎。长期吸入可能引起肝、肾损害。 职业接触限值：时间加权平均容许浓度（PC-TWA）为 $0.1mg/m^3$。

2. 物料储存安全措施

储存方式和储存状态	1. 储存方式：桶装、立罐、卧罐。 2. 储存状态：常温/常压/液态。

正常储存状态下主要安全措施及备用应急设施	1. 主要安全措施： （1）设置泄漏检测报警仪。 （2）使用防爆型的通风系统和设备。 （3）储罐等容器和设备应设置液位计、温度计，并应装有带液位、温度远传记录和报警功能的安全装置，重点储罐需设置紧急切断装置。 （4）防雷防静电措施。 （5）设置安全警示标志。 （6）储罐应设固定或移动式消防冷却水系统。
	2. 备用应急设施：安全淋浴和洗眼设备、灭火器具。

3. 物料运输安全措施

运输车辆和物料状态	1. 运输车辆种类：厢车。
	2. 容器内物料状态：常温/常压/液态。
正常运输状态下主要安全措施及备用应急设施	1. 主要安全措施： ＊厢车运输时： （1）使用安全标志类：危险化学品标志牌和标记、三角警示牌。 （2）使用倾覆保护装置、三角木垫。
	2. 备用应急设施：灭火器具、反光背心、便携式照明设备、应急逃生面具、化学安全防护眼镜、防毒物渗透工作服、耐油橡胶手套。

4. 应急措施

企业配备应急器材	正压式空气呼吸机、重型防护服、自吸过滤式防毒面具（半面罩）、化学安全防护眼镜、防毒物渗透工作服、耐油橡胶手套、防爆手电筒、防爆对讲机、急救箱或急救包、吸附材料、洗消设施或清洁剂、应急处置工具箱。
未着火情况下泄漏（扩散）处置措施	1. 储罐储存小量和中量泄漏时： （1）侦检警戒疏散。初始隔离30m，下风向疏散白天100m、夜晚100m。

未着火情况下泄漏（扩散）处置措施	(2) 稀释降毒。穿内置正压自给式空气呼吸器的全封闭防化服，戴橡胶手套在泄漏容器四周设置水幕，并利用水枪喷射雾状水或开花水流进行稀释降毒，防止向外扩散。 (3) 器具堵漏。根据事故现场、管道或阀门等发生泄漏的部位、泄漏口形状及余压大小等情况，研制堵漏方案，采用不同方法实施。 (4) 倒罐输转。储罐、容器壁发生泄漏，无法堵漏时，可在水枪掩护下采用疏导方法导入其他容器或储罐。 (5) 洗消收容。用干燥的沙土或其他不燃性材料吸收覆盖，收集于容器中。
	2. 大量泄漏时： (1) 侦检警戒疏散。初始隔离 30m，下风向疏散白天 400m、夜晚 500m。 (2) 稀释降毒。穿内置正压自给式空气呼吸器的全封闭防化服，戴橡胶手套在泄漏容器四周设置水幕，并利用水枪喷射雾状水或开花水流进行稀释降毒，防止向外扩散。 (3) 洗消收容。构筑围堤或挖坑收容。用石灰粉吸收大量液体。用泵转移至槽车或专用收集器内。
火灾爆炸处置措施	1. 使用灭火剂类型： (1) 可使用的类型：雾状水、泡沫、干粉、二氧化碳、沙土。 (2) 禁止使用的类型：直流水。
	2. 个人防护装备：内置正压自给式空气呼吸器的全封闭防化服、氧气呼吸器、面罩式胶布防毒衣、防静电工作服、防化学品手套、过滤式防毒面具。
	3. 抢险装备：气体浓度检测仪、应急指挥车、泡沫消防车、化学洗消车、抢险救援车、应急工具箱。
	4. 应急处置方法、流程： ＊处置方法： (1) 首先对周围环境进行检测，对着火情况进行侦查警戒，疏散无关人员和车辆。 (2) 用沙土或沙袋等封堵下水道口，防止消防废水污染环境。 (3) 防人员须佩戴防毒面具、穿全身消防服，在上风向灭火。尽可能将容器从火场移至空旷处。喷水保持火场容器冷却，直至灭火结束。处在火场中的容器若已变色或从安全泄压装置中产生声音，必须马上撤离。

火灾爆炸处置措施	（4）使用防爆泵等器材对消防废水进行收容和地面洗消处理。 ＊处置流程： （1）警戒疏散。 （2）围堤堵截。 （3）降温灭火。 （4）收容洗消。 ＊超出自身处置能力以外需要外部支援情况： （1）泄漏量、火势增大，需要响应升级。 （2）应急救援物资、器材消耗大，需要补充。 （3）发生爆炸。 （4）人员体力不支、数量不够。

氯苯

1. 理化特性

UN 号：1134	CAS 号：108-90-7
分子式：C_6H_5Cl	分子量：112.56
熔点：-45.2℃	沸点：131.7℃
相对蒸气密度：3.88	临界压力：4.52MPa
临界温度：359.2℃	饱和蒸气压力：1.33kPa（20℃）
闪点：29℃	爆炸极限：1.3%~9.6%（体积分数）
自燃温度：638℃	引燃温度：590℃
最大爆炸压力：/（无资料）	综合危险性质分类：3类易燃液体
外观及形态：无色透明液体，具有苦杏仁味。不溶于水，溶于乙醇、乙醚、氯仿、二硫化碳、苯等多数有机溶剂。	
火灾爆炸特性	1. 火灾危险性分类：乙类。 2. 特殊火灾特性描述：易燃，遇明火、高热或与氧化剂接触，有引起燃烧爆炸的危险。与过氯酸银、二甲亚砜反应剧烈。
毒性特性	对中枢神经系统有抑制和麻醉作用；对皮肤和黏膜有刺激性。急性中毒表现为接触高浓度可引起麻醉症状，甚至昏迷。脱离现场，积极救治后，可较快恢复，但数日内仍有头痛、头晕、无力、食欲减退等症状。液体对皮肤有轻度刺激性，但反复接触，则起红斑或有轻度浅表性坏死。慢性中毒常有眼痛、流泪、结膜充血；早期有头痛、失眠、记忆力减退等神经衰弱症状；重者引起中毒性肝炎，个别可发生肾脏损害。 职业接触限值：时间加权平均容许浓度（PC-TWA）为50mg/m^3。

2. 物料储存安全措施

储存方式和储存状态	1. 储存方式：桶装、立罐、卧罐。
	2. 储存状态：常温/正压/液态。
正常储存状态下主要安全措施及备用应急设施	1. 主要安全措施： （1）设置氯苯检测仪。 （2）使用防爆型通风设备。 （3）储存场所设置防雷、防静电装置。 （4）储罐等容器和设备应设置液位计、温度计，并应装有带液位、温度远传记录和报警功能的安全装置。 （5）设置安全警示标志。 2. 备用应急设施：事故风机、灭火器具。

3. 物料运输安全措施

运输车辆和物料状态	1. 运输车辆种类：罐车、厢车。
	2. 容器内物料状态：常温/常压/液态。
正常运输状态下主要安全措施及备用应急设施	1. 主要安全措施： （1）使用安全标志类：标志灯、危险化学品标志牌和标记、三角警示牌。 （2）使用卫星定位装置、阻火器、轮挡。 *罐车运输时： （1）使用防波板。 （2）使用倾覆保护装置（罐体顶部设有安全附件和装卸附件时，且应设积液收集装置）。 （3）装卸管路：根据罐体构造不同，设置2道或3道相互独立或串联的紧急切断阀、卸料阀及关闭装置。 （4）装卸口设置阀门箱或防碰撞护栏等保护装置，且应设置有密封盖或密封式集漏器。 （5）使用扶梯、罐顶操作平台及护栏。 （6）使用安全泄放装置（安全阀、爆破片以及两者的串联组合装置，紧急泄放装置和呼吸阀组合装置）。 （7）呼吸阀应具有阻火功能。 （8）真空减压阀应具有阻火功能。 （9）使用紧急切断装置。

正常运输状态下主要安全措施及备用应急设施	（10）使用仪表：压力表、液位计、温度计。 （11）装卸阀门：阀门不得选用铸铁或非金属材料制造；易燃介质罐体，应采用不产生火花的铜、铝合金或不锈钢材质阀门。 （12）装卸用管及快装接头应有导静电功能。 （13）槽（罐）车应有接地链。 （14）槽内可设孔隔板以减少震荡产生静电。 ＊厢车运输时： （1）使用阻火器（火星熄灭器）。 （2）使用导静电拖线。 （3）要有遮阳措施，防止阳光直射。 （4）使用倾覆保护装置、三角木垫。 2. 备用应急设施：灭火器具、反光背心、便携式照明设备、防护性手套、眼部防护装备（如护目镜）、应急逃生面具、防爆铲、堵漏器具（如堵漏垫、堵漏袋）、眼部冲洗液。

4. 应急措施

企业配备应急器材	正压式空气呼吸器、自吸过滤式防毒面具（半面罩）、化学安全防护眼镜、防毒物渗透工作服、耐油橡胶手套、防静电服、气体浓度检测仪、防爆手电筒、防爆对讲机、急救箱或急救包、吸附材料、洗消设施或清洗剂、应急处置工具箱。
未着火情况下泄漏（扩散）处置措施	1. 常压罐储存小量、中量泄漏时： （1）侦检警戒疏散。根据液体流动和蒸气扩散的影响区域及有毒有害气体检测浓度划定初始警戒区，无关人员从侧风、上风向撤离至安全区，泄漏隔离距离至少为50m。 （2）消除所有点火源（泄漏区附近禁止吸烟、消除所有明火、火花或火焰、严禁使用非防爆类工具）。 （3）稀释防爆。利用水枪喷射雾状水或开花水流稀释、驱散氯苯蒸气云团，或用泡沫覆盖泄漏氯苯，禁止用强直流水柱直接冲击容器及泄漏物，以防产生爆炸。 （4）围堵收集泄漏氯苯。应急处理人员戴合适的呼吸面具，用泡沫覆盖或喷射水雾，减少蒸发，用收容器收集泄漏氯苯，控制氯苯流淌扩散，防止进入水体、下水道、地下污水管网或密闭性空间。

	(5) 堵漏。制订堵漏方案，在水枪掩护下利用木塞或专业工具进行堵漏。 (6) 倒罐输转。事故现场不能有效堵漏的情况下，可采取防爆泵抽取等输转措施转移至专用收容器内，倒罐必须由操作经验丰富的专业技术人员进行，同时用水枪掩护，管线、设备做好良好接地。 (7) 洗消收容。用防爆泵等器材对消防废水进行收容和地面洗消处理。
未着火情况下泄漏（扩散）处置措施	2. 大量泄漏时： (1) 侦检警戒疏散。根据液体流动和蒸气扩散的影响区域及有毒有害气体检测浓度划定初始警戒区，无关人员从侧风、上风向撤离至安全区，下风向的初始疏散距离应至少为300m。 (2) 消除所有点火源（泄漏区附近禁止吸烟、消除所有明火、火花或火焰、严禁使用非防爆类工具）。 (3) 稀释防爆。利用水枪喷射雾状水或开花水流稀释、驱散氯苯蒸气云团，禁止用强直流水柱直接冲击容器及泄漏物，以防产生爆炸。 (4) 围堵收集泄漏氯苯。应急处理人员戴正压式空气呼吸器，用泡沫覆盖或喷射水雾，减少蒸发，用无火花工具收集泄漏氯苯至收容器内，控制氯苯流淌扩散，防止进入水体、下水道、地下污水管网或密闭性空间。 (5) 堵漏。制订堵漏方案，在水枪掩护下利用木塞或专业工具进行堵漏。 (6) 倒罐输转。事故现场不能有效堵漏的情况下，可采取防爆泵抽取等输转措施转移至专用收容器内，倒罐必须由操作经验丰富的专业技术人员进行，同时用水枪掩护，管线、设备做好良好接地。 (7) 洗消收容。用防爆泵等器材对消防废水进行收容和地面洗消处理。
火灾爆炸处置措施	1. 使用灭火剂类型： (1) 可使用的类型：泡沫、二氧化碳、干粉。 (2) 禁止使用的类型：水。
	2. 个人防护装备：隔热服、正压自给式空气呼吸器、防毒面具、消防灭火战斗服、防护眼镜、耐油橡胶手套、高温手套。
	3. 抢险装备：复合式气体浓度检测仪、吸附器材或堵漏器材、无人机、灭火机器人。

火灾爆炸处置措施	4. 应急处置方法、流程： ＊处置方法： （1）首先对储罐及周围环境进行检测，对着火情况进行侦查警戒，疏散无关人员和车辆，若阀门发出声响或罐体变色，立即撤离火场。 （2）用沙土或沙袋等封堵下水道口，关闭管网控制阀，防止泄漏氯苯进入水体、下水道、地下室或密闭性空间，防止消防废水污染环境。 （3）消防人员穿消防灭火战斗服从远处或使用遥控水枪、水炮对容器进行降温，使用泡沫或干粉在上风向灭火，直至灭火结束。 （4）使用防爆泵等器材对消防废水进行收容和地面洗消处理。 ＊处置流程： （1）警戒疏散。 （2）围堤堵截。 （3）降温灭火。 （4）收容洗消。 ＊超出自身处置能力以外需要外部支援情况： （1）泄漏量、火势增大，需要响应升级。 （2）应急救援物资、器材消耗大，需要补充。 （3）发生爆炸。 （4）人员体力不支、数量不够。

氯甲基甲醚

1. 理化特性

UN 号：1239	CAS 号：107-30-2
分子式：C_2H_5OCl	分子量：80.51
熔点：-103.5℃	沸点：59.5℃
相对蒸气密度：2.8	临界压力：5.06MPa
临界温度：/（无资料）	饱和蒸气压力：34.66kPa（20℃）
闪点：15.56℃	爆炸极限：/（无资料）
自燃温度：/（无资料）	引燃温度：/（无资料）
最大爆炸压力：/（无资料）	综合危险性质分类：3.2类中闪点易燃液体
外观及形态：无色或微黄色液体，带有刺激性气味。溶于乙醇、乙醚等多数有机溶剂。	

火灾爆炸特性	1. 火灾危险性分类：甲类。 2. 特殊火灾特性描述：易燃，与空气可形成爆炸性混合物，遇明火、高热能引起燃烧爆炸，燃烧产物有毒，含有光气、氯化氢、一氧化碳。比空气重，能在较低处扩散到相当远的地方，遇火源会着火回燃。
毒性特性	剧毒；本品蒸气对呼吸道有强烈刺激性。吸入较高浓度后立即发生流泪、咽痛、剧烈呛咳、胸闷、呼吸困难并有发热、寒战，脱离接触后可逐渐好转。但经数小时至24小时潜伏期后，可发生化学性肺炎、肺水肿，抢救不及时可死亡。眼及皮肤接触可致灼伤。慢性影响表现为长期接触本品可引起支气管炎。本品可致肺癌。 职业接触限值：最高容许浓度（MAC）：0.005mg/m³。 IARC认定为确认人类致癌物。

2. 物料储存安全措施

储存方式和储存状态	1. 储存方式：瓶装、散装。
	2. 储存状态：常温/常压/液态。
正常储存状态下主要安全措施及备用应急设施	1. 主要安全措施： （1）设置泄漏检测报警仪。 （2）使用防爆型的通风系统和设备。 （3）储罐等容器和设备应设置液位计、温度计，并应装有带液位、温度远传记录和报警功能的安全装置；重点储罐需设置紧急切断装置。 （4）设置安全警示标志。 （5）罐区设置围堰，地面进行防渗透处理。 2. 备用应急设施：倒装罐或储液池、灭火器具。

3. 物料运输安全措施

运输车辆和物料状态	1. 运输车辆种类：罐车、厢车。
	2. 容器内物料状态：常温/常压/液态。
正常运输状态下主要安全措施及备用应急设施	1. 主要安全措施： （1）使用安全标志类：标志灯、危险化学品标志牌和标记、三角警示牌。 （2）使用卫星定位装置、阻火器、轮挡。 ＊罐车运输时： （1）使用防波板。 （2）使用倾覆保护装置（罐体顶部设有安全附件和装卸附件时，且应设积液收集装置）。 （3）装卸管路：根据罐体构造不同，设置2道或3道相互独立或串联的紧急切断阀、卸料阀及关闭装置。 （4）装卸口设置阀门箱或防碰撞护栏等保护装置，且应设置有密封盖或密封式集漏器。 （5）使用扶梯、罐顶操作平台及护栏。 （6）呼吸阀应具有阻火功能。 （7）真空减压阀应具有阻火功能。 （8）使用紧急切断装置。

正常运输状态下主要安全措施及备用应急设施	（9）使用仪表：压力表、液位计、温度计。 （10）装卸阀门：阀门不得选用铸铁或非金属材料制造；易燃介质罐体，应采用不产生火花的铜、铝合金或不锈钢材质阀门。 （11）装卸用管及快装接头应有导静电功能。 ＊厢车运输时： （1）使用阻火器（火星熄灭器）。 （2）使用导静电拖线。 （3）要有遮阳措施，防止阳光直射。 （4）使用倾覆保护装置、三角木垫。
	2. 备用应急设施：灭火器具、反光背心、便携式照明设备、防护性手套、眼部防护装备（如护目镜）、应急逃生面具、防爆铲、堵漏器具（如堵漏垫、堵漏袋）、眼部冲洗液。

4. 应急措施

企业配备应急器材	正压式空气呼吸器、重型防护服、连衣式防毒衣、橡胶手套、隔离式呼吸器、气体浓度检查仪、防爆手电筒、防爆对讲机、急救箱或急救包、吸附材料、洗消设施或清洁剂、应急处置工具箱。
未着火情况下泄漏（扩散）处置措施	1. 常压罐储存小量、中量泄漏时： （1）侦检警戒疏散。根据液体流动和蒸气扩散的影响区域及有毒有害气体检测浓度划定初始警戒区，无关人员从侧风、上风向撤离至安全区，泄漏隔离距离至少为30m。 （2）消除所有点火源（泄漏区附近禁止吸烟、消除所有明火、火花或火焰、严禁使用非防爆类工具）。 （3）稀释防爆。利用水枪喷射雾状水或开花水流稀释、驱散氯甲基，禁止用强直流水柱直接冲击容器及泄漏物，以防产生爆炸。 （4）围堵收集泄漏物。应急处理人员戴合适的呼吸面具，用泡沫覆盖或喷射水雾，减少蒸发，用收容器收集泄漏油品，控制氯甲基甲醚流淌扩散，防止进入水体、下水道、地下污水管网或密闭性空间。 （5）堵漏。制订堵漏方案，在水枪掩护下利用木塞或专业工具进行堵漏。 （6）倒罐输转。事故现场不能有效堵漏的情况下，可采取防爆泵抽取等输转措施转移至专用收容器内，倒罐必须由操作经验丰富的专业技术人员进行，同时用水枪掩护，管线、设备做好良好接地。 （7）洗消收容。用防爆泵等器材对消防废水进行收容和地面洗消处理。

未着火情况下泄漏（扩散）处置措施	2. 大量泄漏时： （1）侦检警戒疏散。根据液体流动和蒸气扩散的影响区域及有毒有害气体检测浓度划定初始警戒区，无关人员从侧风、上风向撤离至安全区，下风向的初始疏散距离应至少为200m。 （2）消除所有点火源（泄漏区附近禁止吸烟、消除所有明火、火花或火焰、严禁使用非防爆类工具）。 （3）稀释防爆。利用水枪喷射雾状水或开花水流稀释、驱散氯甲基甲醚蒸气云团，禁止用强直流水柱直接冲击容器及泄漏物，以防产生爆炸。 （4）围堵收集泄漏物。应急处理人员戴正压式空气呼吸器，用泡沫覆盖或喷射水雾，减少蒸发，用无火花工具收集泄漏油品至收容器内，控制氯甲基甲醚流淌扩散，防止进入水体、下水道、地下污水管网或密闭性空间。 （5）倒罐输转。事故现场不能有效堵漏的情况下，可采取防爆泵抽取等输转措施转移至专用收容器内，倒罐必须由操作经验丰富的专业技术人员进行，同时用水枪掩护，管线、设备做好良好接地。 （6）洗消收容。用防爆泵等器材对消防废水进行收容和地面洗消处理。
火灾爆炸处置措施	1. 使用灭火剂类型： （1）可使用的类型：干粉、二氧化碳、抗溶性泡沫、沙土。 （2）禁止使用的类型：直流水。 2. 个人防护装备：过滤式防毒面具（全面罩）、正压自给式空气呼吸器、防毒服、防静电工作服、耐碱乳胶手套。 3. 抢险装备：气体浓度检测仪、吸附器材或堵漏器材、无人机、灭火机器人。 4. 应急处置方法、流程： ＊处置方法： （1）首先对储罐及周围环境进行检测，对着火情况进行侦查警戒，疏散无关人员和车辆，若阀门发出声响或罐体变色，立即撤离火场。 （2）用沙土或沙袋等封堵下水道口，关闭管网控制阀，防止泄漏物进入水体、下水道、地下室或密闭性空间，防止消防废水污染环境。 （3）消防人员穿消防灭火战斗服从远处或使用遥控水枪、水炮对容器进行降温，使用泡沫或干粉在上风向灭火，直至灭火结束。 （4）使用防爆泵等器材对消防废水进行收容和地面洗消处理。

火灾爆炸处置措施	*处置流程： （1）警戒疏散。 （2）围堤堵截。 （3）降温灭火。 （4）收容洗消。 *超出自身处置能力以外需要外部支援情况： （1）泄漏量、火势增大，需要响应升级。 （2）应急救援物资、器材消耗大，需要补充。 （3）发生爆炸。 （4）人员体力不支、数量不够。

氯甲酸三氯甲酯

1. 理化特性

UN号：3277	CAS号：503-38-8
分子式：$C_2Cl_4O_2$	分子量：197.82
熔点：-57℃	沸点：128℃
相对蒸气密度：6.9	临界压力：/（无资料）
临界温度：/（无资料）	饱和蒸气压力：1.37kPa（20℃）
闪点：84℃	爆炸极限：/（无资料）
自燃温度：/（无资料）	最小点火能：/（无资料）
最大爆炸压力：/（无资料）	综合危险性质分类：6.1类毒害性物质
外观及形态：无色透明液体，有刺激性气味和窒息性。不溶于水，溶于醇、乙醚等多数有机溶剂。	
火灾爆炸特性	本品不燃。
毒性特性	主要作用于呼吸器官，引起急性中毒性肺水肿，严重者窒息死亡。

2. 物料储存安全措施

储存方式和储存状态	1. 储存方式：桶装、立罐、卧罐。
	2. 储存状态：低温/正压/液态。
正常储存状态下主要安全措施及备用应急设施	1. 主要安全措施： （1）设置有毒气体报警仪。 （2）储罐等容器和设备应设置液位计、温度计，并应装有带液位、温度远传记录和报警功能的安全装置，重点储罐需设置紧急切断装置。 （3）安全警示标志。 （4）储罐四周设置围堰，围堰的容积等于酸罐的容积，围堰与地面作防腐处理。 2. 备用应急设施：事故风机、安全淋浴和洗眼设备、灭火器材。

3. 物料运输安全措施

运输车辆和物料状态	1. 运输车辆种类：罐车、厢车。
	2. 容器内物料状态：低温/正压/液态。
正常运输状态下主要安全措施及备用应急设施	1. 主要安全设施： （1）使用安全标志类：标志灯、危险化学品标志牌和标记、三角警示牌。 （2）使用卫星定位装置、轮挡。 *罐车运输时： （1）使用防波板。 （2）安全附件：安全泄放装置、真空减压阀、紧急切断装置、仪表（温度计、压力表、液位计）。 （3）使用装卸阀门、快充接头。 *厢车运输时：倾覆保护装置、三角木垫。
	2. 备用应急设施：灭火器具、反光背心、便携式照明设备、防护性手套、眼部防护装备（如护目镜）、应急逃生面具、防爆铲、堵漏器具、眼部冲洗液。

4. 应急措施

企业配备应急器材	重型防护服、自吸过滤式防毒面具、胶布防毒衣，耐油橡胶手套。
未着火情况下泄漏（扩散）处置措施	1. 小量和中量泄漏时： *储罐储存小量和中量泄漏时： （1）侦检警戒疏散。根据气体扩散的影响区域及气体检测浓度划定警戒区，无关人员从侧风、上风向撤离至安全区；初始隔离 30m，下风向疏散白天 200m、夜晚 700m。 （2）固体吸附。戴正压自给式空气呼吸器，穿防毒服。用干燥的沙土或其他不燃材料覆盖泄漏物，防止泄漏物进入水体、下水道、地下室或密闭性空间。严禁用水处理。 （3）器具堵漏。根据事故现场、管道或阀门等发生泄漏的部位、泄漏口形状及余压大小等情况，研制堵漏方案，采用不同方法实施。 （4）倒罐输转。无法堵漏时，可在水枪掩护下采用疏导方法将其导入其他容器或储罐。 （5）洗消处理。使用专用药剂化学处理。

未着火情况下泄漏（扩散）处置措施	*与储罐连接的管道储存小量和中量泄漏时： （1）侦检警戒疏散。根据气体扩散的影响区域及气体检测浓度划定警戒区，无关人员从侧风、上风向撤离至安全区；初始隔离30m，下风向疏散白天200m、夜晚700m。 （2）固体吸附。戴正压自给式空气呼吸器，穿防毒服。用干燥的沙土或其他不燃材料覆盖泄漏物，防止泄漏物进入水体、下水道、地下室或密闭性空间。严禁用水处理。 （3）关阀断源。泄漏点处在阀门下游且阀门尚未损坏时，穿戴好个人防护的情况下进行关闭阀门、切断物料源的措施制止泄漏。若泄漏点处在阀门上游或关阀失败时，则选择合适的堵漏工具进行堵漏。 （4）倒罐输转。无法堵漏时，可将其导入其他容器或储罐。
	2. 大量泄漏时： （1）侦检警戒疏散。根据气体扩散的影响区域及气体检测浓度划定警戒区，无关人员从侧风、上风向撤离至安全区；初始隔离200m，下风向疏散白天1100m、夜晚2600m。 （2）筑堤收容。戴正压自给式空气呼吸器，穿防毒服。在泄漏液体周围筑堤收容。 （3）用石灰粉吸收大量液体。用泡沫覆盖抑制蒸气的生成，严禁泄漏物与水接触。 （4）洗消处理。用泵将堤内泄漏物转移至槽车或专用收集器内。

汽油（含甲醇汽油、乙醇汽油）、石脑油

1. 理化特性

UN 号：1257	CAS 号：8006-61-9
分子式：/（混合物）	分子量：/（混合物）
熔点：<-60℃	沸点：40~200℃
相对蒸气密度：3~4	临界压力：/（无资料）
临界温度：/（无资料）	饱和蒸气压力：/（无资料）
闪点：-50℃	爆炸极限：1.3%~6.6%（体积分数）
自燃温度：415~530℃	引燃温度：415~530℃
最大爆炸压力：0.813MPa	综合危险性质分类：3 类易燃液体
外观及形态：无色到浅黄色的透明液体。	

火灾爆炸特性	1. 火灾危险性分类：甲类。 2. 特殊火灾特性描述：高度易燃，蒸气与空气能形成爆炸性混合物，遇明火、高热能引起燃烧爆炸。高速冲击、流动、激荡后可因产生静电火花放电引起燃烧爆炸。蒸气比空气重，能在较低处扩散到相当远的地方，遇火源会着火回燃和爆炸。
毒性特性	汽油为麻醉性毒物，高浓度吸入出现中毒性脑病，极高浓度吸入引起意识突然丧失、反射性呼吸停止。误将汽油吸入呼吸道可引起吸入性肺炎。 职业接触限值：时间加权平均容许浓度（PC-TWA）为 300mg/m^3（汽油）。

2. 物料储存安全措施

储存方式和储存状态	1. 储存方式：桶装、立罐、卧罐。
	2. 储存状态：常温/常压/液态。

正常储存状态下主要安全措施及备用应急设施	1. 主要安全措施： （1）汽油的场所内设置可燃气体报警仪，使用防爆型的通风系统和设备。 （2）储罐等压力设备设置液位计、温度计，并应带有远传记录和报警功能的安全装置。 （3）设置安全警示标志。 （4）储存间采用防爆型照明、通风等设施。 （5）设置防雷、防静电设施。 2. 备用应急设施：事故风机、灭火器具。

3. 物料运输安全措施

运输车辆和物料状态	1. 运输车辆种类：罐车。
	2. 容器内物料状态：常温/常压/液态。
正常运输状态下主要安全措施及备用应急设施	1. 主要安全措施： （1）运输车辆应有危险货物运输标志、安装具有行驶记录功能的卫星定位装置。未经公安机关批准，运输车辆不得进入危险化学品运输车辆限制通行的区域。 （2）汽油装于专用的槽车内运输，槽车应定期清理；用其他包装容器运输时，容器须用盖密封。运送汽油的油罐汽车，必须有导静电拖线。对有 $0.5m^3/min$ 以上的快速装卸油设备的油罐汽车，在装卸油时，除了保证铁链接地外，更要将车上油罐的接地线插入地下并不得浅于 $100mm$。运输时运输车辆应配备相应品种和数量的消防器材。装运该物品的车辆排气管必须配备阻火装置，禁止使用易产生火花的机械设备和工具装卸。汽车槽罐内可设孔隔板以减少震荡产生静电。 （3）严禁与氧化剂等混装混运。夏季最好早晚运输，运输途中应防曝晒、防雨淋、防高温。中途停留时应远离火种、热源、高温区及人口密集地段。
	2. 备用应急设施：事故风机、灭火器具。

4. 应急措施

企业配备应急器材	正压式空气呼吸器、重型防护服、过滤式防毒面具、防护眼镜、防静电工作服、防化学品手套、便携式可燃气体检测报警器，防爆手电筒、防爆对讲机、急救箱或急救包、围油栏、吸油棉、洗消设施或清洁剂、应急处置工具箱。

未着火情况下泄漏（扩散）处置措施	1. 常压罐储存小量、中量泄漏时： （1）侦检警戒疏散。根据液体流动和蒸气扩散的影响区域及有毒有害气体检测浓度划定初始警戒区，无关人员从侧风、上风向撤离至安全区，泄漏隔离距离至少为50m。 （2）消除所有点火源（泄漏区附近禁止吸烟、消除所有明火、火花或火焰、严禁使用非防爆类工具）。 （3）围堵泄漏油品。应急处理人员戴合适的呼吸面具，用沙石、泥土、水泥等材料在地面适当部位构筑围堤，用泡沫覆盖或喷射水雾。 （4）稀释防爆。利用水枪喷射雾状水或开花水流稀释、驱散汽油蒸气云团，或用泡沫覆盖泄漏油品，禁止用强直流水柱直接冲击容器及泄漏物，以防产生爆炸。 （5）堵漏。制订堵漏方案，在水枪掩护下利用木塞或专业工具进行堵漏。 （6）倒罐输转。事故现场不能有效堵漏的情况下，可采取防爆泵抽取等输转措施转移至专用收容器内，倒罐必须由操作经验丰富的专业技术人员进行，同时用水枪掩护，管线、设备做好良好接地。 （7）洗消收容。用防爆泵等器材对消防废水进行收容和地面洗消处理。
	2. 大量泄漏时： （1）侦检警戒疏散。根据液体流动和蒸气扩散的影响区域及有毒有害气体检测浓度划定初始警戒区，无关人员从侧风、上风向撤离至安全区，下风向的初始疏散距离应至少为300m。 （2）消除所有点火源（泄漏区附近禁止吸烟、消除所有明火、火花或火焰、严禁使用非防爆类工具）。 （3）稀释防爆。利用水枪喷射雾状水或开花水流稀释、驱散汽油蒸气云团，禁止用强直流水柱直接冲击容器及泄漏物，以防产生爆炸。 （4）围堵收集泄漏油品。应急处理人员戴正压式空气呼吸器，用泡沫覆盖或喷射水雾，减少蒸发，用无火花工具收集泄漏油品至收容器内，控制汽油流淌扩散，防止进入水体、下水道、地下污水管网或密闭性空间。 （5）泡沫覆盖，减少蒸发，控制原油流淌扩散。封堵事故区域内的下水道口，严防原油进入地下排污管网。 （6）在确保人员安全的情况下，尽可能控制泄漏源。 （7）收容洗消，吸收泄漏油品。选择合适工具对泄漏油品进行收容，并用干土、沙或其他不燃性材料吸收或覆盖并收集于容器中，用洁净非火花工具收集吸收材料，对人员、设备、现场进行洗消。

火灾爆炸处置措施	1. 使用灭火剂类型： （1）可使用的类型：泡沫、干粉、二氧化碳。 （2）禁止使用的类型：水。
	2. 个人防护装备：隔热服、正压自给式空气呼吸器、防毒面具、消防灭火战斗服、防护眼镜、耐油橡胶手套、高温手套。
	3. 抢险装备：气体浓度检测仪、吸附器材或堵漏器材、无人机、灭火机器人。
	4. 应急处置方法、流程： ＊处置方法： （1）首先对储罐及周围环境进行检测，对着火情况进行侦查警戒，疏散无关人员和车辆，若阀门发出声响或罐体变色，立即撤离火场。 （2）用沙土或沙袋等封堵下水道口，关闭管网控制阀，防止泄漏油品进入水体、下水道、地下室或密闭性空间，防止消防废水污染环境。 （3）消防人员穿消防灭火战斗服从远处或使用遥控水枪、水炮对容器进行降温，使用泡沫或干粉在上风向灭火，直至灭火结束。 （4）使用防爆泵等器材对消防废水进行收容和地面洗消处理。 ＊处置流程： （1）警戒疏散。 （2）围堤堵截。 （3）降温灭火。 （4）收容洗消。 ＊超出自身处置能力以外需要外部支援情况： （1）泄漏量、火势增大，需要响应升级。 （2）应急救援物资、器材消耗大，需要补充。 （3）发生爆炸。 （4）人员体力不支、数量不够。

氰化氢、氢氰酸

1. 理化特性

UN 号：1614	CAS 号：74-90-8
分子式：HCN	分子量：27.03
熔点：-13.4℃	沸点：25.7℃
相对蒸气密度：0.94	临界压力：4.95MPa
临界温度：183.5℃	饱和蒸气压力：82.46kPa（20℃）
闪点：-17.8℃	爆炸极限：5.6%~40.0%（体积分数）
自燃温度：538℃	引燃温度：538℃
最大爆炸压力：/（无资料）	综合危险性质分类：2.3 类有毒气体
外观及形态：无色液体，有苦杏仁味。溶于水、醇、醚等。	
火灾爆炸特性	1. 火灾危险性分类：甲类。 2. 特殊火灾特性描述：极易燃，其蒸气与空气可形成爆炸性混合物，遇明火、高热能引起燃烧爆炸。
毒性特性	剧毒；抑制呼吸酶，造成细胞内窒息。短时间内吸入高浓度氰化氢气体，可立即因呼吸停止而死亡。非骤死者临床分为 4 期：前驱期有黏膜刺激、呼吸加快加深、乏力、头痛；口服有舌尖、口腔发麻等。呼吸困难期有呼吸困难、血压升高、皮肤黏膜呈鲜红色等。惊厥期出现抽搐、昏迷、呼吸衰竭。麻痹期全身肌肉松弛，呼吸心跳停止而死亡。可致眼、皮肤灼伤，吸收引起中毒。慢性影响表现为神经衰弱综合征、皮炎。 职业接触限值：最高容许浓度（MAC）为 $1mg/m^3$（皮）。

2. 物料储存安全措施

储存方式和储存状态	1. 储存方式：桶装、卧罐。
	2. 储存状态：常温/常压/液态。
正常储存状态下主要安全措施及备用应急设施	1. 主要安全措施： （1）储存场所设置有毒气体检测仪。 （2）使用防爆型的通风系统和设备。 （3）设置安全警示标志。 （4）氢氰酸储存区设置围堰，地面进行防渗透处理。 （5）设置防雷、防静电设施。
	2. 备用应急设施：配备倒装罐或储液池、安全淋浴和洗眼设备。

3. 物料运输安全措施

运输车辆和物料状态	1. 运输车辆种类：罐车、厢车。
	2. 容器内物料状态：常温/常压/液态。
正常运输状态下主要安全措施及备用应急设施	1. 主要安全措施： （1）使用安全标志类：标志灯、危险化学品标志牌和标记、三角警示牌。 （2）使用卫星定位装置、阻火器、轮挡。 ＊罐车运输时： （1）使用防波板。 （2）使用倾覆保护装置（罐体顶部设有安全附件和装卸附件时，且应设积液收集装置）。 （3）装卸管路：根据罐体构造不同，设置2道或3道相互独立或串联的紧急切断阀、卸料阀及关闭装置。 （4）装卸口设置阀门箱或防碰撞护栏等保护装置，且应设置有密封盖或密封式集漏器。 （5）使用扶梯、罐顶操作平台及护栏。 （6）使用安全泄放装置（安全阀、爆破片以及两者的串联组合装置，紧急泄放装置和呼吸阀组合装置）。 （7）呼吸阀应具有阻火功能。 （8）真空减压阀具有阻火功能。 （9）使用紧急切断装置。 （10）使用仪表：压力表、液位计、温度计。

正常运输状态下主要安全措施及备用应急设施	（11）装卸阀门：阀门不得选用铸铁或非金属材料制造；易燃介质罐体，应采用不产生火花的铜、铝合金或不锈钢材质阀门。 (12) 充装时使用万向节管道充装系统，严防超装。 ＊厢车运输时： (1) 使用阻火器（火星熄灭器）。 (2) 使用导静电拖线。 (3) 要有遮阳措施，防止阳光直射。 (4) 倾覆保护装置、三角木垫。 (5) 厢体基本要求： ①封闭式、防火、防雨、防盗功能，具有防雨功能的通风窗； ②货箱内不得装设照明灯光，不得敷设电气线路； ③货厢门铰链固定可靠，旋转自如，锁止机构安全可靠； ④货厢内应设置货物固定禁锢装置，在货厢前壁、侧壁设置一定数量的固定绳钩； ⑤货厢内设置货物起火燃烧报警装置；货厢门上设置防盗报警装置，总质量不小于9000kg的车辆驾驶室内应装监视器； ⑥货厢门应安装密封条，防雨防尘密封良好，固定可靠。
	2. 备用应急设施：灭火器具、反光背心、便携式照明设备、防护性手套、眼部防护装备（如护目镜）、应急逃生面具、防爆铲、堵漏器具、眼部冲洗液。

4. 应急措施

企业配备应急器材	正压式空气呼吸器，重型防护服、连衣式防毒衣、橡胶手套、隔离式呼吸器、泄漏检测报警仪、防爆手电筒、防爆对讲机、急救箱或急救包、吸附材料、洗消设施或清洁剂、应急处置工具箱。
未着火情况下泄漏（扩散）处置措施	1. 储罐储存小量和中量泄漏时： (1) 侦检警戒疏散。根据气体扩散的影响区域及气体检测浓度划定警戒区，无关人员从侧风、上风向撤离至安全区；陆地上泄漏时：小量泄漏，初始隔离30m，下风向疏散白天200m、夜晚700m；在水体中泄漏时：小量泄漏，初始隔离30m，下风向疏散白天100m、夜晚400m。 (2) 稀释降毒。穿内置正压自给式空气呼吸器的穿全身耐酸碱消防服，戴橡胶手套在泄漏容器四周设置水幕，并利用水枪喷射雾状水或开花水流进行稀释降毒，防止向外扩散。

未着火情况下泄漏（扩散）处置措施	（3）关阀断源。泄漏点处在阀门下游且阀门尚未损坏时，在水枪掩护下进行关闭阀门、切断物料源的措施制止泄漏。若泄漏点处在阀门上游或关阀失败时，则选择合适的堵漏工具进行堵漏。 （4）器具堵漏： ①据现场泄漏情况，研究制定堵漏方案，实施堵漏。 ②所有堵漏行动必须采取防爆措施，确保安全。 （5）倒罐输转。无法堵漏时，可在水枪掩护下利用工艺措施导流。 （6）覆盖清理。用干燥的沙土或其他不燃材料覆盖泄漏物，用洁净的无火花工具收集泄漏物，置于一盖子较松的塑料容器中。 （7）洗消处理： ①用大量清水进行洗消； ②洗消的对象：被困人员、救援人员及现场医务人员； ③废水收容。 2. 大量泄漏时： （1）侦检警戒疏散。根据气体扩散的影响区域及气体检测浓度划定警戒区，无关人员从侧风、上风向撤离至安全区；陆地上泄漏时：大量泄漏，初始隔离 150m，下风向疏散白天 1500m、夜晚 3000m，在水体中大量泄漏，初始隔离 60m，下风向疏散白天 800m、夜晚 2800m。 （2）稀释降毒。穿内置正压自给式空气呼吸器的全封闭防化服，戴橡胶手套在泄漏容器四周设置水幕，并利用水枪喷射雾状水或开花水流进行稀释降毒，防止向外扩散。 （3）化学中和。用农用石灰（CaO）、碎石灰石（$CaCO_3$）或碳酸氢钠（$NaHCO_3$）中和。 （4）倒罐输转。无法堵漏时，采用疏导方法将氰化氢导入其他容器或罐体。 （5）洗消收容。构筑围堤或挖坑收容，用石灰粉吸收大量液体，用耐腐蚀泵转移至槽车或专用收集器内。器内进行安全处理。 （6）洗消处理： ①用大量清水进行洗消； ②洗消的对象：被困人员、救援人员及现场医务人员； ③废水收容。
火灾爆炸处置措施	1. 使用灭火剂类型： （1）可使用的类型：泡沫、干粉、二氧化碳。 （2）禁止使用的类型：水。

	2. 个人防护装备：隔热服、正压自给式空气呼吸器、防毒面具、消防灭火战斗服、防护眼镜、重型防化服、高温手套。
	3. 抢险装备：气体浓度检测仪、吸附器材或堵漏器材、无人机、灭火机器人。
火灾爆炸处置措施	4. 应急处置方法、流程： *处置方法： （1）首先对储罐及周围环境进行检测，对着火情况进行侦查警戒，疏散无关人员和车辆，若阀门发出声响或罐体变色，立即撤离火场。 （2）用沙土或沙袋等封堵下水道口，关闭管网控制阀，防止泄漏液体进入水体、下水道、地下室或密闭性空间，防止消防废水污染环境，构筑围堤或挖坑收容产生的大量废水。 （3）切断泄漏源。若不能切断泄漏源，则不允许熄灭泄漏处的火焰。消防人员必须穿戴全身专用防护服，佩戴氧气呼吸器，在安全距离以外或使用遥控机器人、水炮对容器进行降温，在四周设置水幕，并利用水枪喷射雾状水或开花水流进行稀释降毒，防止向外扩散，用雾状水驱散蒸气。使用泡沫、二氧化氮或干粉在上风向灭火，直至灭火结束。 （4）使用防爆泵等器材对消防废水进行收容和地面洗消处理。 *处置流程： （1）警戒疏散。 （2）围堤堵截。 （3）降温灭火。 （4）收容洗消。 *超出自身处置能力以外需要外部支援情况： （1）泄漏量、火势增大，需要响应升级。 （2）应急救援物资、器材消耗大，需要补充。 （3）发生爆炸。 （4）人员体力不支、数量不够。

三氯化磷

1. 理化特性

UN 号：1809	CAS 号：7719-12-2
分子式：PCl₃	分子量：137.332
熔点：-111.8℃	沸点：74.2℃
相对蒸气密度：4.57	临界压力：5.67MPa
临界温度：419.2℃	饱和蒸气压力：13.33kPa（21℃）
闪点：/（不燃，无意义）	爆炸极限：/（不燃，无意义）
自燃温度：/（不燃，无意义）	引燃温度：/（不燃，无意义）
最大爆炸压力：/（不燃，无意义）	综合危险性质分类：8.1 类腐蚀性物质
外观及形态：无色澄清的发烟液体，在空气中可生成盐酸雾。置于潮湿空气中能水解成亚磷酸和氯化氢。溶于苯、乙醚、氯仿、二硫化碳和四氯化碳。	

火灾爆炸特性	本品不燃。
毒性特性	高毒；急性中毒引起结膜炎、支气管炎、肺炎和肺水肿。液体或较高浓度的气体可引起皮肤灼伤，亦可造成严重眼损害，甚至失明。 职业接触限值：时间加权平均容许浓度（PC-TWA）为 $1mg/m^3$；短时间接触容许浓度（PC-STEL）为 $2mg/m^3$。

2. 物料储存安全措施

储存方式和储存状态	1. 储存方式：桶装、立罐、卧罐。
	2. 储存状态：常温/常压/液态。

正常储存状态下主要安全措施及备用应急设施	1. 主要安全措施： （1）储存场所设置有毒气体检测报警仪。 （2）储罐等容器和设备应设置液位计、温度计，并应装有带液位、温度远传记录和报警功能的安全装置。 （3）重点储罐需设置紧急切断装置。 （4）设置安全警示标志。 （5）储罐要密封加盖；在三氯化磷储罐四周设置围堰，围堰的容积等于储罐的容积，围堰与地面作防腐处理。
	2. 备用应急设施：灭火器材、急救药箱。

3. 物料运输安全措施

运输车辆和物料状态	1. 运输车辆种类：厢车。
	2. 容器内物料状态：常温/常压/液态。
正常运输状态下主要安全措施及备用应急设施	1. 主要安全措施： （1）使用安全标志类：标志灯、危险化学品标志牌和标记、三角警示牌。 （2）使用卫星定位装置、轮挡。 ＊罐车运输时： （1）使用防波板。 （2）使用倾覆保护装置。 （3）装卸管路：根据罐体构造不同，设置 2 道或 3 道相互独立或串联的紧急切断阀、卸料阀及关闭装置。 （4）装卸口设置阀门箱或防碰撞护栏等保护装置，且应设置有密封盖或密封式集漏器。 （5）使用扶梯、罐顶操作平台及护栏。 （6）使用紧急切断装置。 （7）充装时使用万向节管道充装系统，严防超装。 （8）使用仪表：液位计、温度计。 ＊厢车运输时： （1）要有遮阳措施，防止阳光直射。 （2）使用倾覆保护装置、三角木垫。

正常运输状态下主要安全措施及备用应急设施	2. 备用应急设施：灭火器具、反光背心、便携式照明设备、防护性手套、眼部防护装备（如护目镜）、应急逃生面具、防爆铲、堵漏器具（如堵漏垫、堵漏袋）、眼部冲洗液。

4. 应急措施

企业配备应急器材	正压式空气呼吸器、重型防护服、化学安全防护眼镜、橡胶耐酸碱服、橡胶耐酸碱手套、自吸过滤式防毒面具（全面罩）、隔离式呼吸器、泄漏检测报警仪、防爆手电筒、防爆对讲机、急救箱或急救包、吸附材料、洗消设施或清洁剂、应急处置工具。
未着火情况下泄漏（扩散）处置措施	1. 液体储罐小量和中量泄漏时： （1）个体防护。须佩戴空气呼吸器、穿全身消防服。 （2）侦检警戒疏散。根据周边情况，影响区域及泄漏情况划定警戒区，隔离泄漏污染区，限制出入，陆地上泄漏时：小量泄漏，初始隔离30m，下风向疏散白天200m、夜晚700m；在水体中泄漏时：小量泄漏，初始隔离30m，下风向疏散白天100m、夜晚400m。 （3）关闭前置阀门，切断泄漏源，避免与水接触。 （4）器具堵漏： ①据现场泄漏情况，研究制定堵漏方案，实施堵漏； ②所有堵漏行动必须采取防爆措施，确保安全。 （5）倒罐输转。无法堵漏时，进行倒罐作业。 （6）覆盖清理。用干燥的沙土或其他不燃材料吸收或覆盖，收集于容器中。 （7）洗消处理： ①用大量清水进行洗消； ②洗消的对象：被困人员、救援人员及现场医务人员； ③废水收容。 2. 液体储罐大量泄漏时： （1）个体防护。须佩戴空气呼吸器、穿全身消防服。

未着火情况下泄漏（扩散）处置措施	（2）侦检警戒疏散。根据周边情况，影响区域及泄漏情况划定警戒区，隔离泄漏污染区，限制出入；陆地上泄漏时：大量泄漏，初始隔离 150m，下风向疏散白天 1500m、夜晚 3000m，在水体中大量泄漏，初始隔离 60m，下风向疏散白天 800m、夜晚 2800m。 （3）关闭前置阀门，切断泄漏源，避免与水接触。 （4）器具堵漏： ①据现场泄漏情况，研究制订堵漏方案，实施堵漏； ②所有堵漏行动必须采取防爆措施，确保安全。 （5）倒罐输转。无法堵漏时，采用疏导方法将三氯化磷导入其他容器。 （6）覆盖清理。用干燥的沙土或其他不燃材料覆盖泄漏物，用洁净的无火花工具收集泄漏物，置于一盖子较松的塑料容器中。 （7）洗消处理： ①用大量清水进行洗消； ②洗消的对象：被困人员、救援人员及现场医务人员； ③废水收容。

三氯甲烷

1. 理化特性

UN 号：1888	CAS 号：67-66-3
分子式：CHCl$_3$	分子量：119.38
熔点：-63.5℃	沸点：61.3℃
相对蒸气密度：4.12	临界压力：5.47MPa
临界温度：263.4℃	饱和蒸气压力：13.33kPa（10.4℃）
闪点：/(不燃，无意义)	爆炸极限：2.4%~8.0%（体积分数）
自燃温度：/(无资料)	最小点火能：/(无资料)
最大爆炸压力：/(无资料)	综合危险性质分类：6.1 类毒性物质
外观及形态：无色透明液体，极易挥发，有特殊香甜味。微溶于水，混溶于醇、醚、石油醚、四氯化碳、苯和挥发油。	
火灾爆炸特性	火灾危险性分类：一般不燃。
	特殊火灾特性描述：一般不燃，但长期暴露于明火和高温环境下也能燃烧。
毒性特性	能迅速经肺吸收，也能经消化道和皮肤吸收。主要作用于中枢神经系统，具有麻醉作用，对心、肝、肾有损害。可经乳汁和胎盘影响子代。具有较高的胚胎毒性和轻度致畸性。受热可产生剧毒的光气。职业接触限值：时间加权平均容许浓度（PC-TWA）为 20mg/m^3。IARC 认定为可疑人类致癌物。

2. 物料储存安全措施

储存方式和储存状态	1. 储存方式：桶装、立罐、卧罐。
	2. 储存状态：常温/常压/液态。

正常储存状态下主要安全措施及备用应急设施	1. 主要安全措施： （1）设置三氯甲烷检测报警仪，并与应急通风联锁。 （2）储罐等容器和设备应设置液位计、温度计，并应装有液位、温度远传记录和报警功能的安全装置。 （3）安全警示标志。 （4）三氯甲烷储罐区设置围堰，地面进行防渗透处理，并配备倒装罐或储液池。 （5）储罐应装尾气冷凝器。 2. 备用应急设施：安全淋浴和洗眼设备、灭火器具。

3. 物料运输安全措施

运输车辆和物料状态	1. 运输车辆种类：罐车、厢车。
	2. 容器内物料状态：常温/常压/液态。
正常运输状态下主要安全措施及备用应急设施	1. 主要安全设施： ＊罐车运输时： （1）使用防波板。 （2）使用安全标志类：危险化学品标志牌和标记、三角警示牌。 （3）使用安全附件：真空减压阀、紧急切断装置、导静电接地装置。 （4）使用仪表：温度计、压力表、液位计。 ＊厢车运输时： （1）使用安全标志类：危险化学品标志牌和标记、三角警示牌。 （2）使用倾覆保护装置、三角木垫。 2. 备用应急设施：灭火器具、反光背心、便携式照明设备、眼部防护装备（如护目镜）、应急逃生面具、防毒物渗透工作服、耐油橡胶手套。

4. 应急措施

企业配备应急器材	灭火器具、反光背心、便携式照明设备、眼部防护装备（如护目镜）、应急逃生面具、防毒物渗透工作服、耐油橡胶手套。

未着火情况下泄漏（扩散）处置措施	1. 小量和中量泄漏时： ＊储罐储存小量和中量泄漏时： （1）侦检警戒疏散。根据气体扩散的影响区域及气体检测浓度划定警戒区，无关人员从侧风、上风向撤离至安全区；在所有方向上隔离泄漏区至少 50m。 （2）固体吸附。戴正压自给式空气呼吸器，穿防毒服。用干燥的沙土或其他不燃材料覆盖泄漏物，防止泄漏物进入水体、下水道、地下室或密闭性空间。 （3）器具堵漏。根据事故现场、管道或阀门等发生泄漏的部位、泄漏口形状及余压大小等情况，研制堵漏方案，采用不同方法实施。 （4）倒罐输转。无法堵漏时，可在水枪掩护下采用疏导方法将其导入其他容器或储罐。 （5）洗消处理。使用专用药剂化学处理。 ＊储罐连接的管道储存小量和中量泄漏时： （1）侦检警戒疏散。根据气体扩散的影响区域及气体检测浓度划定警戒区，无关人员从侧风、上风向撤离至安全区；在所有方向上隔离泄漏区至少 50m。 （2）固体吸附。戴正压自给式空气呼吸器，穿防毒服。用干燥的沙土或其他不燃材料覆盖泄漏物，防止泄漏物进入水体、下水道、地下室或密闭性空间。 （3）关阀断源。泄漏点处在阀门下游且阀门尚未损坏时，穿戴好个人防护的情况下进行关闭阀门、切断物料源的措施制止泄漏。若泄漏点处在阀门上游或关阀失败时，则选择合适的堵漏工具进行堵漏。 （4）倒罐输转。无法堵漏时，可用水枪进行掩护，采用疏导方法将其导入其他容器或储罐。
	2. 大量泄漏时： （1）侦检警戒疏散。根据气体扩散的影响区域及气体检测浓度划定警戒区，无关人员从侧风、上风向撤离至安全区；在所有方向上隔离泄漏区至少 50m，并在初始隔离距离的基础上加大下风向的疏散距离。 （2）筑堤收容。戴正压自给式空气呼吸器，穿防毒服。在泄漏液体周围筑堤收容。 （3）用石灰粉吸收大量液体。用泡沫覆盖抑制蒸气的生成，喷雾状水驱散蒸气、稀释液体泄漏物。

火灾爆炸处置措施	1. 使用灭火剂类型： （1）可使用的类型：泡沫。 （2）禁止使用的类型：直流水。
	2. 个人防护装备：内置正压自给式空气呼吸器的全封闭防化服、氧气呼吸器、面罩式胶布防毒衣、防静电工作服、防化学品手套、过滤式防毒面具。
	3. 抢险装备：可燃气体检测仪、应急指挥车、泡沫消防车、化学洗消车、抢险救援车、应急工具箱。
	4. 应急处置方法、流程：/（本品一般不燃）。

三氧化硫

1. 理化特性

UN 号：1829	CAS 号：7446-11-9
分子式：SO_3	分子量：80.06
熔点：16.8℃	沸点：44.8℃
相对蒸气密度：2.8	临界压力：/（无资料）
临界温度：/（无资料）	饱和蒸气压力：37.3kPa（25℃）
闪点：/（不燃，无意义）	爆炸极限：/（不燃，无意义）
自燃温度：/（不燃，无意义）	最小点火能：/（不燃，无意义）
最大爆炸压力：/（不燃，无意义）	综合危险性质分类：8 类毒性及腐蚀性物质
外观及形态：无色透明液体或结晶，有刺激性气味。pH 值：≤2（强酸）。有四种晶体变形体：α、β、γ、δ。γ-三氧化硫为胶状晶体。	

火灾爆炸特性	火灾危险性分类：甲类。
	特殊火灾特性描述：不燃，能助燃。
毒性特性	毒性及中毒表现见硫酸。对皮肤、黏膜等组织有强烈的刺激和腐蚀作用。可引起结膜炎、水肿、角膜浑浊，以致失明；引起呼吸道刺激症状，重者发生呼吸困难和肺水肿；高浓度引起喉痉挛或声门水肿而死亡。 口服后引起消化道的烧伤以至溃疡形成。慢性影响有牙齿酸蚀症、慢性支气管炎、肺气肿和肝硬变等。 职业接触限值：时间加权平均容许浓度（PC-TWA）为 $1mg/m^3$；短时间接触容许浓度（PC-STEL）为 $2mg/m^3$。 IARC 认定为确认人类致癌物。

2. 物料储存安全措施

储存方式和储存状态	1. 储存方式：立罐、卧罐。
	2. 储存状态：常温/正压/液体或晶体。
正常储存状态下主要安全措施及备用应急设施	1. 主要安全措施： （1）储存场所设置泄漏检测报警仪。 （2）使用防爆型的通风系统和设备。 （3）设置防雷、防静电装置。 （4）设置安全警示标志。 （5）储罐等压力容器和设备应设置安全阀、压力表、液位计、温度计，并应装有带压力、液位、温度远传记录和报警功能的安全装置。 （6）储罐四周设置围堰，围堰的容积等于单个储罐的最大容积，围堰与地面作防腐处理，围堰内应有泄漏物的收集设施。
	2. 备用应急设施：事故应急池、灭火器具。

3. 物料运输安全措施

运输车辆和物料状态	1. 运输车辆种类：专用槽车。
	2. 容器内物料状态：常温/常压/液体或晶体。
正常运输状态下主要安全措施及备用应急设施	1. 主要安全设施 ＊槽车运输 （1）使用安全标志类：危险化学品标志牌和标记、三角警示牌。 （2）使用阻火装置。
	2. 备用应急设施：三角木、灭火器具、反光背心、眼部冲洗液、便携式照明设备、正压自给式空气呼吸器，防酸碱服、应急逃生面具、防爆铲、收容袋。

4. 应急措施

企业配备应急器材	重型防护服、防毒面具或自给式头盔、橡胶耐酸碱服、橡胶耐酸碱手套、耐酸长筒靴。

未着火情况下泄漏（扩散）处置措施	1. 小量和中量泄漏时： （1）侦检警戒疏散。根据气体扩散的影响区域及现场泄漏气体检测浓度划定初始警戒区，无关人员从侧风、上风向撤离至安全区，初始隔离 60m，下风向疏散白天 400m、夜晚 1000m。 （2）器具堵漏。根据事故现场、管道或阀门等发生泄漏的部位、泄漏口形状及余压大小等情况，研制堵漏方案，采用不同方法实施。 （3）倒罐输转。储罐、容器壁发生泄漏，无法堵漏时，用耐腐蚀泵转移至槽车或专用收集器内进行安全处理。 （4）洗消收容。用干燥沙土进行覆盖，或用吸附垫、活性炭等具有吸附能力的物质，吸收回收后收集至槽车或专用容器。
	2. 大量泄漏时： （1）侦检警戒疏散。根据气体扩散的影响区域及有毒有害气体检测浓度划定警戒区，无关人员从侧风、上风向撤离至安全区，初始隔离 300m，下风向疏散白天 2900m、夜晚 5700m。 （2）倒罐输转。储罐、容器壁发生泄漏，无法堵漏时，用耐腐蚀泵转移至槽车或专用收集器内进行安全处理。 （3）洗消收容。构筑围堤或挖坑收容。用干燥沙土进行覆盖，或用吸附垫等具有吸附能力的物质，吸收回收后收集至槽车或专用容器。
火灾爆炸处置措施	1. 个人防护装备：正压式空气呼吸器、消防全面罩、穿防腐蚀、防毒服，戴橡胶耐酸碱手套、手电筒、防爆对讲机。
	2. 抢险装备：大功率输转泵，加热工具、堵漏器具等。

四氯化钛

1. 理化特性

UN 号：1838	CAS 号：7550-45-0
分子式：TiCl$_4$	分子量：189.71
熔点：-25℃	沸点：136.4℃
相对蒸气密度：/（无资料）	临界压力：4.66MPa
临界温度：358℃	饱和蒸气压力：1.33kPa（21.3℃）
闪点：/（不燃，无意义）	爆炸极限：/（不燃，无意义）
自燃温度：/（不燃，无意义）	引燃温度：/（不燃，无意义）
最大爆炸压力：/（不燃，无意义）	综合危险性质分类：6.1类+8类毒性及腐蚀性物质
外观及形态：无色或微黄色液体，有刺激性酸味。具有极强的吸湿性，在空气中发烟（生成二氧化钛和氯化氢）。溶于水、盐酸、氢氟酸、乙醇等。	
火灾爆炸特性	1. 火灾危险性分类：不燃。 2. 特殊火灾特性描述：受热或遇水分解放热，放出有毒的腐蚀性烟气。具有较强的腐蚀性。
毒性特性	急性中毒引起喘息性支气管炎、化学性肺炎，可发展成肺水肿。皮肤直接接触其液体，可引起严重灼伤，治愈后可见有黄色色素沉着。

2. 物料储存安全措施

储存方式和储存状态	1. 储存方式：桶装、立罐、卧罐。 2. 储存状态：常温/正压/液态。

正常储存状态下主要安全措施及备用应急设施	1. 主要安全措施： （1）储罐等容器和设备应设置液位计、温度计，并应装有带液位、温度远传记录和报警功能的安全装置。 （2）防雷、防静电装置。 （3）四氯化钛储罐四周设置围堰，围堰的容积等于储罐的容积，围堰与地面作防腐处理。 （4）通风系统。
	2. 备用应急设施：事故风机、灭火器具。

3. 物料运输安全措施

运输车辆和物料状态	1. 运输车辆种类：罐车、厢车。
	2. 容器内物料状态：常温/正压/液态。
正常运输状态下主要安全措施及备用应急设施	1. 主要安全措施： ＊罐车运输时： 使用专用的槽车内运输，槽车应定期清理；罐装和卸货后，应将进料口盖严盖紧，防止行驶中车辆的晃动导致四氯化钛溅出；充装时使用万向节管道充装系统，严防超装。 ＊厢车运输时： 容器须用耐腐蚀材料的盖密封。四氯化钛装卸人员应站在上风处。
	2. 备用应急设施：反光背心、便携式照明设备、眼部防护装备（如护目镜）、应急逃生面具、橡胶耐酸碱服、橡胶耐酸碱手套。

4. 应急措施

企业配备应急器材	正压式空气呼吸器、重型防护服、自吸过滤式防毒面具、橡胶耐酸碱服、橡胶耐酸碱手套、手电筒、对讲机、急救箱或急救包、吸附材料、洗消设施或清洁剂、应急处置工具箱。

未着火情况下泄漏（扩散）处置措施	1. 小量和中量泄漏时： （1）侦检警戒疏散。根据气体扩散的影响区域及现场泄漏气体检测浓度划定初始警戒区，无关人员从侧风、上风向撤离至安全区，初始隔离30m，下风向疏散白天100m、夜晚200m。 （2）器具堵漏。根据事故现场、管道或阀门等发生泄漏的部位、泄漏口形状及余压大小等情况，研制堵漏方案，采用不同方法实施。 （3）倒罐输转。储罐、容器壁发生泄漏，无法堵漏时，用耐腐蚀泵转移至槽车或专用收集器内进行安全处理。 （4）洗消收容。用干燥沙土进行覆盖，或用吸附垫、活性炭等具有吸附能力的物质，吸收回收后收集至槽车或专用容。 2. 大量泄漏时： （1）侦检警戒疏散。根据气体扩散的影响区域及有毒有害气体检测浓度划定警戒区，无关人员从侧风、上风向撤离至安全区，初始隔离60m，下风向疏散白天500m、夜晚800m。 （2）倒罐输转。储罐、容器壁发生泄漏，无法堵漏时，用耐腐蚀泵转移至槽车或专用收集器内进行安全处理。 （3）洗消收容。构筑围堤或挖坑收容。用干燥沙土进行覆盖，或用吸附垫、活性炭等具有吸附能力的物质，吸收回收后收集至槽车或专用容。
火灾爆炸处置措施	1. 使用灭火剂类型： （1）可使用的类型：水、泡沫、酸碱灭火剂。 （2）禁止使用的类型：直流水 2. 个人防护装备：正压式空气呼吸器，消防全面罩，防腐蚀、防毒服，橡胶耐酸碱手套，手电筒、防爆对讲机。 3. 抢险装备：耐腐蚀泵、收容容器。 4. 应急处置方法、流程： ＊处置方法： （1）首先对周围环境进行检测，对着火情况进行侦查警戒，疏散无关人员和车辆。 （2）用沙土或沙袋等封堵下水道口，防止消防废水污染环境。 （3）消防人员必须穿全身耐酸碱消防服。使用干燥沙土灭火。 （4）对消防废沙进行收容和地面洗消处理。

火灾爆炸处置措施	*处置流程： （1）警戒疏散。 （2）围堤堵截。 （3）降温灭火。 （4）收容洗消。 *超出自身处置能力以外需要外部支援情况： （1）泄漏量、火势增大，需要响应升级。 （2）应急救援物资、器材消耗大，需要补充。 （3）发生爆炸。 （4）人员体力不支、数量不够。

烯丙胺

1. 理化特性

UN 号：2334	CAS 号：107-11-9
分子式：C_3H_7N	分子量：57.09
熔点：-88.2℃	沸点：55.2℃
相对蒸气密度：2.0	临界压力：5.17MPa
临界温度：/（无资料）	饱和蒸气压力：26.39kPa（20℃）
闪点：-29℃	爆炸极限：2.20%~22%（体积分数）
自燃温度：371℃	最小点火能：/（无资料）
最大爆炸压力：/（无资料）	综合危险性质分类：6.1 类毒性物质、3 类易燃液体
外观及形态：无色液体，有强烈的氨味和焦灼味。溶于水、乙醇、乙醚、氯仿。	
火灾爆炸特性	火灾危险性分类：甲类。
	特殊火灾特性描述：低闪点，易燃液体。蒸气与空气可形成爆炸性混合物，遇明火、高热或者氧化剂接触，有引起燃烧爆炸的危险。
毒性特性	剧毒；蒸气对眼及上呼吸道有强刺激性，严重者伴有恶心、眩晕、头痛等。接触本品的生产工人可发生接触性皮炎。

2. 物料储存安全措施

储存方式和储存状态	1. 储存方式：桶装、立罐、卧罐。
	2. 储存状态：常温/常压/气态。

正常储存状态下主要安全措施及备用应急设施	1. 主要安全措施： （1）储存场所应设置泄漏检测报警仪。 （2）储罐等压力容器和设备应设置安全阀、压力表、液位计、温度计，并应装有带压力、液位、温度远传记录和报警功能的安全装置。 （3）储存场所设置防雷、防静电装置。 （4）烯丙胺储罐四周设置围堰。 （5）储存场所设置安全警示标志。 2. 备用应急设施：事故风机、喷淋洗眼器、灭火器具。

3. 物料运输安全措施

运输车辆和物料状态	1. 运输车辆种类：罐车、厢车。
	2. 容器内物料状态：常温/常压/液态。
正常运输状态下主要安全措施及备用应急设施	1. 主要安全措施： （1）使用安全标志类：标志灯、危险化学品标志牌和标记、三角警示牌。 （2）使用卫星定位装置、阻火器、轮挡。 ＊罐车运输时： （1）使用防波板。 （2）使用倾覆保护装置（罐体顶部设有安全附件和装卸附件时，且应设积液收集装置）。 （3）装卸管路：根据罐体构造不同，设置2道或3道相互独立或串联的紧急切断阀、卸料阀及关闭装置。 （4）装卸口设置阀门箱或防碰撞护栏等保护装置，且应设置有密封盖或密封式集漏器。 （5）使用扶梯、罐顶操作平台及护栏。 （6）呼吸阀应具有阻火功能。 （7）真空减压阀应具有阻火功能。 （8）使用紧急切断装置。 （9）使用仪表：压力表、液位计、温度计。 （10）装卸阀门：阀门不得选用铸铁或非金属材料制造；易燃介质罐体，应采用不产生火花的铜、铝合金或不锈钢材质阀门。 （11）装卸用管及快装接头应有导静电功能。

正常运输状态下主要安全措施及备用应急设施	＊厢车运输时： (1) 使用阻火器（火星熄灭器）。 (2) 使用导静电拖线。 (3) 要有遮阳措施，防止阳光直射。 (4) 使用倾覆保护装置、三角木垫。
	2. 备用应急设施：灭火器具、反光背心、便携式照明设备、防护性手套、眼部防护装备（如护目镜）、应急逃生面具、防爆铲、堵漏器具（如堵漏垫、堵漏袋）、眼部冲洗液。

4. 应急措施

企业配备应急器材	正压式空气呼吸器、重型防护服、自吸过滤式防毒面具、防静电工作服、耐油橡胶手套、气体浓度检查仪、手电筒、对讲机、急救箱或急救包、吸附材料、洗消设施或清洁剂、应急处置工具箱。
未着火情况下泄漏（扩散）处置措施	1. 常压罐储存小量和中量泄漏时： (1) 侦检警戒疏散。根据液体流动和蒸气扩散的影响区域及有毒有害气体检测浓度划定初始警戒区，无关人员从侧风、上风向撤离至安全区，泄漏隔离距离至少为30m。 (2) 消除所有点火源（泄漏区附近禁止吸烟、消除所有明火、火花或火焰、严禁使用非防爆类工具）。 (3) 筑堤围堵泄漏物。应急处理人员戴合适的呼吸面具，用沙石、泥土、水泥等材料在地面适当部位构筑围堤，用泡沫覆盖或喷射水雾，减少蒸发，挖坑收容泄漏物，控制烯丙胺流淌扩散。封堵事故区域内的下水道口，严防烯丙胺进入地下排污管网。 (4) 稀释防爆。利用水枪喷射雾状水或开花水流稀释、驱散烯丙胺蒸气云团，禁止用强直流水柱直接冲击容器及泄漏物，以防产生爆炸。 (5) 堵漏。制订堵漏方案，在水枪掩护下利用木塞或专业工具进行堵漏。 (6) 倒罐输转。事故现场不能有效堵漏的情况下，可采取防爆泵抽取等输转措施转移至专用收容器内，倒罐必须由操作经验丰富的专业技术人员进行，同时用水枪掩护，管线、设备做好良好接地。 (7) 转移焚烧。用沙土等吸收残留于事故现场的烯丙胺，并收集转运至空旷安全地带，保证安全的情况下点火焚烧，彻底消除危害。

未着火情况下泄漏（扩散）处置措施	2. 大量泄漏时： （1）侦检警戒疏散。根据液体流动和蒸气扩散的影响区域及有毒有害气体检测浓度划定初始警戒区，无关人员从侧风、上风向撤离至安全区，下风向的初始疏散距离应至少为150m。 （2）消除所有点火源（泄漏区附近禁止吸烟、消除所有明火、火花或火焰、严禁使用非防爆类工具）。 （3）稀释防爆。利用水枪喷射雾状水或开花水流稀释、驱散烯丙胺蒸气云团，禁止用强直流水柱直接冲击容器及泄漏物，以防产生爆炸。 （4）围堵收集。应急处理人员戴正压式空气呼吸器，用抗溶性泡沫覆盖或喷射水雾，减少蒸发，用无火花工具收集泄漏物至收容器内，控制烯丙胺流淌扩散，防止进入水体、下水道、地下污水管网或密闭性空间。 （5）倒罐输转。采取防爆泵抽取等输转措施转移至专用收容器内，倒罐必须由操作经验丰富的专业技术人员进行，同时用水枪掩护，管线、设备做好良好接地。 （6）洗消收容。用防爆泵等器材对消防废水进行收容和地面洗消处理。
火灾爆炸处置措施	1. 使用灭火剂类型： （1）可使用的类型：抗溶性泡沫、干粉、二氧化碳、沙土。 （2）禁止使用的类型：水。
	2. 个人防护装备：过滤式防毒面具（全面罩）、正压自给式空气呼吸器、防静电工作服、耐油橡胶手套。
	3. 抢险装备：气体浓度检测仪、吸附器材或堵漏器材、无人机、灭火机器人。
	4. 应急处置方法、流程： ＊处置方法： （1）首先对周围环境进行检测，对着火情况进行侦查警戒，疏散无关人员和车辆；若阀门发出声响或瓶体变色，立即撤离火场。 （2）用沙土或沙袋等封堵下水道口，防止消防废水污染环境。 （3）喷水冷却容器，尽可能将容器从火场移至空旷处。处在火场中的容器若已变色或从安全泄压装置中产生声音，必须马上撤离。 （4）对消防废弃物进行收容和地面洗消处理。

火灾爆炸处置措施	*处置流程： （1）警戒疏散。 （2）围堤堵截。 （3）降温灭火。 （4）收容洗消。 *超出自身处置能力以外需要外部支援情况： （1）泄漏量、火势增大，需要响应升级。 （2）应急救援物资、器材消耗大，需要补充。 （3）发生爆炸。 （4）人员体力不支、数量不够。

硝化甘油

1. 理化特性

UN 号：0413	CAS 号：55-63-0
分子式：$C_3H_5N_3O_9$	分子量：227.09
熔点：13℃	沸点：180℃
相对蒸气密度：7.8	临界压力：3MPa
临界温度：/（无资料）	饱和蒸气压力：0.03Pa（20℃）
闪点：/（无资料）	爆炸极限：/（无资料）
自燃温度：270℃	最小点火能：/（无资料）
最大爆炸压力：/（无资料）	综合危险性质分类：1.1 类爆炸品、6.1 类毒性物质
外观及形态：白色或淡黄色黏稠液体，低温易冻结。微溶于水，与乙醇、乙醚、苯等混溶。	
火灾爆炸特性	1. 火灾危险性分类：甲类。
	2. 特殊火灾特性描述：遇明火、高热、摩擦、振动、撞击可能引起激烈燃烧或爆炸。50~60℃ 开始分解，大于 145℃ 剧烈分解，在 215~218℃ 爆炸。强烈紫外线照射，使其至 100℃ 时产生爆炸。
毒性特性	少量吸收即可引起剧烈的搏动性头痛，常有恶心、心悸，有时有呕吐和腹痛，面部发热、潮红；较大量产生低血压、抑郁、精神错乱，偶见谵妄、高铁血红蛋白血症和紫绀。饮酒后，上述症状加剧，并可发生躁狂。本品易经皮肤吸收，应防止皮肤接触。慢性影响：可有头痛、疲乏等不适。少量吸收即可引起剧烈的搏动性头痛，常有恶心、心悸，有时有呕吐和腹痛，面部发热、潮红；较大量产生低血压、抑郁、精神错乱，偶见谵妄、高铁血红蛋白血症和紫绀。饮酒后，上述症状加剧，并可发生躁狂。本品易经皮肤吸收，应防止皮肤接触。

2. 物料储存安全措施

储存方式和储存状态	1. 储存方式：桶装。
	2. 储存状态：常温/常压/液态。
正常储存状态下主要安全措施及备用应急设施	1. 主要安全措施： （1）使用防爆通风系统。 （2）使用安全警示标志。 （3）库房设置保冷措施。
	2. 备用应急设施：喷淋洗眼器、灭火器材。

3. 物料运输安全措施

运输车辆和物料状态	1. 运输车辆种类：厢车。
	2. 容器内物料状态：常温/常压/液态。
正常运输状态下主要安全措施及备用应急设施	1. 主要安全措施： （1）使用安全标志类：标志灯、危险化学品标志牌和标记、三角警示牌。 （2）使用卫星定位装置、轮挡。
	2. 备用应急设施：三角木、灭火器具、反光背心、便携式照明设备、自吸过滤式防尘口罩、化学安全防护眼镜、橡胶手套、应急逃生面具、遮雨篷布、收容器。

4. 应急措施

企业配备应急器材	自吸过滤式防毒面具、化学安全防护眼镜、橡胶手套。
未着火情况下泄漏（扩散）处置措施	1. 小量和中量泄漏： （1）个体防护：须佩戴空气呼吸器、穿全身消防服。 （2）侦检警戒疏散。根据周边情况，影响区域及泄漏情况划定警戒区，隔离泄漏污染区，限制出入。 （3）切断泄漏源。

未着火情况下泄漏（扩散）处置措施	（4）转包装容器。做好防火、防爆、防静电等措施，在防护到位的情况下，转包装容器。 （5）覆盖清理。用锯末和其他类似材料混合吸收。也可以用大量水冲洗，吸水稀释后放入废水系统。 （6）洗消处理： ①用大量清水进行洗消； ②洗消的对象：被困人员、救援人员及现场医务人员； ③废水收容。 2. 液体大量泄漏时： （1）个体防护：须佩戴空气呼吸器、穿全身消防服。 （2）侦检警戒疏散。根据周边情况，影响区域及泄漏情况划定警戒区，隔离泄漏污染区，限制出入；在原有初始隔离距离 25m 的基础上加大下风向的疏散距离。 （3）切断泄漏源。 （4）转包装容器。做好防火、防爆、防静电等措施，在防护到位的情况下，转包装容器。 （5）筑堤围堵。构筑围堤或挖坑进行收容，使用无火花工具收集回收或运至废物处理场所处置。 （6）洗消处理： ①用大量清水进行洗消； ②洗消的对象：被困人员、救援人员及现场医务人员； ③废水收容。
火灾爆炸处置措施	1. 使用灭火剂类型： （1）可使用的类型：雾状水、泡沫。 （2）禁止使用的类型：沙土。 2. 个人防护装备：佩戴防毒面具、穿全身消防服、正压自给式空气呼吸器。 3. 抢险装备：应急指挥车、泡沫消防车、化学洗消车、抢险救援车、应急工具箱。

火灾爆炸处置措施	4. 应急处置方法、流程： ＊应急处置方法： （1）如果硝化甘油处于火场中，严禁灭火！因为可能爆炸。 （2）禁止一切通行，清理方圆至少 1600m 范围内的区域，任其自行燃烧。 （3）切勿开动已处于火场中的货船或车辆。 （4）如果在火场中有储罐、槽车或罐车，周围至少隔离 1600m；同时初始疏散距离也至少为 1600m。 ＊处置流程： （1）警戒疏散。 （2）围堤堵截。 （3）降温灭火。 ＊超出自身处置能力以外需要外部支援情况： （1）泄漏量、火势增大，需要响应升级。 （2）应急救援物资、器材消耗大，需要补充。 （3）发生爆炸。 （4）人员体力不支、数量不够。

硝基苯

1. 理化特性

UN 号：1662	CAS 号：98-95-3
分子式：$C_6H_5NO_2$	分子量：123.11
熔点：5.7℃	沸点：210.9℃
相对蒸气密度：4.25	临界压力：4.82MPa
临界温度：/（无资料）	饱和蒸气压力：0.02kPa（20℃）
闪点：87.8℃	爆炸极限：1.8%（93℃）~40%（体积分数）
自燃温度：482℃	引燃温度：482℃
最大爆炸压力：/（无资料）	综合危险性质分类：6.1类毒害性物质
外观及形态：淡黄色透明油状液体，有苦杏仁味。难溶于水，溶于乙醇、乙醚、苯等多数有机溶剂。	
火灾爆炸特性	1. 火灾危险性分类：丙类。 2. 特殊火灾特性描述：遇明火、高热可燃烧爆炸。
毒性特性	高毒，经呼吸道和皮肤吸收。主要引起高铁血红蛋白血症，可引起溶血及肝损害。 职业接触限值：时间加权平均容许浓度（PC-TWA）为2mg/m^3（皮）。 IARC 认定为可疑人类致癌物。

2. 物料储存安全措施

储存方式和储存状态	1. 储存方式：桶装、立罐、卧罐。 2. 储存状态：常温/常压/液态。

正常储存状态下主要安全措施及备用应急设施	1. 主要安全措施： （1）储存场所设置泄漏检测报警仪。 （2）使用防爆型的通风系统和设备。 （3）储罐等容器和设备应设置液位计、温度计，并应装有带液位、温度远传记录和报警功能的安全装置。 （4）设置安全警示标志。 （5）设置围堰，地面进行防渗透处理。 （6）设置防雷、防静电设施。 2. 备用应急设施：倒装罐或储液池、灭火器具、安全淋浴和洗眼设备。

3. 物料运输安全措施

运输车辆和物料状态	1. 运输车辆种类：罐车、厢车。
	2. 容器内物料状态：常温/常压/液态。
正常运输状态下主要安全措施及备用应急设施	1. 主要安全措施： （1）使用安全标志类：标志灯、危险化学品标志牌和标记、三角警示牌。 （2）使用卫星定位装置、阻火器、轮挡。 ＊罐车运输时： （1）使用防波板。 （2）使用倾覆保护装置。 （3）装卸管路：根据罐体构造不同，设置2道或3道相互独立或串联的紧急切断阀、卸料阀及关闭装置。 （4）装卸口设置阀门箱或防碰撞护栏等保护装置，且应设置有密封盖或密封式集漏器。 （5）使用扶梯、罐顶操作平台及护栏。 （6）使用紧急切断装置。 （7）使用仪表：液位计、温度计。 ＊厢车运输时： （1）要有遮阳措施，防止阳光直射。 （2）使用倾覆保护装置、三角木垫。 2. 备用应急设施：倒装罐或储液池、灭火器具、安全淋浴和洗眼设备。

4. 应急措施

企业配备应急器材	正压式空气呼吸器,透气型防毒服、耐油橡胶手套、防护眼镜、防爆手电筒、防爆对讲机、急救箱或急救包、吸附材料、洗消设施或清洁剂、应急处置工具。
未着火情况下泄漏（扩散）处置措施	1. 液体储罐小量和中量泄漏时： （1）个体防护：采用正压式空气呼吸器或全防型滤毒面罩进行防护、透气型防毒服。 （2）侦检警戒疏散。根据周边情况,影响区域及泄漏情况划定警戒区,隔离泄漏污染区,限制出入；泄漏隔离距离对于液体至少为100m,固体至少为25m。 （3）控险：启用喷淋系统、抗溶性泡沫等灭火设施。 （4）器具堵漏： ①关闭前置阀门,切断泄漏源； ②据现场泄漏情况,研究制定堵漏方案,实施堵漏； ③所有堵漏行动必须采取防爆措施,确保安全。 （5）倒罐输转。无法堵漏时,可在水枪掩护下利用工艺措施导流。 （6）覆盖清理。用干燥的沙土或其他不燃材料吸收或覆盖,收集于容器中。 （7）洗消处理： ①用大量清水进行洗消； ②洗消的对象：被困人员、救援人员及现场医务人员； ③废水收容。 2. 液体储罐大量泄漏时： （1）个体防护：采用正压式空气呼吸器或全防型滤毒面罩进行防护、透气型防毒服。 （2）侦检警戒疏散。根据周边情况,影响区域及泄漏情况划定警戒区,隔离泄漏污染区,限制出入；在原有初始隔离距离的基础上加大下风向的疏散距离。 （3）关闭前置阀门,切断泄漏源。 （4）器具堵漏： ①据现场泄漏情况,研究制订堵漏方案,实施堵漏； ②所有堵漏行动必须采取防爆措施,确保安全。 （5）倒罐输转。无法堵漏时,可在水枪进行掩护利用工艺措施导流。

未着火情况下泄漏（扩散）处置措施	（6）覆盖清理。构筑围堤或挖坑收容。用石灰粉吸收大量液体。用泵转移至槽车或专用收集器内。 （7）洗消处理： ①用大量清水进行洗消； ②洗消的对象：被困人员、救援人员及现场医务人员； ③废水收容。
火灾爆炸处置措施	1. 使用灭火剂类型： （1）可使用的类型：雾状水、抗溶性泡沫、二氧化碳、沙土。 （2）禁止使用的类型：直流水 2. 个人防护装备： 正压式空气呼吸器、过滤式防毒面具、安全防护眼镜、透气型防毒服、耐油橡胶手套。 3. 抢险装备：防爆输转泵、堵漏器具、洗消设备、应急工具箱等。 4. 应急处置方法、流程： ＊处置方法： （1）小火。用二氧化碳或水雾灭火。 （2）大火。用雾状水或抗溶性泡沫灭火。禁止使用直流水扑救。喷水冷却容器，在确保安全的前提下将容器移离火场。筑堤收容消防水以备处理，不得随意排放。 （3）若安全阀发出声响或储罐变色，立即撤离。 ＊处置流程： （1）警戒疏散。 （2）围堤堵截。 （3）降温灭火。 （4）收容洗消。 ＊超出自身处置能力以外需要外部支援情况： （1）泄漏量、火势增大，需要响应升级。 （2）应急救援物资、器材消耗大，需要补充。 （3）发生爆炸。 （4）人员体力不支、数量不够。

乙醇

1. 理化特性

UN号：1170	CAS号：64-17-5
分子式：C_2H_6O	分子量：46.07
熔点：-114.1℃	沸点：78.3℃
相对蒸气密度：1.59	临界压力：6.38MPa
临界温度：243.1℃	饱和蒸气压力：5.33kPa（20℃）
闪点：13（CC）；17（OC）	爆炸极限：3.3%~19%（体积分数）
自燃温度：363℃	引燃温度：363℃
最大爆炸压力：/（无资料）	综合危险性质分类：3类中闪点易燃液体
外观及形态：无色液体，有酒香。与水混溶，可混溶于醚、氯仿、甘油等多数有机溶剂。	
火灾爆炸特性	1. 火灾危险性分类：甲类。
	2. 特殊火灾特性描述：易燃，蒸气与空气能形成爆炸性混合物，遇明火、高热能引起燃烧爆炸。与氧化剂接触发生化学反应或引起燃烧。在火场中，受热的容器有爆炸危险。其蒸气比空气重，能在较低处扩散到相当远的地方，遇火源会着火回燃。
毒性特性	易经胃肠道、呼吸道和皮肤吸收。急性中毒多发生于口服，一般可分为兴奋、催眠、麻醉、窒息四个阶段。在生产中长期接触高浓度本品可引起鼻、眼、黏膜刺激症状，以及头痛、头晕、疲乏、易激动、震颤、恶心等。

2. 物料储存安全措施

储存方式和储存状态	1. 储存方式：桶装、立罐、卧罐。
	2. 储存状态：常温/常压/液态。

正常储存状态下主要安全措施及备用应急设施	1. 主要安全措施： （1）储存场所设置可燃气体检测报警器。 （2）储罐等压力设备应设置压力表、液位计、温度计，并应装有带压力、液位、温度远传记录和报警功能的安全装置。 （3）采用防爆型照明、通风设施。 （4）设置防雷、防静电设施。 （5）库房设置防液体流散措施。 （6）在乙醇储罐四周设置围堰。 （7）设置安全警示标志。 2. 备用应急设施：事故风机、应急池、灭火器具。

3. 物料运输安全措施

运输车辆和物料状态	1. 运输车辆种类：罐车、厢车。
	2. 容器内物料状态：常温/常压/液态。
正常运输状态下主要安全措施及备用应急设施	1. 主要安全措施： （1）使用安全标志类：标志灯、危险化学品标志牌和标记、三角警示牌。 （2）使用卫星定位装置、阻火器、轮挡。 ＊罐车运输时： （1）使用防波板。 （2）使用倾覆保护装置（罐体顶部设有安全附件和装卸附件时，且应设积液收集装置）。 （3）装卸管路：根据罐体构造不同，设置2道或3道相互独立或串联的紧急切断阀、卸料阀及关闭装置。 （4）装卸口设置阀门箱或防碰撞护栏等保护装置，且应设置有密封盖或密封式集漏器。 （5）使用扶梯、罐顶操作平台及护栏。 （6）使用安全泄放装置（安全阀、爆破片以及两者的串联组合装置，紧急泄放装置和呼吸阀组合装置）。 （7）呼吸阀应具有阻火功能。 （8）真空减压阀具有阻火功能。 （9）使用紧急切断装置。 （10）使用仪表：压力表、液位计、温度计。

正常运输状态下主要安全措施及备用应急设施	(11) 装卸阀门：阀门不得选用铸铁或非金属材料制造；易燃介质罐体，应采用不产生火花的铜、铝合金或不锈钢材质阀门。 (12) 装卸用管及快装接头应有导静电功能。 ＊厢车运输时： (1) 使用阻火器（火星熄灭器）。 (2) 使用导静电拖线。 (3) 要有遮阳措施，防止阳光直射。 (4) 使用倾覆保护装置、三角木垫。
	2. 备用应急设施：灭火器具、反光背心、便携式照明设备、防护性手套、眼部防护装备（如护目镜）、应急逃生面具、防爆铲、堵漏器具（如堵漏垫、堵漏袋）、眼部冲洗液。

4. 应急措施

企业配备应急器材	正压式空气呼吸器、防护眼镜、防静电工作服、橡胶手套、过滤式防毒面具（半面罩）、防爆手电筒，防爆对讲机，急救箱或急救包、吸附材料、洗消设施或清洁剂、应急处置工具箱。
未着火情况下泄漏（扩散）处置措施	1. 小量和中量泄漏时： (1) 侦检警戒疏散。根据液体流动和蒸气扩散的影响区域及有毒有害气体检测浓度划定初始警戒区，无关人员从侧风、上风向撤离至安全区，初始泄漏隔离距离至少为 50m。 (2) 消除所有点火源（泄漏区附近禁止吸烟、消除所有明火、火花或火焰、严禁使用非防爆类工具）。 (3) 围堵收集泄漏物。应急处理人员戴合适的呼吸面具，用沙土或其他不燃材料吸收或使用洁净的无火花工具收集吸收。防止泄漏物进入水体、下水道、地下室或密闭性空间。 (4) 稀释防爆。利用水枪喷射雾状水或开花水流稀释，禁止用强直流水柱直接冲击容器及泄漏物，以防产生爆炸。 (5) 堵漏。制订堵漏方案，在水枪掩护下利用专业工具进行堵漏。 (6) 倒罐输转。事故现场不能有效堵漏的情况下，可采取防爆泵抽取等输转措施转移至专用收容器内，倒罐必须由操作经验丰富的专业技术人员进行，同时用水枪掩护。 (7) 洗消收容。用防爆泵等器材对消防废水进行收容和地面洗消处理。

未着火情况下泄漏（扩散）处置措施	2. 大量泄漏时： （1）侦检警戒疏散。根据液体流动和蒸气扩散的影响区域及有毒有害气体检测浓度划定初始警戒区，无关人员从侧风、上风向撤离至安全区，下风向的初始疏散距离应至少为300m，具体以气体检测仪实际检测量为准。 （2）消除所有点火源（泄漏区附近禁止吸烟、消除所有明火、火花或火焰、严禁使用非防爆类工具）。 （3）收容转移。用抗溶性泡沫覆盖，减少蒸发。用防爆泵转移至槽车或专用收集器内。防止泄漏物进入水体、下水道、地下室或密闭性空间。 （4）稀释防爆。利用水枪喷射雾状水或开花水流稀释，禁止用强直流水柱直接冲击容器及泄漏物，以防产生爆炸。 （5）堵漏。制订堵漏方案，在水枪掩护下利用专业工具进行堵漏。 （6）倒罐输转。事故现场不能有效堵漏的情况下，应切换生产工艺流程倒罐，倒罐必须由操作经验丰富的专业技术人员进行，同时用水枪掩护。 （7）洗消收容。用防爆泵等器材对消防废水进行收容和地面洗消处理。
火灾爆炸处置措施	1. 使用灭火剂类型： （1）可使用的类型：雾状水、抗溶性泡沫、二氧化碳、干粉、沙土。 （2）禁止使用的类型：直流水。 2. 个人防护装备：正压自给式空气呼吸器，防毒、防静电服、橡胶手套、化学防护眼镜、过滤式防毒面具。 3. 抢险装备：气体浓度检测仪、吸附器材或堵漏器材、无人机、灭火机器人。 4. 应急处置方法、流程： ＊处置方法： （1）首先进行对罐体及周围环境进行检测，对着火情况进行侦查警戒，疏散无关人员和车辆，若阀门发出声响或罐体变色，立即撤离火场。 （2）用沙土或沙袋对市政管网井口、盖板等四周围堤堵截，防止消防废水污染环境。

火灾爆炸处置措施	（3）消防人员穿消防灭火战斗服从远处或使用遥控水枪、水炮对容器进行降温，使用抗溶性泡沫、二氧化碳在上风向灭火，直至灭火结束。 （4）使用防爆泵等器材对消防废水进行收容和地面洗消处理。 ＊处置流程： （1）警戒疏散。 （2）围堤堵截。 （3）降温灭火。 （4）收容洗消。 ＊超出自身处置能力以外需要外部支援情况： （1）泄漏量、火势增大，需要响应升级。 （2）应急救援物资、器材消耗大，需要补充。 （3）发生爆炸。 （4）人员体力不支、数量不够。

乙醚

1. 理化特性

UN 号：1155	CAS 号：60-29-7
分子式：$C_4H_{10}O$	分子量：74.12
熔点：-116℃	沸点：35℃
相对蒸气密度：2.56	临界压力：3.61MPa
临界温度：192.7℃	饱和蒸气压力：
闪点：-45℃（闭杯）	爆炸极限：1.9%~36%（体积分数）
自燃温度：160℃~180℃	最小点火能：0.2mJ
最大爆炸压力：/（无资料）	综合危险性质分类：3 类易燃液体
外观及形态：无色透明液体，有芳香气味，极易挥发。微溶于水，溶于乙醇、苯、氯仿、等多数有机溶剂。	

火灾爆炸特性	1. 火灾危险性分类：甲类。
	2. 特殊火灾特性描述：极易燃，与空气可形成爆炸性混合物，遇明火、高热有燃烧爆炸的危险。蒸气比空气重，能在较低处扩散到相当远的地方，遇火源会着火回燃和爆炸。
毒性特性	本品的主要作用为全身麻醉。饮用含酒精饮料可能增加危害。 急性影响：大量接触，早期出现兴奋，继而嗜睡、呕吐、面色苍白、脉缓、体温下降和呼吸不规则，而有生命危险。急性接触后的暂时后作用有头痛、易激动或抑郁、流涎、呕吐、食欲下降和多汗等。液体或高浓度蒸气对眼有刺激性。慢性影响：长期低浓度吸入，有头痛、头晕、疲倦、嗜睡、蛋白尿、红细胞增多症。长期皮肤接触，可发生皮肤干燥、皲裂。 职业接触限值：时间加权平均容许浓度（PC-TWA）为 $300mg/m^3$；短时间接触容许浓度（PC-STEL）为 $500mg/m^3$。

2. 物料储存安全措施

储存方式和储存状态	1. 储存方式：桶装、立罐、卧罐。
	2. 储存状态：常温/常压/液态。
正常储存状态下主要安全措施及备用应急设施	1. 主要安全措施： （1）储存场所应设置泄漏检测报警仪。 （2）储罐等压力容器和设备应设置安全阀、压力表、液位计、温度计，并应装有带压力、液位、温度远传记录和报警功能的安全装置。 （3）库房设置防爆通风系统。 （4）储存场所设置防雷、防静电装置。 （5）储罐四周设置围堰。 （6）储存场所设置安全警示标志。
	2. 备用应急设施：事故风机、水雾喷淋系统和设备、灭火器具。

3. 物料运输安全措施

运输车辆和物料状态	1. 运输车辆种类：罐车、厢车。
	2. 容器内物料状态：常温/常压/液态。
正常运输状态下主要安全措施及备用应急设施	1. 主要安全设施 （1）使用安全标志类：标志灯、危险化学品标志牌和标记、三角警示牌。 （2）使用卫星定位装置、阻火器、轮挡。 ＊罐车运输时： （1）使用防波板。 （2）使用倾覆保护装置（罐体顶部设有安全附件和装卸附件时，且应设积液收集装置）。 （3）装卸管路：根据罐体构造不同，设置2道或3道相互独立或串联的紧急切断阀、卸料阀及关闭装置。 （4）装卸口设置阀门箱或防碰撞护栏等保护装置，且应设置有密封盖或密封式集漏器。 （5）使用扶梯、罐顶操作平台及护栏。 （6）使用安全泄放装置（安全阀、爆破片以及两者的串联组合装置，紧急泄放装置和呼吸阀组合装置）。

正常运输状态下主要安全措施及备用应急设施	（7）呼吸阀应具有阻火功能。 （8）真空减压阀应具有阻火功能。 （9）使用紧急切断装置。 （10）使用仪表：压力表、液位计、温度计。 （11）装卸阀门：阀门不得选用铸铁或非金属材料制造；易燃介质罐体，应采用不产生火花的铜、铝合金或不锈钢材质阀门。 （12）装卸用管及快装接头应有导静电功能。 （13）槽（罐）车应有接地链。 （14）槽内可设孔隔板以减少震荡产生静电。 ＊厢车运输时： （1）使用阻火器（火星熄灭器）。 （2）使用导静电拖线。 （3）要有遮阳措施，防止阳光直射。 （4）使用倾覆保护装置、三角木垫。
	2. 备用应急设施：灭火器具、反光背心、便携式照明设备、防护性手套、眼部防护装备（如护目镜）、应急逃生面具、防爆铲、堵漏器具（如堵漏垫、堵漏袋）、眼部冲洗液。

4. 应急措施

企业配备应急器材	防静电工作服、耐油橡胶手套、过滤式防毒面具。
未着火情况下泄漏（扩散）处置措施	1. 小量、中量泄漏时： （1）侦检警戒疏散。根据液体流动和蒸气扩散的影响区域及有毒有害气体检测浓度划定初始警戒区，无关人员从侧风、上风向撤离至安全区，初始泄漏隔离距离至少为50m。 （2）消除所有点火源（泄漏区附近禁止吸烟、消除所有明火、火花或火焰、严禁使用非防爆类工具）。 （3）围堵收集泄漏物。应急处理人员戴合适的呼吸面具，用沙土或其他不燃材料吸收或使用洁净的无火花工具收集吸收。防止泄漏物进入水体、下水道、地下室或密闭性空间。

未着火情况下泄漏（扩散）处置措施	（4）稀释防爆。利用水枪喷射雾状水或开花水流稀释，禁止用强直流水柱直接冲击容器及泄漏物，以防产生爆炸。 （5）堵漏。制订堵漏方案，在水枪掩护下利用专业工具进行堵漏。 （6）倒罐输转。事故现场不能有效堵漏的情况下，可采取防爆泵抽取等输转措施转移至专用收容器内。 （7）洗消收容。用防爆泵等器材对消防废水进行收容和地面洗消处理。 2. 大量泄漏时： （1）侦检警戒疏散。根据液体流动和蒸气扩散的影响区域及有毒有害气体检测浓度划定初始警戒区，无关人员从侧风、上风向撤离至安全区，下风向的初始疏散距离应至少为300m。 （2）消除所有点火源（泄漏区附近禁止吸烟、消除所有明火、火花或火焰、严禁使用非防爆类工具）。 （3）收容转移。用抗溶性泡沫覆盖，减少蒸发。用防爆、耐腐蚀泵转移至槽车或专用收集器内。防止泄漏物进入水体、下水道、地下室或密闭性空间。 （4）稀释防爆。利用水枪喷射雾状水或开花水流稀释，禁止用强直流水柱直接冲击容器及泄漏物，以防产生爆炸。 （5）堵漏。制订堵漏方案，在水枪掩护下利用专业工具进行堵漏。 （6）倒罐输转。事故现场不能有效堵漏的情况下，应迅速将车辆转移到邻近场所进行倒罐处置，倒罐必须由操作经验丰富的专业技术人员进行，同时用水枪掩护。 （7）洗消收容。用防爆泵等器材对消防废水进行收容和地面洗消处理。
火灾爆炸处置措施	1. 使用灭火剂类型： （1）可使用的类型：雾状水、抗溶性泡沫、二氧化碳、干粉、沙土。 （2）禁止使用的类型：直流水。 2. 个人防护装备：正压自给式空气呼吸器，穿防静电、防腐、防毒服，橡胶手套，化学防护眼镜，过滤式防毒面具。 3. 抢险装备：气体浓度检测仪、吸附器材或堵漏器材、无人机、灭火机器人。

火灾爆炸处置措施	4. 应急处置方法、流程： ＊处置方法： （1）首先进行对储罐及周围环境进行检测，对着火情况进行侦查警戒，疏散无关人员和车辆，若阀门发出声响或罐体变色，立即撤离火场。 （2）若发生在普通城市道路上，使用沙袋等在道路两侧液体流散下方向安全处进行围堤堵截，并用沙土或沙袋对市政管网井口、盖板等四周围堤堵截，防止消防废水污染环境。 （3）消防人员穿消防灭火战斗服从远处或使用遥控水枪、水炮对容器进行降温，使用抗溶性泡沫、二氧化碳或大量水在上风向灭火，直至灭火结束。 （4）使用防爆泵等器材对消防废水进行收容和地面洗消处理。 ＊处置流程： （1）警戒疏散。 （2）围堤堵截。 （3）降温灭火。 （4）收容洗消。 ＊超出自身处置能力以外需要外部支援情况： （1）泄漏量、火势增大，需要响应升级。 （2）应急救援物资、器材消耗大，需要补充。 （3）发生爆炸。 （4）人员体力不支、数量不够。

乙醛

1. 理化特性

UN 号：1089	CAS 号：75-07-0
分子式：C_2H_4O	分子量：44.05
熔点：-123.5℃	沸点：20.8℃
相对蒸气密度：1.52	临界压力：6.4MPa
临界温度：188℃	饱和蒸气压力：98.64kPa（20℃）
闪点：-39℃	爆炸极限：4.0%~57%（体积分数）
自燃温度：175℃	最小点火能：0.36mJ
最大爆炸压力：/(无资料)	综合危险性质分类：3 类易燃液体
外观及形态：无色液体，有强烈的刺激臭味。溶于水，可混溶于乙醇、乙醚。	
火灾爆炸特性	火灾危险性分类：甲类。 极易燃，甚至在低温下的蒸气也能与空气形成爆炸性混合物，遇火星、高温、氧化剂、易燃物、氨、硫化氢、卤素、磷、强碱、胺类、醇、酮、酐、酚等有燃烧爆炸危险。蒸气比空气重，沿地面扩散并易积存于低洼处，遇火源会着火回燃。
毒性特性	低浓度引起眼、鼻及上呼吸道刺激症状及支气管炎。高浓度吸入有麻醉作用。表现有头痛、嗜睡、神志不清及支气管炎、肺水肿、腹泻、蛋白尿肝和心肌脂肪性变。误服出现胃肠道刺激症状、麻醉作用及心、肝、肾损害。对皮肤有致敏性。反复接触蒸气引起皮炎、结膜炎。 职业接触限值：最高容许浓度（MAC）为 $45mg/m^3$。 IARC 认定为可疑人类致癌物。

2. 物料储存安全措施

储存方式和储存状态	1. 储存方式：桶装、立罐、卧罐。
	2. 储存状态：常温/常压/液态。
正常储存状态下主要安全措施及备用应急设施	1. 主要安全措施 （1）储存场所应设置泄漏检测报警仪。 （2）储罐等压力容器和设备应设置安全阀、压力表、液位计、温度计，并应装有带压力、液位、温度远传记录和报警功能的安全装置。 （3）储存场所设置防雷、防静电装置。 （4）储罐四周设置围堰。 （5）储存场所设置安全警示标志。 2. 备用应急设施：事故风机、水雾喷淋系统和设备、灭火器具。

3. 物料运输安全措施

运输车辆和物料状态	1. 运输车辆种类：罐车、厢车。
	2. 容器内物料状态：常温/常压/液态。
正常运输状态下主要安全措施及备用应急设施	1. 主要安全设施： （1）使用安全标志类：标志灯、危险化学品标志牌和标记、三角警示牌。 （2）卫星定位装置、阻火器、轮挡。 *罐车运输时： （1）使用防波板。 （2）使用倾覆保护装置（罐体顶部设有安全附件和装卸附件时，且应设积液收集装置）。 （3）装卸管路：根据罐体构造不同，设置2道或3道相互独立或串联的紧急切断阀、卸料阀及关闭装置。 （4）装卸口设置阀门箱或防碰撞护栏等保护装置，且应设置有密封盖或密封式集漏器。 （5）使用扶梯、罐顶操作平台及护栏。 （6）安全泄放装置（安全阀、爆破片以及两者的串联组合装置，紧急泄放装置和呼吸阀组合装置）。 （7）呼吸阀应具有阻火功能。

正常运输状态下主要安全措施及备用应急设施	(8) 真空减压阀具有阻火功能。 (9) 使用紧急切断装置。 (10) 使用仪表：压力表、液位计、温度计。 (11) 装卸阀门：阀门不得选用铸铁或非金属材料制造；易燃介质罐体，应采用不产生火花的铜、铝合金或不锈钢材质阀门。 (12) 装卸用管及快装接头应有导静电功能。 (13) 槽（罐）车应有接地链。 (14) 槽内可设孔隔板以减少震荡产生静电。 ＊厢车运输时： (1) 使用阻火器（火星熄灭器）。 (2) 使用导静电拖线。 (3) 要有遮阳措施，防止阳光直射。 (4) 使用倾覆保护装置、三角木垫。 2. 备用应急设施：灭火器具、反光背心、便携式照明设备、防护性手套、眼部防护装备（如护目镜）、应急逃生面具、防爆铲、堵漏器具（如堵漏垫、堵漏袋）、眼部冲洗器。

4. 应急措施

企业配备应急器材	防护服、防毒面具或自给式头盔、橡胶耐酸碱服、橡胶耐酸碱手套、耐酸长筒靴、过滤式防毒面具、化学安全防护眼镜、防静电工作服、橡胶手套。
未着火情况下泄漏（扩散）处置措施	1. 小量和中量泄漏时： (1) 侦检警戒疏散。根据液体流动和蒸气扩散的影响区域及有毒有害气体检测浓度划定初始警戒区，无关人员从侧风、上风向撤离至安全区，初始泄漏隔离距离至少为50m。 (2) 消除所有点火源（泄漏区附近禁止吸烟、消除所有明火、火花或火焰、严禁使用非防爆类工具）。 (3) 围堵收集泄漏物。应急处理人员戴合适的呼吸面具，用沙土或其他不燃材料吸收或使用洁净的无火花工具收集吸收。防止泄漏物进入水体、下水道、地下室或密闭性空间。

未着火情况下泄漏（扩散）处置措施	（4）稀释防爆。利用水枪喷射雾状水或开花水流稀释，禁止用强直流水柱直接冲击容器及泄漏物，以防产生爆炸。 （5）堵漏。制订堵漏方案，在水枪掩护下利用专业工具进行堵漏。 （6）倒罐输转。事故现场不能有效堵漏的情况下，可采取防爆泵抽取等输转措施转移至专用收容器内，倒罐必须由操作经验丰富的专业技术人员进行，同时用水枪掩护。 （7）洗消收容。用防爆泵等器材对消防废水进行收容和地面洗消处理。
	2. 大量泄漏时： （1）侦检警戒疏散。根据液体流动和蒸气扩散的影响区域及有毒有害气体检测浓度划定初始警戒区，无关人员从侧风、上风向撤离至安全区，下风向的初始疏散距离应至少为300m。 （2）消除所有点火源（泄漏区附近禁止吸烟、消除所有明火、火花或火焰、严禁使用非防爆类工具）。 （3）收容转移。用抗溶性泡沫覆盖，减少蒸发。用防爆、耐腐蚀泵转移至槽车或专用收集器内。防止泄漏物进入水体、下水道、地下室或密闭性空间。 （4）稀释防爆。利用水枪喷射雾状水或开花水流稀释，禁止用强直流水柱直接冲击容器及泄漏物，以防产生爆炸。 （5）堵漏。制订堵漏方案，在水枪掩护下利用专业工具进行堵漏。 （6）倒罐输转。事故现场不能有效堵漏的情况下，应迅速将车辆转移到邻近化工厂等具有一定条件的场所进行倒罐处置，倒罐必须由操作经验丰富的专业技术人员进行，同时用水枪掩护。 （7）洗消收容。用防爆泵等器材对消防废水进行收容和地面洗消处理。
火灾爆炸处置措施	1. 使用灭火剂类型： （1）可使用的类型：雾状水、抗溶性泡沫、二氧化碳、干粉、沙土。 （2）禁止使用的类型：直流水。
	2. 个人防护装备：正压自给式空气呼吸器，防静电、防腐、防毒服，橡胶手套，化学防护眼镜，防毒面具。
	3. 抢险装备：气体浓度检测仪、吸附器材或堵漏器材、无人机、灭火机器人。

火灾爆炸处置措施	4. 应急处置方法、流程： ＊处置方法： （1）首先对周围环境进行检测，对着火情况进行侦查警戒，疏散无关人员和车辆；若阀门发出声响或瓶体变色，立即撤离火场。 （2）用沙土或沙袋等封堵下水道口，防止消防废水污染环境。 （3）喷水冷却容器，尽可能将容器从火场移至空旷处。处在火场中的容器若已变色或从安全泄压装置中产生声音，必须马上撤离。 （4）对消防废弃物进行收容和地面洗消处理。 ＊处置流程： （1）警戒疏散。 （2）围堤堵截。 （3）降温灭火。 （4）收容洗消。 ＊超出自身处置能力以外需要外部支援情况： （1）泄漏量、火势增大，需要响应升级。 （2）应急救援物资、器材消耗大，需要补充。 （3）发生爆炸。 （4）人员体力不支、数量不够。

乙酸乙烯酯

1. 理化特性

UN 号：1301	CAS 号：108-05-4
分子式：$C_4H_6O_2$	分子量：86.09
熔点：−93.2℃	沸点：71.8~73℃
相对蒸气密度：3.0	临界压力：4.25MPa
临界温度：252℃	饱和蒸气压力：15.33kPa（25℃）
闪点：−8℃	爆炸极限：2.6%~13.4%（体积分数）
自燃温度：402℃	引燃温度：402℃
最大爆炸压力：/（无资料）	综合危险性质分类：3.2类中闪点易燃液体
外观及形态：无色透明液体，有水果香味。微溶于水，溶于醇、醚、丙酮、苯、氯仿。	

火灾爆炸特性	1. 火灾危险性分类：甲类。 2. 特殊火灾特性描述：易燃，其蒸气与空气可形成爆炸性混合物，遇明火、高热能引起燃烧爆炸。与氧化剂能发生强烈反应。极易受热、光或微量的过氧化物作用而聚合，含有抑制剂的商品与过氧化物接触也能猛烈聚合。其蒸气比空气重，能在较低处扩散到相当远的地方，遇火源会着火回燃。
毒性特性	本品对眼睛、皮肤、黏膜和上呼吸道有刺激性。长时间接触有麻醉作用。 职业接触限值：时间加权平均容许浓度（PC-TWA）为 $10mg/m^3$；短时间接触容许浓度（PC-STEL）为 $15mg/m^3$。 IARC 认定为可疑人类致癌物。

2. 物料储存安全措施

储存方式和储存状态	1. 储存方式：桶装、立罐、卧罐。
	2. 储存状态：常温/正压/液态。
正常储存状态下主要安全措施及备用应急设施	1. 主要安全措施： (1) 储存场所设置乙酸乙烯酯检测报警仪、声光报警器。 (2) 使用防爆型的通风系统。 (3) 储罐等压力容器设置温度、压力、液位上下限报警装置。 (4) 储罐区四周设置围堰、事故存液池。 (5) 添加阻聚剂。 (6) 储存场所设置安全警示标志。
	2. 备用应急设施：事故应急池、灭火器具。

3. 物料运输安全措施

运输车辆和物料状态	1. 运输车辆种类：罐车、厢车。
	2. 容器内物料状态：常温/常压/液态。
正常运输状态下主要安全措施及备用应急设施	1. 主要安全措施： (1) 使用安全标志类：标志灯、危险化学品标志牌和标记、三角警示牌。 (2) 使用卫星定位装置、阻火器、轮挡。 * 罐车运输时： (1) 使用防波板。 (2) 使用倾覆保护装置（罐体顶部设有安全附件和装卸附件时，且应设积液收集装置）。 (3) 装卸管路：根据罐体构造不同，设置2道或3道相互独立或串联的紧急切断阀、卸料阀及关闭装置。 (4) 装卸口设置阀门箱或防碰撞护栏等保护装置，且应设置有密封盖或密封式集漏器。 (5) 使用扶梯、罐顶操作平台及护栏。 (6) 使用安全泄放装置（安全阀、爆破片以及两者的串联组合装置，紧急泄放装置和呼吸阀组合装置）。 (7) 呼吸阀应具有阻火功能。 (8) 真空减压阀应具有阻火功能。

正常运输状态下主要安全措施及备用应急设施	（9）使用紧急切断装置。 （10）使用仪表：压力表、液位计、温度计。 （11）装卸阀门：阀门不得选用铸铁或非金属材料制造；易燃介质罐体，应采用不产生火花的铜、铝合金或不锈钢材质阀门。 （12）装卸用管及快装接头应有导静电功能。 （13）槽（罐）车应有接地链。 （14）槽内可设孔隔板以减少震荡产生静电。 ＊厢车运输时： （1）使用阻火器（火星熄灭器）。 （2）使用导静电拖线。 （3）要有遮阳措施，防止阳光直射。 （4）使用倾覆保护装置、三角木垫。
	2. 备用应急设施：灭火器具、反光背心、便携式照明设备、防护性手套、眼部防护装备（如护目镜）、应急逃生面具、防爆铲、堵漏器具（如堵漏垫、堵漏袋）、眼部冲洗液。

4. 应急措施

企业配备应急器材	正压式空气呼吸器、过滤式防毒面具、防护眼镜、防静电工作服、防化学品手套、气体浓度检查仪、防爆手电筒、防爆对讲机、急救箱或急救包、吸附材料、洗消设施或清洁剂、应急处置工具箱。
未着火情况下泄漏（扩散）处置措施	1. 储罐储存小量和中量泄漏时： （1）侦检警戒疏散。根据气体扩散的影响区域及现场泄漏气体检测浓度划定初始警戒区，无关人员从侧风、上风向撤离至安全区，小量泄漏所有方向上的泄漏隔离距离至少为50m。 （2）消除所有点火源（泄漏区附近禁止吸烟、消除所有明火、火花或火焰、严禁使用非防爆类工具）。 （3）稀释降毒。穿内置正压自给式空气呼吸器的全封闭防化服，戴橡胶手套在泄漏容器四周设置水幕，并利用水枪喷射雾状水或开花水流进行稀释降毒，经稀释的洗水放入废水系统，或用活性炭或其他材料吸收。 （4）器具堵漏。根据事故现场、管道或阀门等发生泄漏的部位、泄漏口形状及余压大小等情况，研制堵漏方案，采用不同方法实施。

	（5）倒罐输转。储罐、容器壁发生泄漏，无法堵漏时，可在水枪进行掩护采用疏导方法将乙酸乙烯酯导入其他容器或储罐。 （6）化学中和。储罐、容器壁发生少量泄漏，可将泄漏的乙酸乙烯酯导入硫酸氢钠，使其发生中和反应形成无害或低毒废水。 （7）洗消收容。将硫酸氢钠溶液喷洒在污染区域或受污染体表面，或用吸附垫、活性炭等具有吸附能力的物质，吸收回收后收集至槽车或专用容器内进行安全处理。
未着火情况下泄漏（扩散）处置措施	2. 大量泄漏时： （1）侦检警戒疏散。根据液体流动和蒸气扩散的影响区域及有毒有害气体检测浓度划定初始警戒区，无关人员从侧风、上风向撤离至安全区，下风向的初始疏散距离应至少为300m。 （2）消除所有点火源（泄漏区附近禁止吸烟、消除所有明火、火花或火焰、严禁使用非防爆类工具）。 （3）筑堤围堵泄漏乙酸乙烯酯。应急处理人员戴正压式空气呼吸器，用沙石、泥土、水泥等材料在地面适当部位构筑围堤，用泡沫覆盖或喷射水雾，减少蒸发，用挖掘机等挖坑收容泄漏乙酸乙烯酯，控制乙酸乙烯酯流淌扩散。封堵事故区域内的下水道口，严防乙酸乙烯酯进入地下排污管网。 （4）稀释防爆。利用水枪喷射雾状水或开花水流稀释、驱散乙酸乙烯酯蒸气云团，禁止用强直流水柱直接冲击容器及泄漏物，以防产生爆炸。 （5）堵漏。制订堵漏方案，在水枪掩护下利用木塞或专业工具进行堵漏。 （6）倒罐输转。事故现场不能有效堵漏的情况下，应迅速将车辆转移到邻近化工厂等具有一定条件的场所进行倒罐处置，倒罐必须由操作经验丰富的专业技术人员进行，同时用水枪掩护，管线、设备做好良好接地。 （7）转移焚烧，用沙土等吸收残留于事故现场的乙酸乙烯酯，并收集转运至空旷安全地带，保证安全的情况下点火焚烧，彻底消除危害。
火灾爆炸处置措施	1. 使用灭火剂类型： （1）可使用的类型：抗溶性泡沫、二氧化碳、干粉、沙土。 （2）禁止使用的类型：直流水。

	2. 个人防护装备：隔热服、正压自给式空气呼吸器、防毒面具、消防灭火战斗服、防护眼镜、耐油橡胶手套、高温手套。
	3. 抢险装备：复合式气体浓度检测仪、吸附器材或堵漏器材、无人机、灭火机器人。
火灾爆炸处置措施	4. 应急处置方法、流程： *处置方法： （1）首先对储罐及周围环境进行检测，对着火情况进行侦查警戒，疏散无关人员和车辆，若阀门发出声响或罐体变色，立即撤离火场。 （2）用沙土或沙袋等封堵下水道口，关闭管网控制阀，防止泄漏油品进入水体、下水道、地下室或密闭性空间，防止消防废水污染环境。 （3）消防人员穿消防灭火战斗服从远处或使用遥控水枪、水炮对容器进行降温，使用泡沫或干粉在上风向灭火，直至灭火结束。 （4）使用防爆泵等器材对消防废水进行收容和地面洗消处理。 *处置流程： （1）警戒疏散。 （2）围堤堵截。 （3）降温灭火。 （4）收容洗消。 *超出自身处置能力以外需要外部支援情况： （1）泄漏量、火势增大，需要响应升级。 （2）应急救援物资、器材消耗大，需要补充。 （3）发生爆炸。 （4）人员体力不支、数量不够。

乙酸乙酯

1. 理化特性

UN 号：1173	CAS 号：141-78-6
分子式：$C_4H_8O_2$	分子量：88.10
熔点：-83.6℃	沸点：77.2℃
相对蒸气密度：3.04	临界压力：3.83MPa
临界温度：-250.1℃	饱和蒸气压力：13.33kPa（27℃）
闪点：-4℃	爆炸极限：2.0%~11.5%（体积分数）
自燃温度：426.7℃	最小点火能：1.42mJ
最大爆炸压力：/（无资料）	综合危险性质分类：3 类易燃液体
外观及形态：无色澄清液体，有芳香气味，易挥发。微溶于水，溶于醇、酮、醚、氯仿等多数有机溶剂。	

火灾爆炸特性	火灾危险性分类：甲类。
	特殊火灾特性描述：高度易燃，其蒸气与空气混合，能形成爆炸性混合物。遇明火、高热能引起燃烧爆炸。与氧化剂接触猛烈反应。蒸气比空气重，沿地面扩散并易积存于低洼处，遇火源会着火回燃。
毒性特性	对眼、鼻、咽喉有刺激作用。高浓度吸入可引起进行性麻醉作用，急性肺水肿，肝、肾损害。持续大量吸入，可致呼吸麻痹。误服者可产生恶心、呕吐、腹痛、腹泻等。有致敏作用，因血管神经障碍而致牙龈出血；可致湿疹样皮炎。慢性影响：长期接触本品有时可致角膜混浊、继发性贫血、白细胞增多等。 职业接触限值：时间加权平均容许浓度（PC-TWA）为 200mg/m³，短时间接触容许浓度（PC-STEL）为 300mg/m³。

2. 物料储存安全措施

储存方式和储存状态	1. 储存方式：桶装、立罐、卧罐。
	2. 储存状态：常温/常压/液态。
正常储存状态下主要安全措施及备用应急设施	1. 主要安全措施： （1）储存场所设置可燃气体检测报警仪，并与应急通风联锁。 （2）储罐等容器和设备应设置液位计、温度计，并应装有带液位、温度远传记录和报警功能的安全装置。 （3）便携式可燃气体检测报警仪。 （4）设置安全警示标志。
	2. 备用应急设施：事故风机、喷淋洗眼器、灭火器具。

3. 物料运输安全措施

运输车辆和物料状态	1. 运输车辆种类：罐车、厢车。
	2. 容器内物料状态：常温/常压/液态。
正常运输状态下主要安全措施及备用应急设施	1. 主要安全措施： （1）使用安全标志类：标志灯、危险化学品标志牌和标记、三角警示牌。 （2）使用卫星定位装置、阻火器、轮挡。 *罐车运输时： （1）使用防波板。 （2）使用倾覆保护装置（罐体顶部设有安全附件和装卸附件时，且应设积液收集装置）。 （3）装卸管路：根据罐体构造不同，设置2道或3道相互独立或串联的紧急切断阀、卸料阀及关闭装置。 （4）装卸口设置阀门箱或防碰撞护栏等保护装置，且应设置有密封盖或密封式集漏器。 （5）使用扶梯、罐顶操作平台及护栏。 （6）使用安全泄放装置（安全阀、爆破片以及两者的串联组合装置，紧急泄放装置和呼吸阀组合装置）。 （7）呼吸阀应具有阻火功能。 （8）真空减压阀具有阻火功能。 （9）使用紧急切断装置。

正常运输状态下主要安全措施及备用应急设施	（10）使用仪表：压力表、液位计、温度计。 （11）装卸阀门：阀门不得选用铸铁或非金属材料制造；易燃介质罐体，应采用不产生火花的铜、铝合金或不锈钢材质阀门。 （12）装卸用管及快装接头应有导静电功能。 （13）槽（罐）车应有接地链。 （14）槽内可设孔隔板以减少震荡产生静电。 ＊厢车运输时： （1）使用阻火器（火星熄灭器）。 （2）使用导静电拖线。 （3）要有遮阳措施，防止阳光直射。 （4）使用倾覆保护装置、三角木垫。
	2. 备用应急设施：灭火器具、反光背心、便携式照明设备、防护性手套、眼部防护装备（如护目镜）、应急逃生面具、防爆铲、堵漏器具（如堵漏垫、堵漏袋）、眼部冲洗液。

4. 应急措施

企业配备应急器材	自吸过滤式防毒面具、防静电工作服、橡胶耐油手套、正压自给式空气呼吸器、化学安全防护眼镜、洗眼设备、无产生火花工具、吸附材料、防爆对讲机、防爆手电筒、防爆照明灯、防爆泵。
未着火情况下泄漏（扩散）处置措施	1. 储罐及其接管发生液相泄漏： （1）侦检警戒疏散。根据气体扩散的影响区域及气体检测浓度划定警戒区，无关人员从侧风、上风向撤离至安全区，初始泄漏隔离距离50m。 （2）停止作业，关闭所有紧急切断阀，开启水雾喷淋系统，连接消防水枪，对泄漏出的乙酸乙酯进行驱散；如泄漏发生在储罐底部，应开启高压水向储罐内注水，气相乙酸乙酯向其他储罐连通回流，将乙酸乙酯浮到裂口以上，使水从破裂口流出。 （3）堵漏。以棉被、麻袋片包裹泄漏罐体本体，如接管泄漏，则用管卡型堵漏装置实施堵漏。 （4）倒罐输转。实施烃泵倒罐作业，将储罐内的乙酸乙酯倒入其他储罐内。

未着火情况下泄漏（扩散）处置措施	2. 储罐及其接管发生气相泄漏： （1）侦检警戒疏散。根据气体扩散的影响区域及气体检测浓度划定警戒区，无关人员从侧风、上风向撤离至安全区，初始泄漏隔离距离50m。 （2）停止作业，切断与之相连的气源，开启水雾喷淋系统，根据现场情况，实施倒罐、抽空、放空等处理。 3. 储罐第一道密封面发生泄漏： （1）侦检警戒疏散。根据气体扩散的影响区域及气体检测浓度划定警戒区，无关人员从侧风、上风向撤离至安全区，初始泄漏隔离距离50m。 （2）停止作业，关闭所有紧急切断阀，开启水雾喷淋系统，连接消防水枪，对泄漏出的乙酸乙酯进行驱散。 （3）启动高压水向储罐内注水，连通气相系统，将乙酸乙酯浮到裂口以上，使水从破裂口流出。 （4）堵漏。以法兰式带压堵漏设备进行堵漏作业。 （5）倒罐输转。实施烃泵倒罐作业，将储罐内的乙酸乙酯倒入其他储罐内。 4. 与储罐相连的第一个阀门本体破损发生泄漏： （1）侦检警戒疏散。根据气体扩散的影响区域及气体检测浓度划定警戒区，无关人员从侧风、上风向撤离至安全区，初始泄漏隔离距离50m。 （2）停止作业，切断与之相连的气源，开启水雾喷淋系统，根据现场情况，实施倒罐、抽空、放空等处理。
火灾爆炸处置措施	1. 使用灭火剂类型： （1）可使用的类型：抗溶性泡沫、干粉、二氧化碳、沙土。 （2）禁止使用的类型：直流水。 2. 个人防护装备：隔热服、正压自给式空气呼吸器、防静电工作服、防毒面具、化学安全防护眼镜、耐油橡胶手套、乳胶手套。 3. 抢险装备：可燃气体浓度检测仪、吸附器材或堵漏器材、无人机、灭火机器人。

火灾爆炸处置措施	4. 应急处置方法、流程： *处置方法： （1）首先对储罐及周围环境进行检测，对着火情况进行侦查警戒，疏散无关人员和车辆，若阀门发出声响或罐体变色，立即撤离火场。 （2）用沙土或沙袋等封堵下水道口，关闭管网控制阀，防止泄漏物进入水体、下水道、地下室或密闭性空间，防止消防废水污染环境。 （3）消防人员穿消防灭火战斗服从远处或使用遥控水枪、水炮对容器进行降温，使用泡沫或干粉在上风向灭火，直至灭火结束。 （4）使用防爆泵等器材对消防废水进行收容和地面洗消处理。 *处置流程： （1）警戒疏散。 （2）围堤堵截。 （3）降温灭火。 （4）收容洗消。 *超出自身处置能力以外需要外部支援情况： （1）泄漏量、火势增大，需要响应升级。 （2）应急救援物资、器材消耗大，需要补充。 （3）发生爆炸。 （4）人员体力不支、数量不够。

异氰酸甲酯

1. 理化特性

UN 号：2480	CAS 号：624-83-9
分子式：C_3H_3NO	分子量：57.05
熔点：-45℃	沸点：37~39℃
相对蒸气密度：1.42	临界压力：5.48MPa
临界温度：/(无资料)	饱和蒸气压力：46.39kPa（20℃）
闪点：-6℃	爆炸极限：5.3%~26%（体积分数）
自燃温度：535℃	引燃温度：535℃
最大爆炸压力：/(无资料)	综合危险性质分类：3 类易燃液体、6.1 类毒性物质
外观及形态：带有强烈气味的无色液体，有催泪性。溶于水。	
火灾爆炸特性	火灾危险性分类：甲类。
	特殊火灾特性描述：高度易燃，蒸气与空气可形成爆炸性混合物，遇明火、高热引起燃烧爆炸。
毒性特性	剧毒，吸入低浓度本品蒸气或雾对呼吸道有刺激性；高浓度吸入可因支气管和喉的炎症、痉挛，严重的肺水肿而致死。蒸气对眼有强烈的刺激性，引起流泪、角膜上皮水肿、角膜薄翳。液态对皮肤有强烈的刺激性。口服刺激胃肠道。职业接触限值：时间加权平均容许浓度（PC-TWA）为 $0.05mg/m^3$（皮）；短时间接触容许浓度（PC-STEL）为 $0.08mg/m^3$（皮）。

2. 物料储存安全措施

储存方式和储存状态	1. 储存方式：桶装、立罐、卧罐。
	2. 储存状态：常温/低压/液态。

正常储存状态下主要安全措施及备用应急设施	1. 主要安全措施： （1）储存场所应设置泄漏检测报警仪。 （2）使用防爆型的通风系统和设备。 （3）设置防雷、防静电装置。 （4）储罐等压力容器和设备应设置安全阀、压力表、液位计、温度计，并应装有带压力、液位、温度远传记录和报警功能的安全装置，重点储罐需设置紧急切断装置。 （5）设置安全警示标志。 （6）高低液位报警器。 2. 备用应急设施：事故风机、喷淋洗眼器、灭火器具。

3. 物料运输安全措施

运输车辆和物料状态	1. 运输车辆种类：罐车、厢车。 2. 容器内物料状态：常温/常压/液态。
正常运输状态下主要安全措施及备用应急设施	1. 主要安全措施： （1）使用安全标志类：标志灯、危险化学品标志牌和标记、三角警示牌。 （2）使用卫星定位装置、阻火器、轮挡。 ＊罐车运输时： （1）使用防波板。 （2）倾覆保护装置（罐体顶部设有安全附件和装卸附件时，且应设积液收集装置）。 （3）装卸管路：根据罐体构造不同，设置2道或3道相互独立或串联的紧急切断阀、卸料阀及关闭装置。 （4）装卸口设置阀门箱或防碰撞护栏等保护装置，且应设置有密封盖或密封式集漏器。 （5）使用扶梯、罐顶操作平台及护栏。 （6）呼吸阀应具有阻火功能。 （7）真空减压阀具有阻火功能。 （8）使用紧急切断装置。 （9）使用仪表：压力表、液位计、温度计。 （10）装卸阀门：阀门不得选用铸铁或非金属材料制造；易燃介质罐体，应采用不产生火花的铜、铝合金或不锈钢材质阀门。 （11）装卸用管及快装接头应有导静电功能。

正常运输状态下主要安全措施及备用应急设施	*厢车运输时： （1）使用阻火器（火星熄灭器）。 （2）使用导静电拖线。 （3）要有遮阳措施，防止阳光直射。 （4）使用倾覆保护装置、三角木垫。
	2. 备用应急设施：灭火器具、反光背心、便携式照明设备、防护性手套、眼部防护装备（如护目镜）、应急逃生面具、防爆铲、堵漏器具（如堵漏垫、堵漏袋）、眼部冲洗液。

4. 应急措施

企业配备应急器材	正压式空气呼吸器、重型防护服、过滤式防毒面具或自给式呼吸器、连衣式防毒衣、耐油橡胶手套、气体浓度检查仪、手电筒、对讲机、急救箱或急救包、吸附材、洗消设施或清洁剂、应急处置工具箱。
未着火情况下泄漏（扩散）处置措施	1. 常压罐储存小量、中量泄漏时： （1）侦检警戒疏散。根据液体流动和蒸气扩散的影响区域及有毒有害气体检测浓度划定初始警戒区，无关人员从侧风、上风向撤离至安全区，泄漏隔离距离至少为50m。 （2）消除所有点火源（泄漏区附近禁止吸烟、消除所有明火、火花或火焰、严禁使用非防爆类工具）。 （3）围堵收集泄漏物。应急处理人员戴合适的呼吸面具，用干燥的沙土或其他不燃材料覆盖，减少蒸发，用容器收集泄漏物，控制异氰酸甲酯流淌扩散，防止进入水体、下水道、地下污水管网或密闭性空间。 （4）堵漏。制订堵漏方案，选择合适的工具进行堵漏。 （5）倒罐输转。事故现场不能有效堵漏的情况下，可采取防爆泵抽取等输转措施转移至专用收容器内，倒罐必须由操作经验丰富的专业技术人员进行，管线、设备做好良好接地。 （6）洗消收容。用防爆泵等器材对消防废水进行收容和地面洗消处理。

未着火情况下泄漏（扩散）处置措施	2. 大量泄漏： （1）侦检警戒疏散。根据液体流动和蒸气扩散的影响区域及有毒有害气体检测浓度划定初始警戒区，无关人员从侧风、上风向撤离至安全区，下风向的初始疏散距离应至少为300m。 （2）消除所有点火源（泄漏区附近禁止吸烟、消除所有明火、火花或火焰、严禁使用非防爆类工具）。 （3）围堵收集泄漏物品。应急处理人员戴正压式空气呼吸器，用干燥沙土或不燃材料覆盖，减少蒸发，用无火花工具收集泄漏物至收容器内，控制异氰酸甲酯流淌扩散，防止进入水体、下水道、地下污水管网或密闭性空间。 （4）倒罐输转。采取防爆泵抽取等输转措施转移至专用收容器内，倒罐必须由操作经验丰富的专业技术人员进行，管线、设备做好良好接地。 （5）洗消收容。用防爆泵等器材对消防废水进行收容和地面洗消处理。
火灾爆炸处置措施	1. 使用灭火剂类型： （1）可使用的类型：干粉、二氧化碳、沙土。 （2）禁止使用的类型：水、泡沫、酸碱灭火器。 2. 个人防护装备：隔热服、正压自给式空气呼吸器、防毒面具、消防灭火战斗服、防护眼镜、耐油橡胶手套、高温手套。 3. 抢险装备：气体浓度检测仪、吸附器材或堵漏器材、无人机、灭火机器人。 4. 应急处置方法、流程： ＊处置方法： （1）首先对储罐及周围环境进行检测，对着火情况进行侦查警戒，疏散无关人员和车辆，若阀门发出声响或罐体变色，立即撤离火场。 （2）用沙土或沙袋等封堵下水道口，关闭管网控制阀，防止泄漏物进入水体、下水道、地下室或密闭性空间，防止消防废水污染环境。 （3）消防人员穿消防灭火战斗服从远处或使用遥控水枪、水炮对容器进行降温，使用干粉在上风向灭火，直至灭火结束。 （4）使用防爆泵等器材对消防废水进行收容和地面洗消处理。

火灾爆炸处置措施	＊处置流程： （1）警戒疏散。 （2）围堤堵截。 （3）降温灭火。 （4）收容洗消。 ＊超出自身处置能力以外需要外部支援情况： （1）泄漏量、火势增大，需要响应升级。 （2）应急救援物资、器材消耗大，需要补充。 （3）发生爆炸。 （4）人员体力不支、数量不够。

原油

1. 理化特性

UN 号：1267	CAS 号：8002-05-9
分子式：/（混合物）	分子量：/（混合物）
熔点：37~76℃	沸点：常温到500℃以上
相对蒸气密度：0.75~0.95	临界压力：/（无资料）
临界温度：/（无资料）	饱和蒸气压力：/（无资料）
闪点：-20~100℃	爆炸极限：1.1%~8.7%（体积分数）
自燃温度：/（无资料）	引燃温度：/（无资料）
最大爆炸压力：/（无资料）	综合危险性质分类：3.2类+3.3类中高闪点易燃液体
外观及形态：原油即石油，是一种黏稠的、深褐色（有时有点绿色的）流动或半流动液体，略轻于水。	
火灾爆炸特性	1. 火灾危险性分类：甲类。 2. 特殊火灾特性描述：其蒸气与空气形成爆炸性混合物，遇明火、高热能引起燃烧爆炸。与氧化剂能发生强烈反应，若遇高热，容器内压增大，有开裂和爆炸的危险。
毒性特性	石脑油蒸气可引起眼及上呼吸道刺激症状，如浓度过高，几分钟即可引起呼吸困难、紫绀等缺氧症状。

2. 物料储存安全措施

储存方式和储存状态	1. 储存方式：桶装、立罐、卧罐。
	2. 储存状态：常温/常压/液态。

正常储存状态下主要安全措施及备用应急设施	1. 主要安全措施： （1）原油的场所内设置可燃气体报警仪，使用防爆型的通风系统和设备。 （2）储罐等压力设备设置液位计、温度计，并应带有远传记录和报警功能的安全装置。 （3）设置安全警示标志。 （4）储存间采用防爆型照明、通风等设施。 （5）设置防雷、防静电设施。 2. 备用应急设施：事故风机、灭火器具。

3. 物料运输安全措施

运输车辆和物料状态	1. 运输车辆种类：罐车。
	2. 容器内物料状态：常温/常压/液态。
正常运输状态下主要安全措施及备用应急设施	1. 主要安全措施： （1）使用安全标志类：标志灯、危险化学品标志牌和标记、三角警示牌。 （2）使用卫星定位装置、阻火器、轮挡。 ＊罐车运输时： （1）使用防波板。 （2）使用倾覆保护装置（罐体顶部设有安全附件和装卸附件时，且应设积液收集装置）。 （3）装卸管路：根据罐体构造不同，设置2道或3道相互独立或串联的紧急切断阀、卸料阀及关闭装置。 （4）装卸口设置阀门箱或防碰撞护栏等保护装置，且应设置有密封盖或密封式集漏器。 （5）使用扶梯、罐顶操作平台及护栏。 （6）使用安全泄放装置（安全阀、爆破片以及两者的串联组合装置，紧急泄放装置和呼吸阀组合装置）。 （7）呼吸阀应具有阻火功能。 （8）真空减压阀应具有阻火功能。 （9）使用紧急切断装置（紧急切断阀、远程控制系统以及易熔塞自动切断装置组成）。

正常运输状态下主要安全措施及备用应急设施	（10）使用仪表：压力表、液位计、温度计。 （11）装卸阀门：阀门不得选用铸铁或非金属材料制造；易燃介质罐体，应采用不产生火花的铜、铝合金或不锈钢材质阀门。 （12）装卸用管及快装接头应有导静电功能。
	2. 备用应急设施：灭火器具、反光背心、便携式照明设备、防护性手套、眼部防护装备（如护目镜）、应急逃生面具、防爆铲、堵漏器具（如堵漏垫、堵漏袋）、眼部冲洗液。

4. 应急措施

企业配备应急器材	正压式空气呼吸器、重型防护服、过滤式防毒面具、防护眼镜、防静电工作服、防化学品手套、便携式可燃气体检测报警器，防爆手电筒、防爆对讲机、急救箱或急救包、围油栏、吸油棉、洗消设施或清洁剂、应急处置工具箱。
未着火情况下泄漏（扩散）处置措施	1. 常压罐储存小量、中量泄漏时： （1）侦检警戒疏散。根据液体流动和蒸气扩散的影响区域及有毒有害气体检测浓度划定初始警戒区，无关人员从侧风、上风向撤离至安全区，泄漏隔离距离至少为50m。 （2）消除所有点火源（泄漏区附近禁止吸烟、消除所有明火、火花或火焰、严禁使用非防爆类工具）。 （3）围堵泄漏油品。应急处理人员戴合适的呼吸面具，用沙石、泥土、水泥等材料在地面适当部位构筑围堤，用泡沫覆盖或喷射水雾。 （4）稀释防爆。利用水枪喷射雾状水或开花水流稀释、驱散汽油蒸气云团，或用泡沫覆盖泄漏油品，禁止用强直流水柱直接冲击容器及泄漏物，以防产生爆炸。 （5）堵漏。制订堵漏方案，在水枪掩护下利用木塞或专业工具进行堵漏。 （6）倒罐输转。事故现场不能有效堵漏的情况下，可采取防爆泵抽取等输转措施转移至专用收容器内，倒罐必须由操作经验丰富的专业技术人员进行，同时用水枪掩护，管线、设备做好良好接地。 （7）洗消收容。用防爆泵等器材对消防废水进行收容和地面洗消处理。

未着火情况下泄漏（扩散）处置措施	2. 大量泄漏时： （1）侦检警戒疏散。根据液体流动和蒸气扩散的影响区域及有毒有害气体检测浓度划定初始警戒区，无关人员从侧风、上风向撤离至安全区，下风向的初始疏散距离应至少为300m。 （2）消除所有点火源（泄漏区附近禁止吸烟、消除所有明火、火花或火焰、严禁使用非防爆类工具）。 （3）稀释防爆。利用水枪喷射雾状水或开花水流稀释、驱散汽油蒸气云团，禁止用强直流水柱直接冲击容器及泄漏物，以防产生爆炸。 （4）围堵收集泄漏油品。应急处理人员戴正压式空气呼吸器，用泡沫覆盖或喷射水雾，减少蒸发，用无火花工具收集泄漏油品至收容器内，控制汽油流淌扩散，防止进入水体、下水道、地下污水管网或密闭性空间。 （5）泡沫覆盖，减少蒸发，控制原油流淌扩散。封堵事故区域内的下水道口，严防原油进入地下排污管网。 （6）在确保人员安全的情况下，尽可能控制泄漏源。 （7）收容洗消，吸收泄漏油品。选择合适工具对泄漏油品进行收容，并用干土、沙或其他不燃性材料吸收或覆盖并收集于容器中，用洁净非火花工具收集吸收材料，对人员、设备、现场进行洗消。
火灾爆炸处置措施	1. 使用灭火剂类型： （1）可使用的类型：泡沫、干粉、二氧化碳、沙土、水幕。 （2）禁止使用的类型：卤代烷灭火剂。 2. 个人防护装备：隔热服、正压自给式空气呼吸器、防毒面具、消防灭火战斗服、防护眼镜、耐油橡胶手套、高温手套。 3. 抢险装备：气体浓度检测仪、吸附器材或堵漏器材、无人机、灭火机器人。 4. 应急处置方法、流程： ＊处置方法： （1）首先对储罐及周围环境进行检测，对着火情况进行侦查警戒，疏散无关人员和车辆，若阀门发出声响或罐体变色，立即撤离火场。 （2）用沙土或沙袋等封堵下水道口，关闭管网控制阀，防止泄漏油品进入水体、下水道、地下室或密闭性空间，防止消防废水污染环境。

火灾爆炸处置措施	（3）消防人员穿消防灭火战斗服从远处或使用遥控水枪、水炮对容器进行降温，使用泡沫或干粉在上风向灭火，直至灭火结束。 （4）使用防爆泵等器材对消防废水进行收容和地面洗消处理。 ＊处置流程： （1）警戒疏散。 （2）围堤堵截。 （3）降温灭火。 （4）收容洗消。 ＊超出自身处置能力以外需要外部支援情况： （1）泄漏量、火势增大，需要响应升级。 （2）应急救援物资、器材消耗大，需要补充。 （3）发生爆炸。 （4）人员体力不支、数量不够。

2，2'-2偶氮二异丁腈

1. 理化特性

UN号：2952	CAS号：78-67-1
分子式：$C_8H_{12}N_4$	分子量：164.24
熔点：97~102℃	沸点：106℃
相对蒸气密度：	临界压力：/（无资料）
临界温度：/（无资料）	饱和蒸气压力：/（无资料）
闪点：/（无资料）	爆炸极限：1.15%~8.7%（体积分数）
自燃温度：64℃	引燃温度：/（无资料）
最大爆炸压力：/（无资料）	综合危险性质分类：4.1类易燃固体
外观及形态：白色晶体或粉末。不溶于水，溶于乙醇、乙醚、甲苯等。	
火灾爆炸特性	1. 火灾危险性分类：甲类。 2. 特殊火灾特性描述：遇明火、高热、摩擦、振动、撞击可能引起激烈燃烧或爆炸。受热时性质不稳定，40℃逐渐分解，至103~104℃时激烈分解，释放出大量热和有毒气体，能引起爆炸。溶解在有机溶剂时，有燃烧爆炸危险。易累积静电。
毒性特性	大量接触可出现头痛、头胀、易疲劳、流涎和呼吸困难等症状。对本品作发泡剂的泡沫塑料加热或切割时产生的挥发性物质可刺激咽喉，口中有苦味，并可致呕吐和腹痛。本品分解能产生剧毒的甲基琥珀腈。长期接触可引起神经衰弱综合征，呼吸道刺激症状以及肝、肾损害。

2. 物料储存安全措施

储存方式和储存状态	1. 储存方式：袋装。 2. 储存状态：低温/常压/固态。
正常储存状态下主要安全措施及备用应急设施	1. 主要安全措施： （1）使用防爆通风系统。 （2）使用安全警示标志。 （3）库房设置保冷措施。 2. 备用应急设施：喷淋洗眼器、灭火器材。

3. 物料运输安全措施

运输车辆和物料状态	1. 运输车辆种类：厢车。 2. 容器内物料状态：低温/常压/固态。
正常运输状态下主要安全措施及备用应急设施	1. 主要安全措施： （1）使用安全标志类：标志灯、危险化学品标志牌和标记、三角警示牌。 （2）使用卫星定位装置、轮挡。 2. 备用应急设施：三角木、灭火器具、反光背心、便携式照明设备、自吸过滤式防尘口罩、化学安全防护眼镜、橡胶手套、应急逃生面具、遮雨篷布、收容器。

4. 应急措施

企业配备应急器材	自吸过滤式防尘口罩、化学安全防护眼镜、透气型防毒服、防毒物渗透手套。
未着火情况下泄漏（扩散）处置措施	泄漏后用防止产生火花或静电的工具进行收集，防止产生粉尘环境。防止泄漏物进入下水道、地表水和地下水，避免污染环境。收集过程防止撞击、剧烈摩擦、震动。 （1）废弃化学品：尽可能回收利用。如果不能回收利用，交由有资质的危废处理厂家采用焚烧方法进行处置。不得采用排放到下水道的方式废弃处置本品。 （2）污染包装物：将容器返还生产商或按照国家和地方性法规处置。

火灾爆炸处置措施	1. 使用灭火剂类型： （1）可使用的类型：小火时沙土覆盖或者干粉灭火器，大量着火时使用雾状消防水或者消防泡沫灭火。 （2）禁止使用的类型：酸碱类灭火剂。
	2. 个人防护装备：全身防火、防毒服，佩戴空气呼吸器。
	3. 抢险装备：防火花工具、收容容器、移动式消防水灭火装备。
	4. 应急处置方法、流程： （1）大火时，用大量水灭火。救援人员应佩戴空气呼吸器，穿全身防火、防毒服。在确保安全的前提下将容器移离火场。用大量水冷却容器，直至火扑灭。如果是液体状态储存，当容器安全阀发出声响或储罐变色，立即撤离。 本品燃烧产生有毒的一氧化碳和氮氧化物气体，发生大火时救援过程做好侦检及隔离，对下风向人员进行疏散，疏散距离依据侦检浓度确定，持续观察风向及侦检空气中一氧化碳、氮氧化物浓度。从远处或使用遥控水枪、水炮灭火。 （2）超出自身处置能力以外需要外部支援情况： ①泄漏量、火势增大，需要响应升级； ②应急救援物资、器材消耗大，需要补充； ③发生爆炸； ④人员体力不支、数量不够。

2,2'-偶氮-二-(2,4-二甲基戊腈)

1. 理化特性

UN 号：3226	CAS 号：4419-11-8
分子式：$C_{14}H_{24}N_4$	分子量：248.42
熔点：55.5~57℃（顺式）；74~76℃（反式）	沸点：351℃
相对蒸气密度：/(无资料)	临界压力：/(固体，无意义)
临界温度：/(固体，无意义)	饱和蒸气压力：/(无资料)
闪点：/(固体，无意义)	爆炸极限：/(无资料)
自燃温度：/(无资料)	引燃温度：205℃
最大爆炸压力：/(无资料)	综合危险性质分类：4.1 类易燃固体
外观及形态：白色晶体。不溶于水，溶于甲醇、甲苯和丙酮等有机溶剂。	
火灾爆炸特性	1. 火灾危险性分类：甲类。 2. 特殊火灾特性描述：易燃，遇明火、高热、摩擦、振动、撞击可能引起激烈燃烧或爆炸。
毒性特性	皮肤接触、吸入和吞咽有害。

2. 物料储存安全措施

储存方式和储存状态	1. 储存方式：袋装。
	2. 储存状态：低温/常压/固态。
正常储存状态下主要安全措施及备用应急设施	1. 主要安全措施： （1）使用防爆通风系统。 （2）使用安全警示标志。 （3）库房设置保冷措施。
	2. 备用应急设施：喷淋洗眼器、灭火器材。

3. 物料运输安全措施

运输车辆和物料状态	1. 运输车辆种类：厢车。
	2. 容器内物料状态：低温/常压/固态。
正常运输状态下主要安全措施及备用应急设施	1. 主要安全措施： （1）使用安全标志类：标志灯、危险化学品标志牌和标记、三角警示牌。 （2）使用卫星定位装置、轮挡。
	2. 备用应急设施：三角木、灭火器具、反光背心、便携式照明设备、自吸过滤式防尘口罩、化学安全防护眼镜、橡胶手套、应急逃生面具、遮雨篷布、收容器。

4. 应急措施

企业配备应急器材	自吸过滤式防尘口罩、化学安全防护眼镜、化学防护手套。
未着火情况下泄漏（扩散）处置措施	泄漏后用防止产生火花或静电的工具进行收集，防止产生粉尘环境。防止泄漏物进入下水道、地表水和地下水，避免污染环境。收集过程防止撞击、剧烈摩擦、震动。 （1）废弃化学品：尽可能回收利用。如果不能回收利用，交由有资质的危废处理厂家采用焚烧方法进行处置。不得采用排放到下水道的方式废弃处置本品。 （2）污染包装物：将容器返还生产商或按照国家和地方性法规处置。
火灾爆炸处置措施	1. 使用灭火剂类型： （1）可使用的类型：小火时沙土覆盖或者干粉灭火器灭火，大量着火时使用雾状消防水或者消防泡沫灭火。 （2）禁止使用的类型：禁止使用酸碱类灭火剂。
	2. 个人防护装备：全身防火、防毒服，佩戴空气呼吸器。
	3. 抢险装备：防火花工具、收容容器、移动式消防水灭火装备。

火灾爆炸处置措施	4. 应急处置方法、流程： （1）大火时，用大量水灭火。救援人员应佩戴空气呼吸器，穿全身防火、防毒服。在确保安全的前提下将容器移离火场。用大量水冷却容器，直至火扑灭。如果是液体状态储存，当容器安全阀发出声响或储罐变色，立即撤离。 本品燃烧产生有毒的一氧化碳气体，发生大火时救援过程做好侦检及隔离，对下风向人员进行疏散，疏散距离依据侦检浓度确定，持续观察风向及侦检空气中一氧化碳、氮氧化物浓度。从远处或使用遥控水枪、水炮灭火。 （2）超出自身处置能力以外需要外部支援情况： ①泄漏量、火势增大，需要响应升级； ②应急救援物资、器材消耗大，需要补充； ③发生爆炸； ④人员体力不支、数量不够。

N，N'-二亚硝基五亚甲基四胺

1. 理化特性

UN 号：3224	CAS 号：101-25-7
分子式：$C_5H_{10}N_6O_2$	分子量：186.21
熔点：200℃（分解）	沸点：/(无资料)
相对蒸气密度：/(无资料)	临界压力：/(无资料)
临界温度：/(无资料)	饱和蒸气压力：/(无资料)
闪点：/(无资料)	爆炸极限：/(无资料)
自燃温度：/(无资料)	最小点火能：/(无资料)
最大爆炸压力：/(无资料)	综合危险性质分类：4.1 类易燃固体
外观及形态：浅黄色粉末。微溶于水、乙醇、氯仿，不溶于乙醚，溶于丙酮。	
火灾爆炸特性	1. 火灾危险性分类：甲类。 2. 特殊火灾特性描述：高度易燃，遇明火、高温能引起分解爆炸和燃烧。
毒性特性	吞咽有害。

2. 物料储存安全措施

储存方式和储存状态	1. 储存方式：袋装。 2. 储存状态：常温/常压/固态。
正常储存状态下主要安全措施及备用应急设施	1. 主要安全措施： （1）使用防爆通风系统。 （2）使用安全警示标志。
	2. 备用应急设施：喷淋洗眼器、灭火器材。

3. 物料运输安全措施

运输车辆和物料状态	1. 运输车辆种类：厢车。 2. 容器内物料状态：常温/常压/固态。
正常运输状态下主要安全措施及备用应急设施	1. 主要安全措施： （1）使用安全标志类：标志灯、危险化学品标志牌和标记、三角警示牌。 （2）使用卫星定位装置、轮挡。 2. 备用应急设施：三角木、灭火器具、反光背心、便携式照明设备、自吸过滤式防尘口罩、化学安全防护眼镜、橡胶手套、应急逃生面具、遮雨篷布、收容器。

4. 应急措施

企业配备应急器材	自吸过滤式防尘口罩、化学安全防护眼镜、橡胶手套。
未着火情况下泄漏（扩散）处置措施	泄漏后用防止产生火花或静电的工具进行收集，防止产生粉尘环境。防止泄漏物进入下水道、地表水和地下水，避免污染环境。收集过程防止撞击、剧烈摩擦、震动。 （1）废弃化学品：尽可能回收利用。如果不能回收利用，交由有资质的危废处理厂家采用焚烧方法进行处置。不得采用排放到下水道的方式废弃处置本品。 （2）污染包装物：将容器返还生产商或按照国家和地方性法规处置。
火灾爆炸处置措施	1. 使用灭火剂类型： （1）可使用的类型：小火时沙土覆盖或者干粉灭火器灭火，大量着火时使用雾状消防水或者消防泡沫灭火。 （2）禁止使用的类型：酸碱类灭火剂。 2. 个人防护装备：全身防火、防毒服，佩戴空气呼吸器。 3. 抢险装备：防火花工具、收容容器、移动式消防水灭火装备。

火灾爆炸处置措施	4. 应急处置方法、流程： （1）大火时，用大量水灭火。救援人员应佩戴空气呼吸器，穿全身防火、防毒服。在确保安全的前提下将容器移离火场。用大量水冷却容器，直至火扑灭。如果是液体状态储存，当容器安全阀发出声响或储罐变色，立即撤离。 本品燃烧产生有毒的一氧化碳和氮氧化物气体，发生大火时救援过程做好侦检及隔离，对下风向人员进行疏散，疏散距离依据侦检浓度确定，持续观察风向及侦检空气中一氧化碳、氮氧化物浓度。从远处或使用遥控水枪、水炮灭火。 （2）超出自身处置能力以外需要外部支援情况： ①泄漏量、火势增大，需要响应升级； ②应急救援物资、器材消耗大，需要补充； ③发生爆炸； ④人员体力不支、数量不够。

苯酚

1. 理化特性

UN号：1671	CAS号：108-95-2
分子式：C_6H_6O	分子量：94.11
熔点：40.6℃	沸点：181.9℃
相对蒸气密度：3.24	临界压力：6.13MPa
临界温度：419.2℃	饱和蒸气压力：0.13kPa（40.1℃）
闪点：-60℃	爆炸极限：1.3%~9.5%（体积分数）
自燃温度：79℃	引燃温度：595℃
最大爆炸压力：/（无资料）	综合危险性质分类：6.1类毒性物质
外观及形态：无色或白色晶体，有特殊气味。在空气中及光线作用下变为粉红色甚至红色。可混溶于乙醇、醚、氯仿、甘油。	
火灾爆炸特性	1. 火灾危险性分类：丙类。
	2. 特殊火灾特性描述：遇明火、高热可燃。
毒性特性	对皮肤、黏膜有强烈的腐蚀作用，可抑制中枢神经和损害肝、肾功能。吸入高浓度蒸气可致头痛、头晕、乏力、视物模糊、肺水肿等。误服引起消化道灼伤。眼接触可致灼伤。可经灼伤皮肤吸收引起中毒，表现为心律失常、休克、代谢性酸中毒、肾损害等，甚至引起急性肾功能衰竭。慢性中毒可引起头痛、头晕、咳嗽、食欲减退、恶心、呕吐，严重者引起蛋白尿。可致皮炎。职业接触限值：时间加权平均容许浓度（PC-TWA）为10mg/m³，（皮）。

2. 物料储存安全措施

储存方式和储存状态	1. 储存方式：袋装。
	2. 储存状态：常温/正压/固态。

正常储存状态下主要安全措施及备用应急设施	1. 主要安全措施： （1）设置安全警示标志。 （2）苯酚储存区设置围堰，地面进行防渗透处理。
	2. 备用应急设施： （1）倒装罐或储液池。 （2）安全淋浴和洗眼设备。

3. 物料运输安全措施

运输车辆和物料状态	1. 运输车辆种类：厢车。
	2. 容器内物料状态：常温/正压/固态。
正常运输状态下主要安全措施及备用应急设施	1. 主要安全措施： （1）使用安全标志类：危险化学品标志牌和标记、三角警示牌。 （2）使用倾覆保护装置、阻火装置。 厢车运输气瓶时： （1）使用限充限流装置、紧急切断装置、压力表、阻火器、导静电装置、装卸阀门。 （2）使用倾覆保护装置、三角木垫。
	2. 备用应急设施：灭火器具、反光背心、便携式照明设备、防护性手套、眼部防护装备（如护目镜）、应急逃生面具、透气型防毒服。

4. 应急措施

企业配备应急器材	正压式空气呼吸器、化学安全防护眼镜、透气型防毒服、防化学品手套、自吸过滤式防尘口罩、防爆手电筒、防爆对讲机、急救箱或急救包、吸附材料、洗消设施或清洁剂、应急处置工具箱。
未着火情况下泄漏（扩散）处置措施	1. 小量和中量泄漏时： （1）个体防护。采用正压式空气呼吸器或全防型滤毒面罩进行防护、透气型防毒服。 （2）侦检警戒疏散。根据周边情况，影响区域及泄漏情况划定警戒区，隔离泄漏污染区，限制出入；泄漏隔离距离对于液体至少为100m，固体至少为25m。

	(3) 控险。启用喷淋、泡沫等灭火设施；采用雾状射流形成水幕墙，防止泄漏物向重要目标或危险源扩散。 (4) 侦查复测。堵漏后对泄漏部位侦检复测。 (5) 器具堵漏： ①关闭前置阀门，切断泄漏源； ②据现场泄漏情况，研究制定堵漏方案，实施堵漏； ③所有堵漏行动必须采取防爆措施，确保安全。 (6) 倒罐输转。无法堵漏时，可在水枪掩护下倒罐输转。 (7) 覆盖清理。用水泥、泥土、沙土覆盖收集清理外泄物，将混合物存放于密封桶中作集中处理。 (8) 洗消处理： ①用大量清水进行洗消； ②洗消的对象：被困人员、救援人员及现场医务人员； ③废水收容。
未着火情况下泄漏（扩散）处置措施	2. 大量泄漏时： (1) 个体防护。采用正压式空气呼吸器或全防型滤毒面罩进行防护、透气型防毒服。 (2) 侦检警戒疏散。根据周边情况，影响区域及泄漏情况划定警戒区，隔离泄漏污染区，限制出入；在原有初始隔离距离 25m 的基础上加大下风向的疏散距离。 (3) 若是器具泄漏，关闭前置阀门，切断泄漏源。 ①据现场泄漏情况，研究制定堵漏方案，实施堵漏； ②所有堵漏行动必须采取防爆措施，确保安全。 (4) 若是运输泄漏，围堤堵截，立即用围油栏、沙袋等在道路两侧液体流散下方向安全处进行围堤堵截，用沙土、沙袋对雨污管网井口周围构堤堵截。 (5) 倒罐输转。无法堵漏时，可用水枪进行掩护，利用工艺措施导流；有毒液体泄漏，连接转输泵和软管转输。 (6) 覆盖清理。若是储存泄漏，用水泥、泥土、沙土覆盖收集清理外泄物，将混合物存放于密封桶中作集中处理；若是运输泄漏，构筑围堤或挖坑收容。用石灰粉吸收大量液体。用泵转移至槽车或专用收集器内。

火灾爆炸处置措施	1. 使用灭火剂类型： （1）可使用的类型：雾状水、抗溶性泡沫、干粉、二氧化碳。 （2）禁止使用的类型：无。
	2. 个人防护装备：正压自给式空气呼吸器、安全防护眼镜、透气型防毒服、防化学品手套、自吸式防尘口罩。
	3. 抢险装备：大功率防爆输转泵、加热工具、堵漏器具、洗消设备等。
	4. 应急处置方法、流程： *处置方法： （1）首先对周围环境进行检测，对着火情况进行侦查警戒，疏散无关人员和车辆。 （2）用沙土或沙袋等封堵下水道口，防止消防废水污染环境。 （3）消防人员须佩戴防毒面具、穿全身消防服，在上风向灭火。 （4）使用防爆泵等器材对消防废水进行收容和地面洗消处理。 *处置流程： （1）警戒疏散。 （2）围堤堵截。 （3）降温灭火。 （4）收容洗消。 *超出自身处置能力以外需要外部支援情况： （1）泄漏量、火势增大，需要响应升级。 （2）应急救援物资、器材消耗大，需要补充。 （3）发生爆炸。 （4）人员体力不支、数量不够。

高氯酸铵

1. 理化特性

UN 号：1442		CAS 号：7790-98-9	
分子式：NH_4ClO_4		分子量：117.49	
熔点：200℃		沸点：150℃	
相对蒸气密度：/（无资料）		临界压力：/（固体，无意义）	
临界温度：/（固体，无意义）		饱和蒸气压力：/（无资料）	
闪点：/（固体，无意义）		爆炸极限：/（无资料）	
自燃温度：/（不燃，无意义）		引燃温度：/（不燃，无意义）	
最大爆炸压力：/（无资料）		综合危险性质分类：1.1 类爆炸品、5.1 类氧化性物质	
外观及形态：无色或白色晶体。溶于水、甲醇，不溶于乙醇、丙酮。			
火灾爆炸特性	1. 火灾危险性分类：甲类。		
	2. 特殊火灾特性描述：不燃，可助燃。急剧加热时可发生爆炸。130℃开始分解，380℃爆炸。		
毒性特性	对眼睛、皮肤、黏膜和呼吸道有刺激性。长期或反复接触，可致甲状腺激素水平降低。		

2. 物料储存安全措施

储存方式和储存状态	1. 储存方式：袋装、散装。
	2. 储存状态：常温/常压/固态。
正常储存状态下主要安全措施及备用应急设施	1. 主要安全措施： （1）使用防爆通风系统。 （2）使用安全警示标志。 （3）库房设置保冷措施。
	2. 备用应急设施：喷淋洗眼器、灭火器材。

3. 物料运输安全措施

运输车辆和物料状态	1. 运输车辆种类：厢车。
	2. 容器内物料状态：常温/常压/固态。
正常运输状态下主要安全措施及备用应急设施	1. 主要安全措施： （1）使用安全标志类：标志灯、危险化学品标志牌和标记、三角警示牌。 （2）使用卫星定位装置、轮挡。
	2. 备用应急设施：三角木、灭火器具、反光背心、便携式照明设备、自吸过滤式防尘口罩、化学安全防护眼镜、橡胶手套、应急逃生面具、遮雨篷布、收容器。

4. 应急措施

企业配备应急器材	自吸过滤式防尘口罩、化学安全防护眼镜、聚乙烯防毒服、橡胶手套。
未着火情况下泄漏（扩散）处置措施	固体储存泄漏时： （1）个体防护：须佩戴自吸式防尘口罩、穿全身消防服、戴橡胶手套。 （2）侦检警戒疏散。根据周边情况，影响区域及泄漏情况划定警戒区，隔离泄漏污染区，勿使泄漏物与可燃物质（如木材、纸、油等）接触，限制出入；泄漏隔离距离至少为500m。如果为大量泄漏，下风向的初始疏散距离应至少为800m。 （3）清扫收集。泄漏源附近100m内禁止开启电雷管和无线电发送设备。用水润湿泄漏物。严禁清扫干的泄漏物。在专业人员指导下清除。 （4）洗消处理： ①用大量清水进行洗消； ②废水收容。
火灾爆炸处置措施	1. 使用灭火剂类型：/（本品不燃，但可助燃，引起爆炸）。
	2. 个人防护装备：佩戴防毒面具、穿全身消防服、正压自给式空气呼吸器。
	3. 抢险装备：应急指挥车、泡沫消防车、化学洗消车、抢险救援车、应急工具箱。

火灾爆炸处置措施	4. 应急处置方法、流程： *处置方法： （1）首先对储罐及周围环境进行检测，对着火情况进行侦查警戒，疏散无关人员和车辆，若出现阀门发出声响或罐体变色等爆裂征兆时，立即撤退至安全地带。 （2）切断火势蔓延途径，控制燃烧范围，使其稳定燃烧，防止爆炸。 （3）如果火势中有压力容器或有受到火焰辐射热威胁的压力容器，尽可能在水枪喷雾的掩护下疏散到安全地带，不能疏散的应部署足够水枪进行冷却保护。 *处置流程： （1）警戒疏散； （2）围堤堵截； （3）降温灭火； （4）收容洗消。 *超出自身处置能力以外需要外部支援情况： （1）泄漏量、火势增大，需要响应升级； （2）应急救援物资、器材消耗大，需要补充； （3）发生爆炸； （4）人员体力不支、数量不够。

过氧化（二）苯甲酰

1. 理化特性

UN 号：3102	CAS 号：94-36-0
分子式：$C_{14}H_{10}O_4$	分子量：242.24
熔点：105℃	沸点：>35℃
相对蒸气密度：/（无资料）	临界压力：2.57MPa
临界温度：/（无资料）	饱和蒸气压力：0.1kPa（20℃）
闪点：40℃	爆炸极限：/（无资料）
自燃温度：80℃	最小点火能：/（无资料）
最大爆炸压力：/（无资料）	综合危险性质分类：5.1类氧化性物质
外观及形态：白色或淡黄色晶体或粉末，有微苦杏仁味。微溶于水、甲醇，溶于乙醇、乙醚、丙酮、苯、二硫化碳等。	
火灾爆炸特性	1. 火灾危险性分类：甲类。 2. 特殊火灾特性描述干燥时极度易燃，遇热、摩擦、振动、撞击或杂质污染均可能引起爆炸性分解。急剧加热时可发生爆炸。
毒性特性	对呼吸道、眼睛和皮肤有刺激。对皮肤有致敏作用。

2. 物料储存安全措施

储存方式和储存状态	1. 储存方式：桶装。 2. 储存状态：低温/常压/固态。
正常储存状态下主要安全措施及备用应急设施	1. 主要安全措施： （1）使用防爆通风系统。 （2）使用安全警示标志。 （3）库房设置保冷措施。 2. 备用应急设施：喷淋洗眼器、灭火器材。

3. 物料运输安全措施

运输车辆和物料状态	1. 运输车辆种类：厢车。 2. 容器内物料状态：低温/常压/固态。
正常运输状态下主要安全措施及备用应急设施	1. 主要安全措施： （1）使用安全标志类：标志灯、危险化学品标志牌和标记、三角警示牌。 （2）使用卫星定位装置、轮挡。 2. 备用应急设施：三角木、灭火器具、反光背心、便携式照明设备、自吸过滤式防尘口罩、化学安全防护眼镜、橡胶手套、应急逃生面具、遮雨篷布、收容器。

4. 应急措施

企业配备应急器材	自吸过滤式防尘口罩、化学安全防护眼镜、聚乙烯防毒服、橡胶手套。
未着火情况下泄漏（扩散）处置措施	1. 小量、中量泄漏时： （1）侦检警戒疏散。根据泄漏影响区域及有毒有害气体检测浓度划定初始警戒区，无关人员从侧风、上风向撤离至安全区，初始泄漏隔离距离至少为25m。 （2）隔离污染区域，不要直接接触泄漏物，勿使泄漏物与有机物、还原剂、易燃物接触，避免扬尘。 （3）收集泄漏物。用洁净的铲子收集于干燥、洁净且盖子较松的容器中，并将容器移离泄漏区。 2. 大量泄漏时： （1）侦检警戒疏散。根据泄漏影响区域及有毒有害气体检测浓度划定初始警戒区，无关人员从侧风、上风向撤离至安全区，下风向的初始疏散距离应至少为100m。 （2）隔离污染区域，不要直接接触泄漏物，勿使泄漏物与有机物、还原剂、易燃物接触，避免扬尘。 （3）收集泄漏物。采用干燥的沙土掩埋，再利用防爆工具将泄漏物收集回收或运至废物处理场所处置，泄漏物回收后，用水冲洗泄漏区。

火灾爆炸处置措施	1. 使用灭火剂类型： （1）可使用的类型：雾状水、泡沫、干粉。 （2）禁止使用的类型：直流水。
	2. 个人防护装备：正压自给式空气呼吸器，穿防静电、防腐、防毒服，橡胶手套，化学防护眼镜，防毒面具。
	3. 抢险装备：气体浓度检测仪、吸附器材或堵漏器材、无人机、灭火机器人。
	4. 应急处置方法、流程： ＊处置方法： （1）首先进行对储罐及周围环境进行检测，对着火情况进行侦查警戒，疏散无关人员和车辆，若阀门发出声响或罐体变色，立即撤离火场。 （2）若发生在普通城市道路上，使用沙袋等在道路两侧液体流散下方向安全处进行围堤堵截，并用沙土或沙袋对市政管网井口、盖板等四周围堤堵截，防止消防废水污染环境。 （3）消防人员穿消防灭火战斗服从远处或使用遥控水枪、水炮对容器进行降温，在上风向灭火。 （4）在确保安全的前提下将容器移离火场，喷水保持火场容器冷却，直至灭火结束。 （5）使用防爆泵等器材对消防废水进行收容和地面洗消处理。 ＊处置流程： （1）警戒疏散。 （2）围堤堵截。 （3）降温灭火。 （4）收容洗消。 ＊超出自身处置能力以外需要外部支援情况： （1）泄漏量、火势增大，需要响应升级。 （2）应急救援物资、器材消耗大，需要补充。 （3）发生爆炸。 （4）人员体力不支、数量不够。

氯酸钾

1. 理化特性

UN 号：1485	CAS 号：3811-04-9
分子式：KClO$_3$	分子量：122.55
熔点：364.8℃	沸点：400℃
相对蒸气密度：/（无资料）	临界压力：/（无资料）
临界温度：/（无资料）	饱和蒸气压力：/（无资料）
闪点：/（固体，无意义）	爆炸极限：/（无资料）
自燃温度：/（不燃，无意义）	引燃温度：/（不燃，无意义）
最大爆炸压力：/（无资料）	综合危险性质分类：5.1 类氧化性物质
外观及形态：无色片状结晶或白色颗粒粉末，味咸而凉。溶于水，不溶于醇、甘油。	
火灾爆炸特性	火灾危险性分类：甲类。
	特殊火灾特性描述：助燃，与易（可）燃物混合或急剧加热会发生爆炸。如被有机物等污染，对撞击敏感。
毒性特性	粉尘对呼吸道有刺激性。口服急性中毒，表现为高铁血红蛋白血症，胃肠炎，肝肾损伤，甚至发生窒息。

2. 物料储存安全措施

储存方式和储存状态	1. 储存方式：袋装、散装。 2. 储存状态：常温/常压/固态。
正常储存状态下主要安全措施及备用应急设施	1. 主要安全措施： （1）使用防爆通风系统。 （2）使用安全警示标志。 2. 备用应急设施：喷淋洗眼器、灭火器材。

3. 物料运输安全措施

运输车辆和物料状态	1. 运输车辆种类：厢车。
	2. 容器内物料状态：常温/常压/固态。
正常运输状态下主要安全措施及备用应急设施	1. 主要安全措施： ＊厢车运输： （1）使用安全标志类：标志灯、危险化学品标志牌和标记、三角警示牌。 （2）使用卫星定位装置、轮挡。 2. 备用应急设施：三角木、灭火器具、反光背心、便携式照明设备、自吸过滤式防尘口罩、化学安全防护眼镜、橡胶手套、应急逃生面具、遮雨篷布、收容器。

4. 应急措施

企业配备应急器材	自吸过滤式防尘口罩、化学安全防护眼镜、聚乙烯防毒服、橡胶手套。
未着火情况下泄漏（扩散）处置措施	1. 小量、中量泄漏时： （1）侦检警戒疏散。根据泄漏影响区域及有毒有害气体检测浓度划定初始警戒区，无关人员从侧风、上风向撤离至安全区，初始泄漏隔离距离至少为25m。 （2）隔离污染区域，不要直接接触泄漏物，勿使泄漏物与有机物、还原剂、易燃物接触，避免扬尘。 （3）收集泄漏物。用洁净的铲子收集于干燥、洁净且盖子较松的容器中，并将容器移离泄漏区。
	2. 大量泄漏时： （1）侦检警戒疏散。根据泄漏影响区域及有毒有害气体检测浓度划定初始警戒区，无关人员从侧风、上风向撤离至安全区，下风向的初始疏散距离应至少为100m。 （2）隔离污染区域，不要直接接触泄漏物，勿使泄漏物与有机物、还原剂、易燃物接触，避免扬尘。 （3）收集泄漏物。采用干燥的沙土掩埋，再利用防爆工具将泄漏物收集回收或运至废物处理场所处置，泄漏物回收后，用水冲洗泄漏区。

火灾爆炸处置措施	1. 使用灭火剂类型：/（本品不燃，但可助燃，引起爆炸）。 2. 个人防护装备：正压自给式空气呼吸器、防静电、防腐、防毒服、橡胶手套、化学防护眼镜、防毒面具。 3. 抢险装备：可燃气体检测仪、应急指挥车、泡沫消防车、化学洗消车、抢险救援车、应急工具箱。 4. 应急处置方法、流程： *处置方法： （1）首先对储罐及周围环境进行检测，对着火情况进行侦查警戒，疏散无关人员和车辆，若出现阀门发出声响或罐体变色等爆裂征兆时，立即撤退至安全地带。 （2）切断火势蔓延途径，控制燃烧范围，使其稳定燃烧，防止爆炸。 （3）如果火势中有压力容器或有受到火焰辐射热威胁的压力容器，尽可能在水枪喷雾的掩护下疏散到安全地带，不能疏散的应部署足够水枪进行冷却保护。 *处置流程： （1）警戒疏散。 （2）围堤堵截。 （3）降温灭火。 （4）收容洗消。 *超出自身处置能力以外需要外部支援情况： （1）泄漏量、火势增大，需要响应升级。 （2）应急救援物资、器材消耗大，需要补充。 （3）发生爆炸。 （4）人员体力不支、数量不够。

氯酸钠

1. 理化特性

UN 号：1495	CAS 号：7775-09-9
分子式：NaClO$_3$	分子量：106.44
熔点：248~261℃	沸点：300℃
相对蒸气密度：/(无资料)	临界压力：/(无资料)
临界温度：/(无资料)	饱和蒸气压力：/(无资料)
闪点：/(不燃，无意义)	爆炸极限：/(不燃，无意义)
自燃温度：/(不燃，无意义)	引燃温度：/(不燃，无意义)
最大爆炸压力：/(不燃，无意义)	综合危险性质分类：5.1 类氧化性物质
外观及形态：无色无味结晶，味咸而凉，有潮解性。易溶于水，微溶于乙醇。	
火灾爆炸特性	火灾危险性分类：甲类。
	特殊火灾特性描述：助燃。与易（可）燃物混合或急剧加热会发生爆炸。如被有机物等污染，对撞击敏感。
毒性特性	粉尘对呼吸道、眼及皮肤有刺激性。口服急性中毒，表现为高铁血红蛋白血症，肠胃炎，肝肾损伤，甚至发生窒息。

2. 物料储存安全措施

储存方式和储存状态	1. 储存方式：袋装、散装。
	2. 储存状态：常温/常压/固态。
正常储存状态下主要安全措施及备用应急设施	1. 主要安全措施： （1）防爆通风系统。 （2）安全警示标志。
	2. 备用应急设施：喷淋洗眼器、灭火器材。

3. 物料运输安全措施

运输车辆和物料状态	1. 运输车辆种类：厢车。
	2. 容器内物料状态：常温/常压/固态。
正常运输状态下主要安全措施及备用应急设施	1. 主要安全措施： （1）使用安全标志类：标志灯、危险化学品标志牌和标记、三角警示牌。 （2）使用卫星定位装置、轮挡。 2. 备用应急设施：三角木、灭火器具、反光背心、便携式照明设备、化学安全防护眼镜、橡胶手套防尘面具（全面罩）、防毒服、应急逃生面具、遮雨篷布、收容器。

4. 应急措施

企业配备应急器材	自吸过滤式防尘口罩、化学安全防护眼镜、聚乙烯防毒服、橡胶手套。
未着火情况下泄漏（扩散）处置措施	1. 小量、中量泄漏时： （1）侦检警戒疏散。根据泄漏影响区域及有毒有害气体检测浓度划定初始警戒区，无关人员从侧风、上风向撤离至安全区，初始泄漏隔离距离至少为25m。 （2）隔离污染区域，不要直接接触泄漏物，勿使泄漏物与有机物、还原剂、易燃物接触，避免扬尘。 （1）收集泄漏物。用洁净的铲子收集于干燥、洁净且盖子较松的容器中，并将容器移离泄漏区。
	2. 大量泄漏时： （1）侦检警戒疏散。根据泄漏影响区域及有毒有害气体检测浓度划定初始警戒区，无关人员从侧风、上风向撤离至安全区，下风向的初始疏散距离应至少为100m。 （2）隔离污染区域，不要直接接触泄漏物，勿使泄漏物与有机物、还原剂、易燃物接触，避免扬尘。 （3）收集泄漏物。采用干燥的沙土掩埋，再利用防爆工具将泄漏物收集回收或运至废物处理场所处置。

火灾爆炸处置措施	1. 使用灭火剂类型：/（本品不燃，但可助燃，引起爆炸）。
	2. 个人防护装备：正压自给式空气呼吸器，防静电、防腐、防毒服，橡胶手套，化学防护眼镜，自吸过滤式防尘口罩。
	3. 抢险装备：可燃气体检测仪、应急指挥车、泡沫消防车、化学洗消车、抢险救援车、应急工具箱。
	4. 应急处置方法、流程： ＊处置方法： （1）首先对周围环境进行检测，对着火情况进行侦查警戒，疏散无关人员和车辆。 （2）用砂土或沙袋等封堵下水道口，防止消防废水污染环境。 （3）消防人员须佩戴防毒面具、穿全身消防服，在上风向灭火。 （4）使用防爆泵等器材对消防废水进行收容和地面洗消处理。 ＊处置流程： （1）警戒疏散。 （2）围堤堵截。 （3）降温灭火。 （4）收容洗消。 ＊超出自身处置能力以外需要外部支援情况： （1）泄漏量、火势增大，需要响应升级。 （2）应急救援物资、器材消耗大，需要补充。 （3）发生爆炸。 （4）人员体力不支、数量不够。

氰化钾

1. 理化特性

UN号：1680	CAS号：151-50-8
分子式：KCN	分子量：65.1165.12
熔点：634.5℃	沸点：1497℃
相对蒸气密度：/(无资料)	临界压力：/(无资料)
临界温度：/(无资料)	饱和蒸气压力：/(无资料)
闪点：/(不燃，无意义)	爆炸极限：/(不燃，无意义)
自燃温度：/(不燃，无意义)	引燃温度：/(不燃，无意义)
最大爆炸压力：/(不燃，无意义)	综合危险性质分类：6.1类毒害性物质

外观及形态：白色易潮解晶体，有微弱的苦杏仁味。溶于水，甘油，微溶于乙醇。有空气存在能溶解金和银。对铝有腐蚀性。本身非可燃性。与热源、酸或酸烟、水、水蒸气接触产生有毒和易燃氰化物和氧化钾。空气中的二氧化碳就足以使其放出氰化氢。它与亚硝酸盐或氯酸盐一起加热至450℃发生爆炸。与氟、镁、硝酸盐、硝酸、亚硝酸盐发生剧烈反应。	
火灾爆炸特性	本品不燃。
毒性特性	剧毒，吸入、摄入或经皮肤吸收均有毒。对眼、皮肤有刺激作用。口服剧毒，非骤死者，先出现感觉无力、头痛、眩晕、恶心、呕吐、四肢沉重以及呼吸困难症状，随后面色苍白、失去知觉甚至呼吸停止而死亡。

2. 物料储存安全措施

储存方式和储存状态	1. 储存方式：固体或液体氰化物用玻璃瓶，外封木箱或铁桶装。 2. 储存状态：常温/常压/固态。

正常储存状态下主要安全措施及备用应急设施	1. 主要安全措施： （1）储存场所设置泄漏检测报警仪。 （2）氰化钾溶液储罐应采用耐碱性材质，设有夹套，夏日能进行冷却，保持氰化钾溶液储罐在25℃以下，防止其聚合。 （3）氰化钾溶液储存区设置围堰，地面进行防渗透处理，并配备倒装罐或储液池。
	2. 备用应急设施：安全淋浴和洗眼设备、水雾喷淋装置、急救药箱。

3. 物料运输安全措施

运输车辆和物料状态	1. 运输车辆种类：厢车、罐车。
	2. 容器内物料状态：常温/常压/固态。
正常运输状态下主要安全措施及备用应急设施	1. 主要安全措施：工业氰化钾溶液应用专用槽车运输，容器须用盖密封。工业固体氰化钾应用厢式车辆运输。 ＊厢车运输时： （1）使用安全标志类：危险化学品标志牌和标记、三角警示牌。 （2）使用倾覆保护装置。
	2. 备用应急设施：反光背心、便携式照明设备、防护性手套、眼部防护装备（如护目镜）、应急逃生面具、连衣式防毒衣、过滤式防尘呼吸器。

4. 应急措施

企业配备应急器材	正压式空气呼吸机、便携式氰化氢气体检测仪、重型防护服、电动送风过滤式防尘呼吸器、连衣式防毒衣、橡胶手套、手电筒、对讲机、急救箱或急救包、吸附材料、洗消设施或清洁剂、应急处置工具箱。
未着火情况下泄漏（扩散）处置措施	1. 储罐储存小量和中量溶液泄漏时： （1）侦检警戒疏散。在污染范围不明的情况下，氰化钾溶液发生泄漏，初始隔离距离不小于50m，下风向距离不小于300m。 （2）断源。在条件允许的情况下，关断阀门，切断泄漏源，制止泄漏。

未着火情况下泄漏（扩散）处置措施	（3）堵漏。根据事故现场、管道或阀门等发生泄漏的部位及性质，在充分考虑防护措施后，采用不同方法实施堵漏。 （4）倒罐输转。储罐、容器壁发生泄漏，无法堵漏时，可进行输转倒罐处理，禁止使用铝、锌、铜及其合金设备。 （5）收容。使用惰性材料（如泥土、沙子或吸附棉）吸收，也可用合适的工具（如干净的铲子、水瓢等）将泄漏的溶液收集至适当的容器，将被污染的土壤收集于合适的容器内，收集物统一交给具有资质的专业处理单位进行处置。
	2. 大量溶液泄漏时： （1）侦检警戒疏散。在污染范围不明的情况下，氰化钾溶液发生泄漏，初始隔离距离不小于50m，下风向距离不小于300m。 （2）大量泄漏时应借助现场环境，通过挖坑挖沟围堵或引流等方式使泄漏物汇聚到低洼处并收容起来，坑内应覆上塑料薄膜防止溶液下渗。 *固体泄漏时： （1）固体泄漏隔离距离至少为25m。如果为大量泄漏，则在初始隔离距离的基础上加大下风向的疏散距离。 （2）禁流失：操作人员应采取必要的安全防护措施，防止粉尘飞扬，使用抗溶性泡沫、泥土、沙子或塑料布、帆布覆盖，降低氰化物蒸气危害。 （3）收容：立即将泄漏物收集到合适的容器内，密闭并保持其干燥。

氰化钠

1. 理化特性

UN 号：1689	CAS 号：143-33-9
分子式：NaCN	分子量：49.0
熔点：563.7℃	沸点：1496℃
相对蒸气密度：4.35	临界压力：/（无资料）
临界温度：/（无资料）	饱和蒸气压力：0.13kPa（817℃）
闪点：/（不燃，无意义）	爆炸极限：/（不燃，无意义）
自燃温度：/（不燃，无意义）	引燃温度：/（不燃，无意义）
最大爆炸压力：/（不燃，无意义）	综合危险性质分类：6.1 类毒害性物质

外观及形态：白色或略带颜色的块状或结晶状颗粒，有微弱的苦杏仁味。易溶于水，溶液呈弱碱性，并缓慢反应生成剧毒的氰化氢气体，其溶液在空气存在下能溶解金和银。微溶于乙醇。	
火灾爆炸特性	本品不燃。
毒性特性	剧毒，吸入、口服或经皮吸收均可引起急性中毒。氰化钠抑制呼吸酶，造成细胞内窒息。口服 50~100mg 即可引起猝死。吸入、口服或经皮吸收均可引起急性中毒。氰化钠抑制呼吸酶，造成细胞内窒息。口服 50~100mg 即可引起猝死。

2. 物料储存安全措施

储存方式和储存状态	1. 储存方式：桶装。
	2. 储存状态：常温/常压/固态。

正常储存状态下主要安全措施及备用应急设施	1. 主要安全措施： （1）储存场所设置泄漏检测报警仪。 （2）氰化钠溶液储罐应采用耐碱性材质，设有夹套，夏日能进行冷却，保持氰化钠溶液储罐在25℃以下，防止其聚合。 （3）氰化钠溶液储存区设置围堰，地面进行防渗透处理，并配备倒装罐或储液池。
	2. 备用应急设施：安全淋浴和洗眼设备、水雾喷淋装置、急救药箱。

3. 物料运输安全措施

运输车辆和物料状态	1. 运输车辆种类：厢车、罐车。
	2. 容器内物料状态：常温/常压/固态。
正常运输状态下主要安全措施及备用应急设施	1. 主要安全措施：工业氰化钠溶液应用专用槽车运输，容器须用盖密封。工业固体氰化钠应用厢式车辆运输。 ＊厢车运输时： （1）使用安全标志类：危险化学品标志牌和标记、三角警示牌。 （2）使用倾覆保护装置。
	2. 备用应急设施：反光背心、便携式照明设备、防护性手套、眼部防护装备（如护目镜）、应急逃生面具、连衣式防毒衣、过滤式防尘呼吸器。

4. 应急措施

企业配备应急器材	正压式空气呼吸机、便携式氰化氢气体检测仪、重型防护服、电动送风过滤式防尘呼吸器、连衣式防毒衣、橡胶手套、手电筒、对讲机、急救箱或急救包、吸附材料、洗消设施或清洁剂、应急处置工具箱。

未着火情况下泄漏（扩散）处置措施	1. 储罐储存小量和中量溶液泄漏时： （1）侦检警戒疏散。在污染范围不明的情况下，氰化钠溶液发生泄漏，初始隔离距离不小于50m，下风向距离不小于300m。 （2）断源。在条件允许的情况下，关断阀门，切断泄漏源，制止泄漏。 （3）堵漏。根据事故现场、管道或阀门等发生泄漏的部位及性质，在充分考虑防护措施后，采用不同方法实施堵漏。 （4）倒罐输转。储罐、容器壁发生泄漏，无法堵漏时，可进行输转倒罐处理，禁止使用铝、锌、铜及其合金设备。 （5）收容。使用惰性材料（如泥土、沙子或吸附棉）吸收，也可用合适的工具（如干净的铲子、水瓢等）将泄漏的溶液收集至适当的容器，将被污染的土壤收集于合适的容器内，收集物统一交给具有资质的专业处理单位进行处置。
	2. 大量溶液泄漏时： （1）侦检警戒疏散。在污染范围不明的情况下，氰化钠溶液发生泄漏，初始隔离距离不小于50m，下风向距离不小于300m。 （2）大量泄漏时应借助现场环境，通过挖坑挖沟围堵或引流等方式使泄漏物汇聚到低洼处并收容起来，坑内应覆上塑料薄膜防止溶液下渗。 *固体泄漏时： （1）固体泄漏隔离距离至少为25m。如果为大量泄漏，则在初始隔离距离的基础上加大下风向的疏散距离。 （2）禁流失：操作人员应采取必要的安全防护措施，防止粉尘飞扬，使用抗溶性泡沫、泥土、沙子或塑料布、帆布覆盖，降低氰化物蒸气危害。 （3）收容：立即将泄漏物收集到合适的容器内，密闭并保持其干燥。

硝化纤维素

1. 理化特性

UN 号：0340	CAS 号：9004-70-0
分子式：$C_{12}H_{17}(ONO_2)3O_7 \sim C_{12}H_{14}(ONO_2)6O_7$	分子量：504.3
熔点：160~170℃	沸点：/（无资料）
相对蒸气密度：/（无资料）	临界压力：/（无资料）
临界温度：/（无资料）	饱和蒸气压力：/（无资料）
闪点：12.8℃	爆炸极限：/（无资料）
自燃温度：/（无资料）	引燃温度：170℃
最大爆炸压力：/（无资料）	综合危险性质分类：1.1D 类爆炸品
外观及形态：白色或微黄色各种形态固体，如棉絮状、纤维状等。不溶于水，溶于酯、丙酮。	
火灾爆炸特性	1. 火灾危险性分类：甲类。 2. 特殊火灾特性描述：属爆炸品的硝化纤维素大量堆积或密闭容器中燃烧能转化为爆轰；干燥硝化棉因摩擦产生静电而自燃，也可在较低温度下自行缓慢分解放热而自燃。
毒性特性	本身基本无害。使用商业产品时需关注溶剂的危害。

2. 物料储存安全措施

储存方式和储存状态	1. 储存方式：袋装、散装。 2. 储存状态：低温/常压/固态。
正常储存状态下主要安全措施及备用应急设施	1. 主要安全措施： （1）使用防爆通风系统。 （2）使用安全警示标志。 （3）库房设置保冷措施。 2. 备用应急设施：喷淋洗眼器、自动雨淋装置、灭火器材。

3. 物料运输安全措施

运输车辆和物料状态	1. 运输车辆种类：厢车。
	2. 容器内物料状态：低温/常压/固态。
正常运输状态下主要安全措施及备用应急设施	1. 主要安全设施： （1）使用安全标志类：标志灯、危险化学品标志牌和标记、三角警示牌。 （2）卫星定位装置、轮挡。
	2. 备用应急设施：三角木、灭火器具、反光背心、便携式照明设备、自吸过滤式防尘口罩、化学安全防护眼镜、橡胶手套、应急逃生面具、遮雨篷布、收容器、防爆铲。

4. 应急措施

企业配备应急器材	自吸过滤式防尘口罩、化学安全防护眼镜、橡胶手套。
未着火情况下泄漏（扩散）处置措施	1. 小量和中量泄漏时： （1）个体防护。须佩戴自吸式防尘口罩、穿全身消防服、戴橡胶手套。 （2）侦检警戒疏散。根据周边情况，影响区域及泄漏情况划定警戒区，隔离泄漏污染区，限制出入；勿使泄漏物与可燃物质（如木材、纸、油等）接触，限制出入；泄漏隔离距离至少为100m。 （3）抢险收集。用大量水冲洗泄漏区。 （4）洗消处理： ①用大量清水进行洗消； ②废水收容。
	2. 大量泄漏时： （1）个体防护。须佩戴自吸式防尘口罩、穿全身消防服、戴橡胶手套。 （2）侦检警戒疏散。根据周边情况，影响区域及泄漏情况划定警戒区，隔离泄漏污染区，限制出入；勿使泄漏物与可燃物质（如木材、纸、油等）接触，限制出入；泄漏隔离距离至少为100m。

未着火情况下泄漏（扩散）处置措施	（3）抢险收集。用水润湿，并筑堤收容。通过慢慢加入大量水保持泄漏物湿润。 （4）洗消处理： ①用大量清水进行洗消； ②废水收容。
火灾爆炸处置措施	1. 使用灭火剂类型： （1）可使用的类型：水、雾状水、泡沫、干粉、二氧化碳。 （2）禁止使用的类型：用沙土压盖。 2. 个人防护装备：佩戴防毒面具、穿全身消防服、正压自给式空气呼吸器。 3. 抢险装备：洁净的铲子、收容容器、应急工具箱。 4. 应急处置方法、流程： ＊处置方法： （1）货物着火时，严禁灭火！因为可能爆炸。切勿开动已处于火场中的货船或车辆。 （2）小火，用大量水灭火，无水时，可用二氧化碳、干粉、泡沫灭火。 （3）大火时，远距离用大量水扑救。 ＊处置流程： （1）警戒疏散。 （2）围堤堵截。 （3）降温灭火。 （4）收容洗消。 ＊超出自身处置能力以外需要外部支援情况： （1）泄漏量、火势增大，需要响应升级。 （2）应急救援物资、器材消耗大，需要补充。 （3）发生爆炸。 （4）人员体力不支、数量不够。

硝基胍

1. 理化特性

UN 号：1336	CAS 号：556-88-7
分子式：$CH_4N_4O_2$	分子量：104.07
熔点：232℃（分解）	沸点：$(219.3±23.0)$℃
相对蒸气密度：/(无资料)	临界压力：/(无资料)
临界温度：/(无资料)	饱和蒸气压力：/(无资料)
闪点：/(固体，无意义)	爆炸极限：/(无资料)
自燃温度：/(无资料)	最小点火能：/(无资料)
最大爆炸压力：/(无资料)	综合危险性质分类：1.1D 类爆炸品
外观及形态：白色针状晶体。微溶于水、乙醇、甲醇，溶于热水、碱液，不溶于醚。	
火灾爆炸特性	1. 火灾危险性分类：甲类。 2. 特殊火灾特性描述：受热、接触明火，或受到摩擦、震动、撞击时可发生爆炸。加热至150℃时分解并爆炸。
毒性特性	对眼睛、皮肤、黏膜和呼吸道有刺激性。

2. 物料储存安全措施

储存方式和储存状态	1. 储存方式：袋装、散装。 2. 储存状态：常温/常压/固态。
正常储存状态下主要安全措施及备用应急设施	1. 主要安全措施： （1）使用防爆通风系统。 （2）使用安全警示标志。 （3）库房设置保冷措施。 2. 备用应急设施：喷淋洗眼器、灭火器材。

3. 物料运输安全措施

运输车辆和物料状态	1. 运输车辆种类：厢车。
	2. 容器内物料状态：常温/常压/固态。
正常运输状态下主要安全措施及备用应急设施	1. 主要安全措施： （1）使用安全标志类：标志灯、危险化学品标志牌和标记、三角警示牌。 （2）使用卫星定位装置、轮挡。
	2. 备用应急设施：三角木、灭火器具、反光背心、便携式照明设备、自吸过滤式防尘口罩、化学安全防护眼镜、橡胶手套、应急逃生面具、遮雨篷布、收容器。

4. 应急措施

企业配备应急器材	自吸过滤式防尘口罩、化学安全防护眼镜、橡胶手套、长筒胶鞋。
未着火情况下泄漏（扩散）处置措施	1. 固体储存泄漏时： （1）个体防护。须佩戴自吸式防尘口罩、穿全身消防服、戴橡胶手套。 （2）侦检警戒疏散。根据周边情况，影响区域及泄漏情况划定警戒区，隔离泄漏污染区，勿使泄漏物与可燃物质（如木材、纸、油等）接触，限制出入；泄漏隔离距离至少为500m。如果为大量泄漏，下风向的初始疏散距离应至少为800m。 （3）清扫收集。泄漏源附近100m内禁止开启电雷管和无线电发送设备。用水润湿泄漏物。严禁清扫干的泄漏物。在专业人员指导下清除。 （4）洗消处理： ①用大量清水进行洗消； ②废水收容。

火灾爆炸处置措施	1. 使用灭火剂类型： （1）可使用的类型：雾状水、泡沫。 （2）禁止使用的类型：沙土。
	2. 个人防护装备：防毒面具、全身消防服、正压自给式空气呼吸器。
	3. 抢险装备：应急指挥车、泡沫消防车、化学洗消车、抢险救援车、应急工具箱。
	4. 应急处置方法、流程：灭火时，应佩戴呼吸面具（符合 MSHA/NIOSH 要求的或相当的）并穿上全身防护服。在安全距离处、有充足防护的情况下灭火。防止消防水污染地表和地下水系统。

硝酸铵

1. 理化特性

UN 号：1942	CAS 号：6484-52-2
分子式：NH_4NO_3	分子量：80.05
熔点：169.6℃	沸点：210℃（分解）
相对蒸气密度：/（无资料）	临界压力：/（无资料）
临界温度：/（无资料）	饱和蒸气压力：1.33kPa（39.9℃）
闪点：50℃	爆炸极限：2.4%~8.0%（体积分数）
自燃温度：/（不燃，无意义）	引燃温度：/（不燃，无意义）
最大爆炸压力：/（无资料）	综合危险性质分类：5.1 类氧化性物质（含可燃物总量<0.2%）、1.1D 类爆炸品（含可燃物>0.2%）
外观及形态：无色无臭的透明结晶或呈白色的小颗粒，有潮解性。易溶于水、乙醇、丙酮、氨水，不溶于乙醚。	
火灾爆炸特性	火灾危险性分类：甲类。
	特殊火灾特性描述：助燃。与易（可）燃物混合或急剧加热会发生爆炸。受强烈震动也会起爆。
毒性特性	对呼吸道、眼及皮肤有刺激性。接触后可引起恶心、呕吐、头痛、虚弱、无力和虚脱等。大量接触可引起高铁血红蛋白血症，影响血液的携氧能力，出现紫绀、头痛、头晕、虚脱，甚至死亡。口服引起剧烈腹痛、呕吐、血便、休克、全身抽搐、昏迷，甚至死亡。

2. 物料储存安全措施

储存方式和储存状态	1. 储存方式：袋装。
	2. 储存状态：常温/常压/固体。

正常储存状态下主要安全措施及备用应急设施	1. 主要安全措施： （1）储存场所设置防爆通风系统； （2）使用防雷、防静电装置； （3）使用安全警示标志。
	2. 备用应急设施：安全淋浴和洗眼设备、灭火器具。

3. 物料运输安全措施

运输车辆和物料状态	1. 运输车辆种类：厢车。
	2. 容器内物料状态：常温/常压/固体。
正常运输状态下主要安全措施及备用应急设施	1. 主要安全措施： ＊厢车运输： （1）使用安全标志类：危险化学品标志牌和标记、三角警示牌。 （2）使用倾覆保护装置、阻火装置、三角垫木。
	2. 备用应急设施：三角木、灭火器具、反光背心、眼部冲洗液、便携式照明设备、自吸过滤式防尘口罩、化学安全防护眼镜、橡胶手套、应急逃生面具、防爆铲、收容袋。

4. 应急措施

企业配备应急器材	自吸过滤式防尘口罩、化学安全防护眼镜、聚乙烯防毒服、橡胶手套。
未着火情况下泄漏（扩散）处置措施	固体储存泄漏时： （1）个体防护：须佩戴自吸式防尘口罩、穿全身消防服、戴橡胶手套。 （2）侦检警戒疏散。根据周边情况，影响区域及泄漏情况划定警戒区，隔离泄漏污染区，勿使泄漏物与可燃物质（如木材、纸、油等）接触，限制出入；固体泄漏隔离距离至少为25m。 （3）清扫收集。用洁净的铲子收集泄漏物，置于可密闭的容器中，用沙土、活性炭或其他惰性材料吸收，并转移至安全场所，禁止进入周边水域内。 （4）洗消处理： ①用大量清水进行洗消； ②废水收容。

火灾爆炸处置措施	1. 使用灭火剂类型： （1）可使用的类型：水、雾状水。 （2）禁止使用的类型：用沙土压盖。 2. 个人防护装备：佩戴防毒面具、穿全身消防服、正压自给式空气呼吸器。 3. 抢险装备：气体浓度检测仪、洁净的铲子、收容容器、应急工具箱自吸式过滤式防毒面具、橡胶耐酸碱服、橡胶耐酸碱手套、正压自给式空气呼吸器。 4. 应急处置方法、流程： ＊处置方法： （1）首先对储罐及周围环境进行检测，对着火情况进行侦查警戒，疏散无关人员和车辆，若阀门发出声响或罐体变色，立即撤离火场。 （2）用沙土或沙袋等封堵下水道口，关闭管网控制阀，防止泄漏物进入水体、下水道、地下室或密闭性空间，防止消防废水污染环境。 （3）消防人员穿消防灭火战斗服从远处或使用遥控水枪、水炮对容器进行降温，使用泡沫或干粉在上风向灭火，直至灭火结束。 （4）使用防爆泵等器材对消防废水进行收容和地面洗消处理。 ＊处置流程： （1）警戒疏散。 （2）围堤堵截。 （3）降温灭火。 （4）收容洗消。 ＊超出自身处置能力以外需要外部支援情况： （1）泄漏量、火势增大，需要响应升级。 （2）应急救援物资、器材消耗大，需要补充。 （3）发生爆炸。 （4）人员体力不支、数量不够。

硝酸胍

1. 理化特性

UN 号：1467	CAS 号：506-93-4
分子式：$CH_6N_4O_3$	分子量：122.11
熔点：217℃	沸点：212~217℃
相对蒸气密度：/(无资料)	临界压力：/(无资料)
临界温度：/(无资料)	饱和蒸气压力：/(无资料)
闪点：/(固体，无意义)	爆炸极限：/(无资料)
自燃温度：>360℃	最小点火能：/(无资料)
最大爆炸压力：/(无资料)	综合危险性质分类：5.1 类氧化性物质
外观及形态：白色晶体粉末或颗粒。溶于水、乙醇，微溶于丙酮，不溶于苯、乙醚。	
火灾爆炸特性	1. 火灾危险性分类：甲类。 2. 特殊火灾特性描述：受热、接触明火，或受到摩擦、震动、撞击时可发生爆炸。加热至 150℃ 时分解并爆炸。
毒性特性	对眼睛、皮肤、黏膜和呼吸道有刺激性。

2. 物料储存安全措施

储存方式和储存状态	1. 储存方式：袋装、散装。 2. 储存状态：常温/常压/固态。
正常储存状态下主要安全措施及备用应急设施	1. 主要安全措施： (1) 使用防爆通风系统。 (2) 使用安全警示标志。 (3) 库房设置保冷措施。 2. 备用应急设施：喷淋洗眼器、灭火器材。

3. 物料运输安全措施

运输车辆和物料状态	1. 运输车辆种类：厢车。
	2. 容器内物料状态：常温/常压/固态。
正常运输状态下主要安全措施及备用应急设施	1. 主要安全措施： （1）使用安全标志类：标志灯、危险化学品标志牌和标记、三角警示牌。 （2）使用卫星定位装置、轮挡。 2. 备用应急设施：三角木、灭火器具、反光背心、便携式照明设备、自吸过滤式防尘口罩、化学安全防护眼镜、橡胶手套、应急逃生面具、遮雨篷布、收容器。

4. 应急措施

企业配备应急器材	自吸过滤式防尘口罩、胶布防毒衣、化学安全防护眼镜、氯丁橡胶手套。
未着火情况下泄漏（扩散）处置措施	1. 小量、中量泄漏时： （1）侦检警戒疏散。根据泄漏影响区域及有毒有害气体检测浓度划定初始警戒区，无关人员从侧风、上风向撤离至安全区，初始泄漏隔离距离至少为25m。 （2）隔离污染区域，不要直接接触泄漏物，勿使泄漏物与有机物、还原剂、易燃物接触，避免扬尘。 （3）收集泄漏物。用洁净的铲子收集于干燥、洁净且盖子较松的容器中，并将容器移离泄漏区。
	2. 大量泄漏时： （1）侦检警戒疏散。根据泄漏影响区域及有毒有害气体检测浓度划定初始警戒区，无关人员从侧风、上风向撤离至安全区，下风向的初始疏散距离应至少为100m。 （2）隔离污染区域，不要直接接触泄漏物，勿使泄漏物与有机物、还原剂、易燃物接触，避免扬尘。 （3）收集泄漏物。采用干燥的沙土掩埋，再利用防爆工具将泄漏物收集回收或运至废物处理场所处置，泄漏物回收后，用水冲洗泄漏区。

火灾爆炸处置措施	1. 使用灭火剂类型： （1）可使用的类型：水、雾状水、二氧化碳。 （2）禁止使用的类型：沙土。
	2. 个人防护装备：正压自给式空气呼吸器，防静电、防腐、防毒服，橡胶手套、化学防护眼镜、防毒面具。
	3. 抢险装备：可燃气体检测仪、应急指挥车、泡沫消防车、化学洗消车、抢险救援车、应急工具箱。
	4. 应急处置方法、流程：消防人员必须佩戴空气呼吸器、穿全身防火防毒服，在上风向灭火。尽可能将容器从火场移至空旷处。喷水保持火场容器冷却，直至灭火结束。切勿将水流直接射至熔融物，以免引起严重的流淌火灾或引起剧烈的沸溅。

第四章 危险化学品应急救援处置案例

第一节 案例1：2021年阳江市"6·11"槽罐车天然气泄漏事故

1. 事故详细情况

2021年6月11日晚，在阳江市阳春三甲高速路段发生了一起追尾撞车事故，一辆运载天然气的槽罐车被追尾撞车后发生天然气泄漏。接到报警后，阳江市立即启动应急预案，包括封锁道路、疏散周边群众、抢救伤员、消防水喷淋降温等措施。

6月12日凌晨1时10分，茂名市恒孚石化工程有限公司（以下简称"恒孚公司"）堵漏应急救援队接到茂名市应急管理局紧急电话请求增援。随后，恒孚公司立即组织人力物力，驱车前往事故现场。凌晨3时10分到达现场后，恒孚公司堵漏应急救援队立即进行现场勘查，并向现场应急指挥部提出处置方案。恒孚公司提出先堵住漏点，再把事故车拖离现场后再做处理。但天然气公司坚持将直接放空天然气作为第一方案，然而经过约3h的排放，才放出1t天然气，经计算该方案需要约24h才可完成排放。因此，现场指挥部决定，采用恒孚方案处置方案改为先把漏点堵住，再进行试压，在确保安全的前提下，把事故车拖离现场，到达安全的场地后再做进一步处置。早上7时左右，经过恒孚公司堵漏应急救援队约30min的努力，用自熔堵漏胶带成功将漏点堵住。经试压无泄漏后，在指挥部统一安排下，恒孚公司堵漏应急队护送事故车拖离高速，到达阳春三甲镇某一空旷场地，再经多方检查确认无泄漏且安全后，交由天然气公司处置：倒罐后再放空。

2. 救援处置情况

恒孚公司堵漏应急救援队从接到电话通知至到达事故现场（约110km），总共用时约2h。到达现场后，救援队先向指挥部了解事故情况，然后远距离观察现场情况。在确认安全的前提下，堵漏队员穿戴好防护用品（如防静电工作服、工作鞋、空气呼吸器、防爆照明等），在消防水的掩护下进入事故现场进行近距离侦查泄漏情况。侦查结束后，救援队到现场指挥部讨论堵漏方案，提出用自熔堵漏胶带可以快速堵住漏点。在指挥部同意下，恒孚公司堵漏应急队员用自熔堵漏胶带成功把漏点堵住，经试压无泄漏后，又应指挥部要求，护送事故车拖离高速，到达阳春三甲镇安全处理场地。经多方检查确认无泄漏且安全后，交由天然气公司处置。

3. 事故救援处置总结

事故救援处置从不同角度出发，可以有多种处置方案。如本次事故处理方案中，天然气公司认为应该直接放空天然气后，再将事故车拖离下高速，但封闭高速所需时间长，社会影响大；采用先堵住漏点，再将事故车拖离下高速到某一安全地带做进一步处置，这样就可以快速恢复高速通车，社会影响小，而且也避免了因长时间放空天然气过程中，如果遇到火花或静电积聚而产生着火或爆炸事故的风险，降低了危险程度。

因此，现场应急指挥部在作决策时，要权衡各方利弊，果断选择出最佳处置方案，在最短时间处置好事故现场，避免次生事故的发生，将人员伤亡及财产损失降至最小。在确定方案后立即协调各方力量组织实施。

第二节 案例2：2021年惠州甬莞高速"4·6" 2-丙醇槽罐车泄漏事故

1. 事故详细情况

2021年4月6日约11时08分，接惠州市应急管理局通知，甬莞高速公路潮莞段（东莞方向）一辆装载32.5t异丙醇的槽罐车被一辆货车追尾，槽罐车因刹车不及时撞到前面的一辆小汽车。事故发生后，一名货车司机被困，槽罐车尾部法兰受损和泄漏。接到通知后，国家危险化学品应急救援惠州队16名指战员、2台消防车辆立即奔赴事故现场。经检查，发现槽罐车尾部海底阀阀后法兰管道断裂，海底阀受撞击后密封处喷射2-丙醇。经过近4h紧张有序的处置，最终成功处置该起危险化学品泄漏事故，快速恢复高速公路通行，有效地防止事故槽罐车发生火灾爆炸，有效阻隔泄漏的2-丙醇溢流至四周的农田保护区，避免环保次生事故。

2. 救援处置情况

（1）赶到时间

应急处置队伍于12时50分抵达事故现场。

（2）现场侦查

询情侦查：指挥员到达事故现场后第一时间向现场指挥部报到并了解现场及初步处置情况。

初步侦查：了解现场情况后，立即组织侦检小组携带侦检仪器，对事故地点进行侦查，侦检结果显示异丙醇浓度到达较高浓度。

深入侦查：指派随队出行的危险化学品处置专家在水雾掩护下深入现场勘查，确认泄漏部位及泄漏量。

（3）救援措施及过程

①组织侦检小组对事故四周、泄漏事故槽车进行初步侦查，同时迅速协同消防中队出1台移动炮对事故点进行泡沫覆盖侧流2-丙醇，避免温度较高时导致蒸发形成气体造成直接伤害及燃烧爆炸。

②安排警戒小组对事故道路两侧做好警戒，禁止点火源和无关人员、车辆进入，同时在东侧上风方向搭建现场指挥部。

③侦检人员实时对现场进行监测，报告气体浓度和现场情况，如遇突发情况及时发出撤离信号。

④设置临时洗消区域，利用洗消车辆上的装备器材迅速搭设洗消帐篷、洗消机等，做好人员、装备洗消的准备。

⑤堵漏小组穿戴个人防护用品、携带堵漏工具进入事故地点，对法兰面泄漏点进行泄漏控制处置，与此同时利用移动水炮对槽车和地面进行稀释和泡沫覆盖，因泄漏的海底阀法兰面断裂，形成不规则的泄漏面，现场可操作空间狭小，泄漏控制小组经过多次调整泄漏控制方法，成功降低泄漏量，避免槽罐车发生火灾、爆炸。

⑥倒罐槽车到达现场，灭火小组协助现场倒罐人员操作，同时安排监护小组做好实时气体监测。配合中队使用移动水炮对槽罐车和泄漏部位进行稀释冷却，预防倒罐过程中产生火花造成燃烧爆炸。

⑦倒罐作业完毕，指挥部采纳惠州队危险化学品处置专家建议，将清水注入槽罐车内，避免在转移时因火花或静电导致闪爆。

⑧注水作业完毕，队伍交接现场工作、清点人员和器材装备带回。

（4）避免人员伤亡及财产损失等情况

此次危险化学品道路交通事故救援，成功处置了2-丙醇槽车的泄漏处置，避免了槽罐车发生火灾爆炸及环境污染次生灾害，为运输企业及 2-丙醇生产企业挽回了经济损失。

3. 事故救援处置总结

（1）决策

①现场较好地利用海底阀法兰断裂口情况，选择捆扎带及就地取材裁剪 C 级防护衣手袖作为泄漏控制工器具；

②现场工作开展迅速，有条有序合理做出正确的安排。

（2）救援处置措施

①装备选择恰当，个人防护装备选择恰当；

②较好地完成现场人员、装备等洗消任务。

（3）人员撤离

现场警戒距离不足。

第三节 案例3：2020 年阳江市"6·20"LNG 槽罐车着火事故

1. 事故详细情况

2020 年 6 月 20 日凌晨 2 时 40 分，在阳江市阳春八甲高速路段发生了一起 LNG 槽罐车撞上一辆运煤车而引起着火事故，事故造成 LNG 槽罐车上的 2 名驾驶员死亡。事故发生后，阳江市立即启动应急预案，紧急出动消防力量进行现场灭火，并封锁道路，疏散周边群众至 500m 之外，抢救伤员，使用消防水喷淋降温。

6 月 20 日上午 8 时 55 分，茂名市恒孚石化工程有限公司（以下简称"恒孚公司"）堵漏应急救援队接到茂名市应急局紧急电话通知要求增援。恒孚公司立即组织人力、物力，直接驱车前往事故现场。11 时 05 分到达现场后，恒孚公司堵漏应急救援队经现场勘查后，积极参与现场应急指挥部商量处置方案。最终确定如下方案：一边放空，一边进行倒罐。放空基本结束后，再由恒孚公司堵漏应急救援队用快速堵漏胶泥堵住车头压力表接头的泄漏点。之后，交警协作队先拖离运煤车，清理现场的煤块，再拖离 LNG 槽罐车。23 时 20 分，高速公路逐渐恢复通车。

2. 救援处置情况

恒孚公司堵漏应急救援队从接到电话通知至到达事故现场（约 110km），总共用时约 2h10min。到达现场后，救援队先向指挥部了解事故情况，然后在确认安全的前提下，堵漏队员穿戴好防护用品（如防静电工作服、工作鞋、防毒口罩等），进入事故现场进行近距离侦查泄漏情况。侦查结束后，救援队到现场指挥部讨论处置方案，并提出在进行放空及倒罐时要做好静电接地，500m 范围内不能产生任何火花等防火防静电措施，做到绝对避免产生次生事故。19 时 30 分放空、倒罐（由茂名市燃气公司负责）基本结束，恒孚公司堵漏应急救援队员用快速堵漏胶泥成功把槽罐车头压力表接头漏点堵住。之后，交警协作队拖离运煤车，清理现场的煤块，再拖离 LNG 槽罐车，一切都按处置方案顺利推进。

3. 事故救援处置总结

本次事故处置较为成功，主要是现场应急救援指挥部发挥了主心骨的作用，有效地整合了各个专业队伍的智慧和力量，制订出一个较为合理有效的处置方案。然后，各专业队伍发挥各自所长，按部就班、稳步推进，较为安全、顺利地完成了抢险任务。

第四节 案例 4：2020 年广惠高速石湾路段"4 · 26"苯酚槽罐车泄漏事故

1. 事故详细情况

2020 年 4 月 26 日凌晨 4 时许，广惠高速石湾路段高速出口处附近发生三车连环相撞事故，其中包括一辆满载 28t 液态苯酚的槽罐车、两辆追尾货车车头已发生严重变形。在巨大冲击下，槽罐车尾部罐底法兰根部破损，罐内苯酚发生泄漏。接到调度任务后，国家危险化学品应急救援惠州队调动 13 名指战员、2 台消防车辆和 1 台物资保障车辆立即赶赴现场，参与事故救援。在惠州市、博罗县两级应急、公安交警、消防救援、生态环境、交通运输等多方力量共同努力下，队伍经过约 5h 紧张处置，成功完成液态苯酚槽车泄漏事故救援处置，及时恢复了现场高速道路通行，并保护了高速道路群众及周边村民群众安全。

2. 救援处置情况

（1）赶到时间

应急处置队伍于 8 时 18 分抵达事故现场。

（2）现场侦查

询情侦查：在赶赴现场途中，指挥员向多方了解事故现场情况，并指示各救援小组做好个人防护及应急准备。指挥员到达事故现场后第一时间向现场指挥部报到并了解现场及初步处置情况。

初步侦查：先期到达现场救援的惠州支队已做好警戒疏散工作，指挥员指示侦检小组穿戴好个人防护后，立即进入事故外围进行技术侦检和信息数据采集，同时根据检测数据做好持续监测准备。

深入侦查：指派侦检小组，穿戴个人防护装备、正压式空气呼吸器进入事故区进行侦检，做好持续监测工作。经现场指挥部了解和现场信息侦检，槽罐车尾部罐底法兰根部破损，罐体苯酚泄漏，且有扩大趋势，现场情况危急。

（3）救援措施及过程

①在赶赴现场途中，指挥员向多方了解事故现场情况，并指示各救援小组做好个人防护及应急准备。

②指挥员到达事故现场后第一时间向现场指挥部报到并了解现场及初步处置情况。同时立即指示侦检小组穿戴好个人防护后，立即进入事故外围进行技术侦检和信息数据采取，同时根据检测数据做好持续监测准备。

③处置方案对策确定：

a. 指派侦检小组，穿戴个人防护装备、正压式空气呼吸器进入事故区进行侦检，做好持续监测工作；

b. 积极做好物料输转工作，协助完成泄漏槽罐车倒罐输转任务；

c. 做好现场泄漏苯酚围堵工作，防止污染源流入高速路下水道，做好场地监护工作。

④8时18分现场指挥员领受命令后，立即指派信息侦检组携带相关侦检仪器，持续对事故装置周边区域做好信息监测，并把监测数据实时报告现场指挥部；灭火洗消组立即连接高温高压洗消机，做好洗消作业准备；抢险堵漏组两名指战员勘查泄漏情况，并在警戒区外做好堵漏前期准备，等候命令实施堵漏作业；技术保障组立即展开指挥帐篷，搭建临时队伍现场指挥部；各小组接到命令后，立即展开行动。

⑤指挥员根据侦检小组事故现场侦检信息反馈，槽罐车法兰根部遭到严重损坏、变形，不具备堵漏作业条件，槽罐车限载30t，实载苯酚28t，已造成约4t苯酚泄漏。组织警戒小组扩大事故现场警戒范围，加强现场警戒，控制人员出入。

⑥经侦检小组反馈及随队专家建议，现场指挥部下令，将泄漏罐体物

料输转到现场空置槽罐车，实施输转作业方案。9时12分指挥员下令，灭火小组出动防爆转输泵，协助现场作业人员进行输转作业，同时准备相应器材做好事故槽罐车输转作业的现场监护工作。信息侦检小组加强事故现场监测和信息更新，清除警戒区内无关作业人员，洗消小组对撤离作业人员进行洗消处置。

⑦10时25分，现场指挥部下达泄漏围堵作业指令，现场指战员做好个人防护装备携带油力士、围油栏、快速围栏（条形吸污袋）等进行围堵作业。

⑧10时50分，根据现场调度安排，启用抢险车发电机，为调度大功率输转泵提供电源，保障输转作业正常开展。

⑨11时20分，灭火洗消组穿戴重型防化服进入作业区，收回防爆输转泵、输料管等输转工具，对现场作业人员和回收装备进行洗消处置。

⑩13时20分，现场倒罐输转作业完成，指挥员下令信息侦检小组根据事故现场情况作出有毒有害检测和事故危险情况确认。经侦检确认，现在处置已完毕，侦检小组回收RDK侦检设备，同时进行化学洗消。

⑪13时30分事故处置作业完毕，接现场指挥部收队指令，指挥员下令清点人员、器材装备，队伍带回。

（4）避免人员伤亡及财产损失等情况

此次危险化学品道路交通事故救援，成功完成了对苯酚槽车的保护控制、紧急输转倒罐作业、人员与环境洗消处置，避免了现场人员的伤亡及环境污染扩大，挽回了一定经济损失。

3. 事故救援处置总结

（1）决策

①按规范要求快速及时设立并搭建临时指挥部，随队专家积极建言献策，为事故处置取得良好效果；

②决策判断果断，迅速采取输转倒罐作业，避免事故处置时间延长；

③良好的环境保护处置意识，设立围堵、洗消小组，保护周边环境安全，避免事故影响扩大。

（2）救援处置措施

①救援装备选择恰当，个人防护装备选择恰当；

②较好地完成现场人员、装备及环境等洗消任务，降低了事故危害，保护现场及周边环境。

第五节　案例 5：2020 年惠州市石化园区某企业 PBL 装置 "4·17" 丁二烯火灾事故

1. 事故详细情况

2020 年 4 月 17 日，惠州大亚湾石化区某企业生产厂区内 PBL（聚丁二烯胶乳）装置突发火灾事故，装置 2 层装置平台丁二烯管道过滤器法兰面发生泄漏并出现明火，着火面积约 $2m^2$，且有扩大趋势，现场情况危急。国家危险化学品应急救援惠州队接区应急指挥中心调度，立即启动应急响应程序，组织 17 名指战员、3 台消防车火速前往该企业化工装置事故点开展救援处置工作。在与大亚湾大队共同努力下，经过约 2h 紧张处置，成功快速完成事故装置火灾的处置，恢复了企业现场安全生产秩序，保护石化园区的安全生产工作。

2. 救援处置情况

（1）赶到时间

应急处置队伍于 1 时 12 分抵达现场。

（2）现场侦查

①初步侦查：指挥员抵达现场后立即前往现场指挥部，了解事故现场处置情况，同时指示信息侦检组穿戴好个人防护后，立即进入事故外围进行技术侦检和信息数据采集，同时根据检测数据做好相关区域警戒工作；经现场指挥部了解和现场信息侦检，现场无人员伤亡，PBL 装置 2 层装置平台丁二烯管道过滤器发生泄漏着火，着火面积约 $2m^2$，且有扩大趋势，现场情况危急。

②深入侦查：完成前期火灾救援处置后，指挥员指派侦检小组进入事故着火装置现场深入侦查，经侦查确认，事故着火装置明火已完全扑灭，并在发生火灾的管道过滤器旁持续检测可燃气体数值。

③持续侦查：队伍侦检小组与企业工艺处置人员持续采集事故现场气体数据，每 10min 汇报事故现场检测信息，发现情况立即上报指挥部。

（3）救援措施及过程

①队伍抵达现场，指挥员指示队伍各小组马上做好个人防护，准备器材装备，同时立即前往现场指挥部报到，了解事故现场处置情况。

②侦检小组穿戴好个人防护后，立即进入事故外围进行技术侦检和

信息数据采集，同时根据检测数据做好相关区域警戒工作。经现场指挥部了解和现场信息侦检，现场无人员伤亡，PBL装置2层装置平台丁二烯过滤管网发生泄漏着火，着火面积约 $2m^2$，且有扩大趋势，现场情况危急。

③现场指挥部立即根据现场情况制定相应处置方案，指派任务分工：

a. 区消防大队利用事故点西面地面固定消防设施，同时现场架设两门移动水炮，在正前方对事故装置和周边装置进行灭火冷却降温；

b. 队伍在事故点北面利用一门移动水炮，深入装置区内，从侧后方直接对着火事故点进行灭火冷却作业，同时指派侦检人员对事故现场进行持续监测；

c. 企业工艺处置人员在两支队伍的掩护下，协助区消防大队关闭装置区域内8个阀门，切断物料供应，同时协助队伍做好现场警戒工作，清除无关人员。

④指派信息侦检组组根据事故现场情况在企业应急处置人员协助下扩大现场警戒范围，严格做好现场警戒工作。

⑤信息侦检组携带相关侦检仪器，持续对事故装置周边区域做好信息监测，并将监测数据实时报告现场指挥部。

⑥灭火洗消组立即铺设水带干线出动一门移动水炮深入装置区内，从侧后方直接对着火事故点进行灭火冷却作业。

⑦技术保障组立即利用就近消防栓实施供水。

⑧经过约23min的联合灭火冷却作业，事故现场装置明火熄灭，现场指挥部下令继续采取灭火冷却措施，维持装置稳定。

⑨侦检小组进入事故着火装置现场深入侦查，经侦查确认，事故着火装置明火已完全扑灭，管道过滤器旁检测浓度数值正常；指挥部调整决策，降低出水量，持续冷却稳定装置处置。

⑩侦检小组与企业工艺处置人员持续采集事故现场气体数据，每10min汇报事故现场检测信息，同时发现情况立即上报。企业工艺处置人员进入事故现场，对事故装置进行应急检修处置。

⑪事故现场处置完毕，经现场指挥部确认，事故装置已完全得到控制，现场恢复安全，事故救援工作结束，队伍留守事故现场，做好后续监护工作。

⑫经与企业安全负责人相互确认，现场清理工作已处置完毕，已恢复正常安全生产秩序，队伍清点人员、器材后带回。

(4) 避免人员伤亡及财产损失等情况

此次事故，成功利用工艺处置结合冷却控制的方式，完成了对 PBL 装置火灾事故救援处置工作，避免了现场人员的伤亡，挽回了数百万财产损失，保护了石化园区的安全生产工作。

3. 事故救援处置总结

（1）决策

①面对突发情况，队伍反应迅速，能第一时间集合力量，携专业装备器材赶赴现场，开展救援处置作业，并为指挥部建言献策。

②指战员夜间作战配合默契、动作迅速，救援过程中的处置开展有序，处置合理。

（2）救援处置措施

①信息侦检组侦检信息表格不完善，持续监测数据未能规范表单。

②实战使用中水带铺设较为凌乱，缺乏主动巡查意识。

（3）人员撤离

现场警戒距离不足。

第六节　案例 6：2019 年惠州市潮莞高速公路"12·30"硝酸槽罐车侧翻泄漏事故

1. 事故详细情况

2019 年 12 月 30 日，广东省惠州市惠阳区潮莞高速公路良井段发生了浓硝酸槽罐车侧翻泄漏引起的危险化学品交通运输事故，一辆载约 11 吨硝酸的槽罐车撞到高速公路中间的隔离带后侧翻，车头陷入防护栏内，挂车横躺于高速上，罐顶呼吸阀受损，浓硝酸溶液从呼吸阀处泄漏出来。国家危险化学品应急救援惠州队接到报警调度，立即组织 15 名指战员和 2 台消防车辆前往事故现场。队伍经过 5h 紧张处置，成功完成硝酸槽罐车泄漏事故救援处置，有效防止泄漏的浓硝酸对四周的群众生命安全、环境造成伤害，为事故企业挽回一定的经济损失。

2. 救援处置情况

（1）赶到时间

应急处置队伍于 10 时 50 分抵达事故现场。

（2）现场侦查

①询情侦查：赶赴途中，指挥员通过多方工作人员详细了解事故现场信息及初步处置情况，并提前安排救援工作。

②初步侦查：抵达现场后，指挥员根据出警信息情况，首先派出信息侦检小组、堵漏小组穿戴重型防化服，对事故现场槽罐车进行侦检并对槽罐车泄漏点进行堵漏处置的研判，发现泄漏点已发生不可逆的裂缝形变。

（3）救援措施及过程

①组织侦检小组对事故地点、泄漏事故槽车进行初步侦查。

②指挥员、随队专家立即与现场指挥部研究决策，确认采取封堵传输的紧急处置方案。先行采取捆扎快速封堵的紧急处置方式，对泄漏槽罐车进行初步的紧急处置再倒罐作业处置。

③10时55分队伍对作业现场，执行清场警戒，确定现场环境安全。

④10时58分，堵漏处置作业开始。堵漏小组采用密封式捆扎堵漏带对泄漏罐顶呼吸阀泄漏点进行快速泄漏控制处置。在经过近40min的紧急泄漏处置后，11时36分，事故槽罐车泄漏量得到明显控制。

⑤11时40分侦检小组再次侦检确认事故泄漏点处于可接受的安全范围内，可按计划进行下一步倒罐处置后，现场指挥部立即决定采取倒罐作业的方式进行下一步处置工作。

⑥11时43分队伍派出侦检小组、洗消灭火小组持续监控事故现场并协助现场倒罐工作人员进行倒罐处置作业。12时54分，倒罐处置作业完成，现场紧张的救援工作得到缓解。

⑦12时55分，现场指挥部下达起吊侧翻槽罐车的命令，队伍原地待命，持续对事故现场进行监测把控。14时05分，吊装完成。队伍再次对事故进行侦检后，确认现场安全。

⑧14时10分，指挥部下达撤退命令，队伍清点人员和器材装备，简单讲评后归队。

（4）避免人员伤亡及财产损失等情况

此次危险化学品道路交通事故救援，成功完成了对浓硝酸槽车的紧急堵漏处置，避免了节假日期间公共交通的道路堵塞、道路危险，挽回了一定经济损失，为地方安全生产工作作出一定贡献。

3. 事故救援处置总结

（1）决策

①惠州队值守人员反应迅速，即时在临近元旦之际仍各自坚守岗位，

第一时间集合力量出警并迅速、准确到达现场。

②队伍指战员、执勤专家对浓硝酸事故处置、物资运输槽车结构等技术掌握良好，堵漏人员基本功扎实，能快速完成应急处置任务，恢复现场秩序。

（2）救援处置措施

①装备选择恰当，个人防护装备选择恰当。

②较好地完成应急堵漏处置任务。

③扎实的现场处置经验和专业的理论掌握给予现场指挥部较好支持。

（3）人员撤离

现场作业区域疏导引流不规范，导致作业区域受部分交通恢复后，存在一定安全隐患。

参考文献

[1] 中华人民共和国安全生产法（中华人民共和国主席令第八十八号）[Z]. 2021.

[2] 危险化学品安全管理条例（国务院令第 645 号）[Z]. 2013.

[3] 危险化学品目录（2018 版）[Z]. 2018.

[4] 首批重点监管的危险化学品名录（安监总管三〔2011〕95 号）[Z]，2011.

[5] 第二批重点监管的危险化学品名录（安监总管三〔2013〕12 号）[Z]，2013.

[6] 生产安全事故报告和调查处理条例（国务院令第 493 号）[Z]，2007.

[7] 联合国关于危险货物运输的建议书（2019 年第 21 版）[Z]，2019.

[8] 梅建. 化学品统一分类与标识全球协调系统（GHS）[J]. 化工标准·计量·质量，2002(12): 14-15.

[9] 中华人民共和国国家质量监督检验检疫总局，中国国家标准化管理委员会. 化学品分类和危险性公示通则：GB 13690—2009 [S]. 北京：中国标准出版社，2009.

[10] 中华人民共和国国家质量监督检验检疫总局，中国国家标准化管理委员会. 危险货物分类与品名编号：GB 6944—2012 [S]. 北京：中国标准出版社，2012.

[11] 中华人民共和国国家质量监督检验检疫总局，中国国家标准化管理委员会. 化学品分类和标签规范：GB 30000—2013 [S]. 北京：中国标准出版社，2013.

[12] 中华人民共和国公安部. 消防员化学防护服装：GA 770—2008 [S]. 2008.

[13] 中华人民共和国国家质量监督检验检疫总局，中国国家标准化管理委员会. 火灾分类：GB/T 4968—2008. 北京：中国标准出版社，2008.

[14] 中华人民共和国公安部. 危险化学品泄漏事故处置行动要则：GA/T 970—2011 [S]. 2011.

[15] 中华人民共和国住房和城市建设部，中华人民共和国国家质量监督检验检疫总局. 建筑设计防火规范：GB 50016—2018 [S]. 北京：中国计划出版社，2018.

[16] 中华人民共和国国家质量监督检验检疫总局，中国国家标准化管理委员会. 消防应急救援通则：GB/T 29176—2012 [S]. 北京：中国标准出版社，2012.

[17] 中华人民共和国国家质量监督检验检疫总局，中国国家标准化管理委员会. 消防应急救援作业规程：GB/T 29179—2012 [S]. 北京：中国标准出版社，2012.

[18] 张宏宇，王永西. 危险化学品事故消防应急救援 [M]. 北京：化学工业出版社，2019.

[19] 方文林. 危险化学品基础管理 [M]. 北京：中国石化出版社，2015.

[20] 公安部消防局. 危险化学品事故处置研究指南 [M]. 武汉：湖北科学技术出版社，2010.

[21] 国家安全生产应急救援指挥中心. 危险化学品事故应急处置技术 [M]. 北京：煤炭工业出版社，2009.

[22] 宋永吉. 危险化学品安全管理基础知识 [M]. 北京：化学工业出版社，2015.

[23] 胡忆沩，杨梅，李鑫，等. 危险化学品抢险技术与器材 [M]. 北京：化学工业出版社，2016.

[24] 崔政斌，赵海波. 危险化学品泄漏预防与处置 [M]. 北京：化学工业出版社，2018.